厚表土层中井筒受力及安全预警研究

赵光思　周国庆　周　扬　著

科学出版社
北　京

内 容 简 介

本书是一本关于厚表土层中立井井筒受力和安全预警研究的专著，介绍了作者在该领域的研究成果。全书共分六章：第一章介绍了厚表土层中立井井筒受力与安全预警研究的意义和现状；第二章围绕厚表土层中井筒结构进行弹性分析，获得了单层、双层井壁内力分布的弹性解答；第三章基于双剪统一强度理论对井壁进行塑性极限分析，获得了竖直附加力和围岩(土)压力作用下的极限荷载包络线，阐述了井筒几何特征、井壁材料特征和中间主剪应力对其塑性极限荷载的影响；第四章采用双孔部分应力解除法对井壁应力状态进行了实测研究，采用回弹法对井壁混凝土的强度特征进行实测研究，初步获得了井壁强度沿井深的变化规律；第五章基于可靠性理论，在第三、四章的基础上阐述了回弹法测试井壁强度在井壁破裂预警中的应用；第六章基于 R/S 分析法和近十年的井壁附加应变实测数据，阐述了井壁破裂预警的原理、方法和应用。

本书可作为矿山建设工程相关领域的广大科学技术人员和高校师生的参考书。

图书在版编目(CIP)数据

厚表土层中井筒受力及安全预警研究/赵光思，周国庆，周扬著. —北京：科学出版社，2015.11

ISBN 978-7-03-046328-9

Ⅰ.①厚… Ⅱ.①赵… ②周… ③周… Ⅲ.①井筒-受力性能-研究 ②井筒-安全-研究 Ⅳ.①TD262

中国版本图书馆 CIP 数据核字(2015)第 268686 号

责任编辑：周　丹　杨　琪/责任校对：胡小洁
责任印制：徐晓晨/封面设计：许　瑞

科学出版社出版
北京东黄城根北街16号
邮政编码：100717
http://www.sciencep.com

北京东华虎彩印刷有限公司印刷

科学出版社发行　各地新华书店经销

*

2015 年 11 月第　一　版　开本：B5(720×1000)
2015 年 11 月第一次印刷　印张：11 1/2
字数：230 000

定价：89.00 元

前　言

煤炭是我国重要的一次能源，在能源结构中所占的比例达70%以上，是国民经济发展的动力。立井井筒作为煤炭运输的主要通道，其安全及稳定性在煤矿生产中无疑具有重要地位。多年来，我国华东地区的淮北、大屯、徐州、淮南以及兖州等矿区在厚表土层中用冻结法和钻井法施工的立井井筒相继发生了井壁破裂灾害，严重影响了矿井的正常生产，甚至引发安全事故，造成巨大的经济损失。如何定量描述井筒结构与围岩(土)的相互作用机制、确定井壁的当前应力状态、强度特征，进而实现井壁破裂灾害的有效预测预警，一直是矿井建设领域的重要研究课题。

本书是多年研究成果的总结。全书共六章，第一章简要叙述厚表土层中井壁受力与安全预警研究的重要意义和目前的研究概况；第二章针对厚表土层中井壁特征进行弹性分析，获得了不同条件下单层及双层井壁内力分布的弹性解答，利用该解答着重分析了约束内壁方法治理井壁的效果；第三章基于双剪统一强度理论对厚表土层中下部井壁进行塑性极限分析，获得了竖向荷载与围岩(土)压力作用下的极限荷载包络线，详细讨论了井筒几何特征、井壁材料特征和中间主剪应力对其塑性极限荷载的影响；第四章围绕部分应力解除法原位测试井壁应力开展了数值模拟研究，并进行了室内试验验证了该法的可行性、可靠性，采用双孔部分应力解除法对井壁应力状态进行了实测研究；采用回弹法对井壁混凝土的强度特征进行实测研究，初步获得了井壁强度沿井深的变化规律；第五章基于可靠性理论，在第三、四章的基础上阐述了回弹法测试井壁强度在井壁破裂预警中的应用；针对井壁结构受力特点，通过试验研究，建立了回弹法测试井壁强度的专用测强曲线；第六章基于R/S分析法和近十年的井壁附加应变现场实测数据，阐述了井壁破裂预警的原理、方法和应用。

书中的很多内容为国家自然科学青年基金、重点基金、中国博士后基金和大屯煤电公司科技项目的研究成果，相关研究还得到了111计划创新引智基地项目、中国矿业大学青年科技基金的支持，在此著者们表示感谢。

本书的工作得到大屯煤电公司、孔庄煤矿、徐庄煤矿、姚桥煤矿和龙东煤矿各级领导和工程技术人员的大力支持与帮助。2013届研究生李隆吉完成了第五章的大部分工作。在此谨对他们的支持表示衷心感谢。

应该指出，厚表土层中的井筒安全及破裂预警问题涉及多学科、多领域，有许多理论和实际问题尚需进一步研究和完善，由于作者水平及经验有限，书中存在不足之处，恳请前辈及同仁不吝赐教。

著　者

2015 年 9 月

目　录

第1章 绪　论

1.1 厚表土层中井壁受力研究意义

煤炭作为重要的一次性能源，在我国的能源结构中所占的比例达到70%以上，是国民经济发展的动力。为满足国民经济发展对煤炭资源的需求，未来10年内我国东部地区将新建井筒100个以上，由于大多煤系地层上覆盖有深厚的冲积表土层，故矿井多采用立井开拓方式。井筒，作为煤炭运输的主要通道，其安全及稳定性在煤矿生产中无疑具有重要地位。而自1987年7月以来，我国华东地区的淮北、大屯、徐州、淮南以及兖州等矿区在厚表土层中用冻结法和钻井法施工的立井井筒，先后有约110个发生了井壁破裂灾害，严重影响了矿井的正常生产，甚至引发安全事故，造成巨大的经济损失。

井壁破裂后，相关单位科技攻关获得了井壁破裂机理，即“竖直附加力”理论：在特殊地层条件下，表土含水层疏水，造成水位下降，含水层的有效应力增大，土体产生固结压缩，引起上覆土体下沉。土体在沉降过程中施加于井壁外表面一个以往从未认识到的竖直附加力。竖直附加力增长到一定值时，混凝土井壁因不能承受巨大的竖直应力而破坏[1]。基于对井壁破裂机理的认识，十分有必要深入研究在复杂外荷载作用下处于厚表土层中井壁的应力状态与分布及其演变规律，这无疑对掌握井壁安全状况和预防井壁破裂灾害有重要意义。

基于对井壁破裂机理的认识，矿井界的专家和学者研究并实践了多种防治井壁破裂的方法，主要有槽钢井圈套壁法、壁后注浆法、开卸压槽法、约束内壁法和地面钻孔注浆加固地层法等，在一定时期内，有效地满足了矿井安全和生产的需要。这些治理方法或者抵抗了、或者缓释和抑制了竖直附加力，或者创造条件使井壁与地层尽可能同步变形来削减竖直附加力，约束内壁法防治井壁破裂是通过改变井壁受力状态的方法，以达到提高井壁承载能力的目的。

井壁破裂后，随着疏排水的继续，地层的压缩变形会不断增加，井壁所受竖直附加力在新的应力状态下仍继续积累，因此，经过治理后的井壁面临着再次破裂的危险。这就需要我们深入研究井壁破裂前后的应力状态及其变化，研究井壁首次、二次甚至多次破裂后的应力状态及其长期演变规律，为灾害的预防和治理提供依据。

采用上述防治技术和措施进行工程设计时，为了达到理想的治理效果，有必要清楚井壁当前的受力状态。比如“约束内壁法”是通过增加井壁内壁的径向应力，使得井壁由近似两向应力状态变为三向应力状态来提高井壁的承载能力，为了确定合理的设计参数，需要清楚井壁当前的应力状态及其演变规律。

“地面钻孔注浆加固地层法”由于不占用井筒提升时间，而且对缓释和抑制井壁附加力效果明显，被广泛应用于矿井治理工程，在实践中取得了良好效果。为了最大限度地消除附加力、减小井壁竖向荷载，延长一次治理的服务年限，需要在治理前确定井壁的应力状态，以避免在井筒治理过程中，发生新的安全事故，比如井壁被拉断，涌砂冒泥导致水土溃入井内的淹井事故。

矿井正常生产期间，迫切需要了解和掌握井壁的受力状态及其演变规律。只有这样，才能实时动态地掌握井筒的工作状况，使矿井的安全生产做到可控。尤其是对于即将发生破裂的井筒，掌握其应力状态，可以提前采取措施预防治理井筒，防患于未然。以免发生突发性的井壁破裂灾害，造成巨大的经济损失和恶劣的社会影响。

目前已服务多年的井筒，确定其井壁当前应力的大小，对有效控制治理过程、预测井壁破裂的时间与位置意义重大。采用目前的井壁破裂防治技术和方法，其治理过程的监控仍处于半经验阶段，缺乏科学的定量化依据。

有效解决上述问题的前提是深入研究井壁受力的时空效应，深入认识与掌握井壁受力沿井深的分布以及随时间的演变规律。

研究厚表土井壁应力状态及演变规律无论是对新建井筒的设计优化，还是对已建井筒的安全状况评价均有重要意义。

井筒是煤矿安全生产的咽喉部位，本书研究成果是动态、实时掌握井筒井壁安全运营的保障，是高效、安全地进行井壁破裂灾害治理的关键。我国现有 250 多个井筒处于特殊地层条件下，预计未来 5～10 年仍将有 100 多个井筒面临井壁破裂灾害的威胁，本书研究成果可推广应用于这些井壁破裂灾害的防治中，有重要的理论与实践意义。

本书研究目的在于获得：

(1) 厚表土底部井壁进入塑性破坏时竖向应力、围压及与相关影响因素的关系；

(2) 地层疏水沉降时，厚表土井壁应力及其演变规律；

(3) 厚表土立井井壁受力长期演变规律。

本书将深入认识和掌握厚表土立井井壁的受力状态以及在复杂边界条件下的演化规律，提高对井壁受力、变形与破裂机理的认识，对厚表土井壁受力理论以及井壁破坏“竖直附加力”理论进行丰富和完善，具有重要的学术价值。同时，对越来越深的新井建设的井壁设计与施工，对现有矿井井筒破裂及再次破裂时间及部位的预测预报，对有效控制防治井壁破裂灾害的设计与施工，均有重要的实际意义。

1.2 厚表土层中井壁受力研究概况

1.2.1 厚表土井壁受力状态研究简述

1）理论研究

自20世纪80年代后期，伴随着井壁破裂灾害的发生及破裂机理与防治技术研究的发展，矿井界的专家和学者对井壁应力开展了卓有成效的理论研究工作。

林小松[2,3]研究了井壁在沿深度为三次多项式分布的侧压力下的轴对称应力状态，给出了这一问题的近似解析解。接着，他又针对双层复合井壁(壁间光滑接触)进行了空间轴对称应力分析，首先得到在柱面上承受沿深度线性变化的正压力的单层有限长厚壁圆筒的严格解，然后在此基础上获得了相同荷载下的两层及多层复合厚壁圆筒在相同载荷下的严格解。林小松[4]讨论了有限长度复合厚壁圆筒井壁在沿井筒外侧线性分布荷载作用下的受力分析。

杨维好等[5]针对井壁外荷载——竖直附加力，利用弹性理论，假设井壁与地层间无相对滑动，求解出疏水地层井筒附加力的弹性解。周国庆、程锡禄等[6]根据模型试验结果，用空间弹性理论对承受地压、自重和竖直附加力的立井井壁应力计算问题进行了探讨，推导出近似的井壁应力计算公式。

俞万禧[7]针对冻结施工立井井壁的特点，对双层钢筋混凝土井壁的应力进行了理论分析，得到竖直附加力及自重作用下井壁纵向应力的表达式。

王晋平[8]考虑在负摩擦力作用下，立井的受力情况可简化为厚壁圆筒在外侧受轴对称切向载荷作用的问题，给出了立井井壁应力的解析解，得出深部井壁应力在横断面上沿径向的变化可以忽略的结论。

姚直书、李瑞君[9]按空间轴对称问题在考虑竖直附加力条件下对井壁应力进行了理论分析和数值计算。

蒋斌松[10~11]应用双重级数法分析了复合井壁的受力问题，给出了复合井壁在侧面任意轴对称法向及切向荷载作用下的应力解答；蒋斌松[12]应用双重级数法对有限长立井井壁在任意轴对称法向、切向以及端部荷载共同作用下的变形问题做了研究，给出了不严格满足端部切向边界的圣维南解。

梁化强[13]利用弹性理论将井壁受力问题处理为空间轴对称问题，对井壁在局部内压(约束内壁)作用下的受力状态进行了理论分析，给出了约束内壁前后井壁的应力解答。

苏骏[14~15]考虑井壁与地层间的相对位移，根据桩基理论，采用广义剪切位移法，得出了井筒与地层耦合作用下附加力的理论解和井壁轴向应力的大小和分布规律。

周扬[16]探讨了双重级数法两类级数的完备性及其完备化方法，将有限长井壁在任意轴对称法向、切向、内部约束力及端部荷载作用下的力学问题分解为对称及反对称的两个部分，通过分别选择奇偶应力函数解决两个子问题，叠加后获得了井壁严格满足所有边界的应力解答。

综上，深厚表土立井井壁在自重、水平地压和竖直附加力等荷载作用下的应力分布理论研究工作取得了一些进展。但现有研究多是按空间轴对称问题进行的弹性分析，获得的解析解对破坏或濒临破坏的井壁并不合适。对处于复杂荷载条件下的井壁在受到因地层抬升而引起竖直向上摩擦力时的理论研究工作尚未开展。本书将在已有研究成果的基础上，基于双剪统一强度理论开展深厚表土底部井壁的塑性极限分析，寻求深厚表土井壁承载能力与相关因素的关系。

2）数值模拟研究

杨俊杰[17～19]运用自编有限元程序对井壁在承受均布荷载和非均布荷载条件下的应力分布和极限承载能力进行了计算分析，将非线性本构关系与适当的混凝土强度准则相结合，探索了从理论上解决混凝土井壁极限状态计算的问题。

姚直书[20]以现场破坏的井壁为研究对象，在已知正常水平侧压力作用下，反算井壁破坏时承受的竖直附加力数值。计算结果表明，井壁破坏时的附加力随着井壁参数的变化略有不同，附加力值处于 0.1～0.128MPa 之间，通过与不施加附加力结果对比，指出附加力是导致井壁破坏的直接原因。他[21]提出了采用双层钢板高强混凝土钻井井壁结构，并且采用有限元分析方法，研究了在不同厚径比、不同壁厚、不同混凝土抗压强度、不同钢板厚度情况下这种井壁结构的极限承载力。指出双层钢板高强混凝土复合井壁结构具有良好复合作用，这使得井壁结构承载力很高，完全可以支护深厚表土层，并根据计算结果回归得到了均匀侧压力下双层钢板高强混凝土井壁承载力的经验公式，可以优化井壁结构设计。

周国庆[22]用有限元方法对含水层的加固参数、含水层压缩量与井壁竖直附加力及其折减率的关系进行深入研究，指出改变含水层的加固宽度和加固距离，井壁附加力及其折减率也发生相应的改变。含水层加固宽度是影响附加力及其折减率的主要因素，附加力折减与加固宽度呈线性关系，但其增长率随着加固宽度的增加而减小，其他条件不变时，含水层加固宽度绝对了加固效果。另外，其研究也指出了含水层压缩量的大小对含水层加固前后附加力的大小起着重要的作用，井壁附加力与含水层压缩量呈显著的线性关系，附加力折减率与含水层压缩量基本无关。

杨勇[23]通过试验研究了 C80 和 C40 高强混凝土的工作性能、力学性能和耐久性试验，并采用试验得到的参数对 C80 和 C40 普通井壁进行数值模拟，计算结果表明混凝土环向应力都大于混凝土抗压强度，混凝土单轴抗压强度的大小对井壁结构承载力影响很大，并指出C80钢筋井壁承载力是C40钢筋井壁承载力的1.9倍，而钢筋对井壁承载力影响较小，C80高强高性能混凝土井壁结构具有很高的承载力，可以解决深厚表土层冻结井筒的支护难题。

吕恒林[24]对深厚表土层中地层沉降引起的井壁破裂情况进行了弹塑性数值模拟，文中采用弹塑性三维单元进行数值分析。研究表明，提高材料强度和弹模可以明显的延缓井壁径向劈裂和竖向压碎，其中对后者的效果更为显著，在一定范围内，井壁径向劈裂和竖向压碎的时间与井壁材料的强度和弹模成非线型关系，随材料强度和弹模的增大，延缓效应逐渐减弱，在井壁设计时应该首先考虑提高混凝土标号的方法防止井壁破裂。

王衍森[25]对钢筋混凝土井壁承载力进行了数值计算，结果表明：配筋对降低井壁脆性，提高井壁韧性效果显著，对于低强度等级的混凝土井壁，配筋对井壁承载力的提高作用明显。但是，随着混凝土强度的提高，该作用越来越不显著。外排的钢筋对井壁承载力基本没有贡献。

王建中[26]建立了井壁的平面应变模型和广义平面应力计算模型，对混凝土分别采用过镇海公式、李慧公式、ELWI公式等不同的应力应变关系，研究了在两种计算模型下井壁厚径比、混凝土抗压强度、竖向压力、环向配筋率等因素对井壁竖向和环向极限承载力的影响；指出钢筋对水平和竖向极限承载力的贡献非常有限；不同破坏模式和不同破坏应力状态下的井壁，不同本构方程计算得到的环向承载力均相同；并通过数值解拟合得到了形式简单且具有较高精度的极限承载力计算公式。

综上，目前大多数数值模拟工作均是研究井壁极限承载力的问题，对不同工况条件下深厚表土立井井壁应力状态及其演变规律还需进一步深入研究。本书在已有研究成果的基础上，开展厚表土井筒在地层注浆扰动条件下井壁的受力响应规律研究。

3）物理模拟试验研究

物理模型试验是进行立井井壁受力分析的重要方法。

崔广心、周国庆[27]在中国矿业大学地下工程实验室的大型多功能试验台上，对底含疏排水条件下的井壁受力进行了模拟试验研究，其结果首次证实了土体对井壁竖直附加力的存在，并得出了该力随矿井疏排水的变化规律以及沿井筒轴向的分布。

洪伯潜[28]分析了不同壁后充填条件下井壁与地层之间摩阻力的大小，提出了在充分考虑井筒延深或开凿马头门安的前提下，应根据地层条件进行合理的充填段划分，并采用相应的充填材料和工艺，以减少附加力。

杨俊杰[19]根据在两种不同荷载条件下3种混凝土井壁模型的破坏性能结果，

系统地分析了混凝土井壁的破坏特征、强度特征及其主要影响因素。

吕恒林[29]利用中国矿业大学岩石力学与岩层控制实验室的大型液压压力试验机对钢筋混凝土双层整体可缩井壁结构进行了物理模拟试验研究，得出了卸压井壁结构的力学特性。

姚直书[30]针对地层沉降条件下煤矿立井井壁的破坏机理，提出了一种新型可缩性钻井井壁结构，通过模拟试验表明，在地层沉降条件下，这种井壁结构能随之压缩，从而可使作用在井壁上的竖向附加力(即负摩擦力)得到相应衰减，使井壁达到安全使用，据此提出了可缩性钻井井壁竖向承载力的设计方法，研究成果已在淮北矿区的 4 个井筒中得到了成功应用。

姚直书[31]针对 600～800m 特厚表土层中冻结井筒的支护难题，根据约束混凝土原理，提出合理的解决途径是采用内层钢板高强钢筋混凝土复合冻结井壁结构。通过模型试验，对该种井壁结构的应力、变形和强度特性进行深入研究，根据理论分析和试验结果推导出该种井壁承载力的计算公式，从而为该种井壁结构的工程应用提供设计依据。

黄伟[32]以拟建设的山东某矿风井(钻深 760m 左右)为原型，采用数值计算方法对削球式井壁底的受力机理及影响因素进行了系统研究，得出了影响削球式井壁底受力的主要因素，提出了改善井壁底受力状态的最佳圆心角概念，推导出最佳圆心角与厚径比的关系式，为今后特厚表土层钻井井壁底设计计算提供了参考依据。

由以上分析可知，深厚表土井壁不同深度的应力状态，尤其是井壁破裂过程的应力状态及其演变规律研究开展甚少，这是井筒受力理论研究和指导工程实践的先决条件，需要进一步研究。

4）实测研究

深厚表土立井井壁应力状态的现场实测研究开展较少。魏善斌、俞万禧等[33]采用套筒致裂法对临涣煤矿主井井壁应力进行了测试研究，利用具有耐高压橡胶套筒的圆筒千斤顶，使垂直于井壁内表面的测试钻孔逐步施加内压至钻孔周围介质出现张性裂缝，记录钻孔出现张性裂缝时的破裂压力，该方法对井壁完整性影响较大，钻孔的深度、直径等也对测试结果产生一定的影响，从而限制了方法的推广应用。

处于深厚表土中的立井井筒，由于工作环境限制，测试空间较小，连续测试的时间不允许过长，尤其是测试钻孔不允许过深，不得穿过内层井壁，不破坏井壁完整性等条件的限制，要实现井壁应力的原位测试，用常规的应力解除法是无法实现的。为了测得井壁应力状态和分析井壁的强度储备，从而为改善井壁受力状态和防治井壁破裂提供依据，必须研究能够满足立井井筒工况条件的井壁应力原位测试方法。在传统应力解除法的基础上，提出“双孔部分应力解除法”现场测试井壁应力状态的新思路，并开展数值模拟分析、室内试验和现场实测研究。

1.2.2 厚表土井壁受力演变研究简述

自1991年以来，周国庆等[34~36]在徐州、大屯矿区十几个新建或已建立井井筒中开展了大量的井壁附加应变现场实测工作，积累了井壁附加应变随时间、温度的演变情况等翔实而丰富的资料。这些实测数据既有地层长期疏水情况下井壁附加应变的演变趋势，也有井壁濒临破裂、井壁破裂后、地层注浆期间以及治理后的井壁应力应变演变数据。杨维好、黄家会等在兖州等矿区也开展了这方面的大量实测工作。这些研究工作获得了井壁受力的发展趋势，在动态控制和指导注浆加固地层治理井壁破裂工程的实施过程中发挥了重要作用，确保了井壁破裂灾害治理过程中井壁的安全。课题组的长期实测工作为系统、深入、定量研究立井井壁受力状态及其演变规律提供了宝贵的第一手资料。

井壁应变的变化是井壁受力演变的主要指标，研究井壁附加应变的变化趋势对掌握井壁受力演变规律、丰富竖直附加力理论以及预测预报井壁破裂灾害有重要理论和实践意义。近年来，对厚表土立井井壁附加应变变化的研究主要集中于防治井壁破裂工程实施期间和常规地层疏水期间，多是经验性和直观性的观察其变化趋势和大小，着重于对井壁附加应变及其增量现状的分析与综合[37~40]，并根据弹性范围、单轴或平面应力条件下井壁混凝土的应力计算，判断井壁的安全状况。已有研究很少涉及对井壁附加应变未来变化的科学推断及预测。从目前的研究方法看，尚无人使用分形理论中的R/S分析法来研究厚表土立井井壁附加应变的未来变化。

R/S分析法是英国著名的水文学家H. E. Hurst提出的[41]。在气候、地震、大气降水、股票市场等非线性预测领域有着广泛的应用。吴鸿亮等[42]采用R/S分析法对黑河调水及近期治理效果进行了分析，在总体趋势上取得了很好的效果，并与原时间序列结合起来互相对比验证。杨桂芳等[43]采用R/S分析法研究了气候代用指标的可靠性和兰州地区古气候变迁的周期规律特征，为古气候重建和环境预测提供一定的依据。徐宗学等[44]，对和田河流域气温与降水量长期变化趋势及其持续性进行了分析，采用R/S分析法预测该流域气温、降水量的未来变化趋势及其持续性，取得了一定效果。黄勇等[45]对地下水的动态变化趋势和规律进行了研究，证明了R/S分析法的应用是合理的，并定量描述了地下水动态过程的分形特征，得到了其分维数。樊毅等[46]研究了云南干热河谷的降水变化趋势，通过1956～2000年的降水资料的分析，证明了R/S方法预测降水丰枯变化趋势是较为有效的途径。

在大量实测数据的基础上，采用 R/S 分析法研究井壁受力在地层长期疏水沉降过程中的长期演变规律。

1.2.3　厚壁圆筒的极限分析研究现状

徐栓强、俞茂宏等[47]采用双剪统一强度准则对理想弹塑性材料的厚壁圆筒进行安定性分析，得出了厚壁圆筒加载应力、残余应力及安定极限压力的统一解析解。研究结果可适应于多种材料，能考虑材料的拉压强度差效应及中间主应力效应。根据研究结果，分析了材料的中间主应力效应和拉压强度差效应对厚壁圆筒安定极限压力的影响。结果表明，当考虑材料的拉压强度差效应及中间主应力效应时，厚壁圆筒安定极限压力将明显提高。在循环载荷作用下，厚壁筒可能在未达到极限状态的情况下破坏。

冯西桥[48]以厚壁圆筒结构为例，研究了拉压性能不同对结构安定性的影响。王钟羡[49]利用双剪强度理论对具有不同拉压屈服强度的厚壁筒在承受均布内压力作用时，进行了弹塑性极限分析，从提高承载力发挥材料潜能的角度与 Tresca 准则、Mises 准则和 Mohr-Coulomb 准则进行了对比分析。

马景槐[50]运用双剪强度屈服准则对承受内压的拉压屈服强度不同材料厚壁圆筒进行极限分析，结果表明，材料拉压屈服强度的不同对结构承载能力有一定的影响。他[51]运用莫尔屈服准则对承受内压的拉压屈服强度不同材料的厚壁圆筒进行了自增强分析，得到了依赖于材料拉压比的厚壁圆筒弹性区与塑性区中的应力分布、残余应力分布及合成应力分布。

陈爱军等[52]从断裂力学角度，采用有限元法对带裂纹厚壁圆筒高压容器进行分析，研究了应力强度因子的计算方法，以及随裂纹深度和厚壁筒尺寸的变化规律。

冯剑军等[53, 54]采用双剪统一强度理论，考虑材料的拉压异性和同性，研究了内压力和轴力共同作用下的厚壁圆筒结构的极限屈服问题。

现有研究大多是针对储物筒仓、工业管道、枪管炮管等厚壁圆筒结构在承受内压或周期性循环荷载作用时弹塑性分析。针对厚表土立井井壁的特殊工况条件，在复杂荷载(包括自重、附加力、温度应力、地压、地层扰动荷载等)条件下的塑性极限分析尚未开展。在已有研究成果基础上，采用双剪统一强度理论，开展厚表土层中井壁在复杂荷载作用下的塑性极限研究，为厚表土段井壁破裂灾害的预报和防治提供科学依据。

主要参考文献

[1] 崔广心，杨维好，吕恒林. 深厚表土层的冻结壁和井壁[M]. 徐州：中国矿业大学出版

社，1998.
[2] 林小松. 井壁在沿深度呈三次多项式分布的侧压力下的轴对称应力分析[J]. 湘潭矿业学院学报，1988，3(1)：1-11.
[3] 林小松. 壁间光滑接触的复合井壁的空间轴对称应力分析[J]. 湘潭矿业学院学报，1988，3(1)：108-113.
[4] 林小松. 有限长复合厚壁圆筒井壁的空间轴对称应力分析[J]. 煤炭学报，1990，15(4)：35-45.
[5] 杨维好. 深厚表土层中井壁垂直附加力变化规律的研究[D]. 中国矿业大学，1994.
[6] 周国庆，程锡禄. 特殊地层中的井壁应力计算问题[J]. 中国矿业大学学报，1995，24(4)：24-30.
[7] 俞万禧. 双层钢筋混凝土井壁应力的理论分析[J]. 煤矿设计，1995，(4)：19-22.
[8] 王晋平. 负摩擦力作用下立井井壁应力的计算[J]. 合肥工业大学学报，1995，18(2)：117-121.
[9] 姚直书，李瑞君. 考虑竖向附加力时井壁应力计算方法[J]. 东北煤炭技术，1997，(2)：3-6.
[10] 蒋斌松. 复合井壁的弹性分析[J]. 煤炭学报，1997，22(4)：397-401.
[11] 蒋斌松. 有限长复合井壁的轴对称变形分析[J]. 工程力学，1998，15(4)：89-95.
[12] 蒋斌松. 考虑端面荷载作用时井壁轴对称变形分析[J]. 岩石力学与工程学报，1999，1(2)：184-187.
[13] 梁化强. 约束内壁法防治厚表土井壁破裂机理及影响因素研究[D]. 中国矿业大学，2006.
[14] 苏骏，程桦. 疏水沉降地层中井筒附加力理论分析[J]. 岩石力学与工程学报，2000，19(3)：310-313.
[15] 苏骏. 地层疏水沉降时井壁受力的非线性分析[J]. 岩石力学与工程学报，2005，24(1)：139-143.
[16] 周扬等. 考虑治理荷载作用时井壁严格轴对称变形分析[J]. 岩土工程学报，2008，(4)：170-174.
[17] 杨俊杰. 砼井壁的应力和极限承载能力的有限元计算[J]. 淮南矿业学院学报，1992，12(2)：11-17.
[18] 杨俊杰. 用结构分析方法探索井壁破坏的机理[J]. 淮南矿业学院学报，1993，13(4)：30-35.
[19] 杨俊杰. 混凝土结构井壁的破坏特征和强度特征[J]. 煤炭学报，1998，23(3)：246-251.
[20] 姚直书. 地层沉陷时井壁承受竖向附加力的有限元分析[J]. 阜新矿业学院学报，1996，15(4)：434-438.
[21] 姚直书，荣传新. 双层钢板高强混凝土复合井壁强度数值模拟[J]. 辽宁工程技术大学学报，2004，23(3)：321-323.
[22] 周国庆，崔广心. 含水层加固后井壁与围岩相互作用的竖直分析[J]. 中国矿业大学学报，1998，27(2)：135-139.

[23] 杨勇. 特厚表土层冻结井壁 C80 高性能混凝土配制及其性能研究[D]. 淮南：安徽理工大学，2006.
[24] 吕恒林. 深厚表土中井壁力学特性研究[D]. 徐州：中国矿业大学，1999.
[25] 王衍森. 特厚冲积层中冻结井外壁强度增长及受力与变化规律研究[D]. 徐州：中国矿业大学，2005.
[26] 王建中. 高强混凝土井壁力学特性研究[D]。徐州：中国矿业大学，2006.
[27] 周国庆. 深厚表土层立井井壁受力模拟研究[D]. 徐州：中国矿业大学，1989.
[28] 洪伯潜. 钻井法凿井壁后填充对竖向附加力的影响[J]. 建井技术，1998，19(6)：1-6.
[29] 吕恒林. 深厚表土中井壁的力学特性研究[D]. 徐州：中国矿业大学，1999.
[30] 姚直书，程桦等. 地层沉降条件下可缩性钻井井壁受力机理的试验研究[J]. 岩土工程学报，2002，24(6)：733-736.
[31] 姚直书，等. 深冻结井筒内层钢板高强钢筋混凝土复合井壁试验研究[J]. 岩石力学与工程学报，2008，27(1)：153-160.
[32] 黄伟等. 特厚表土层削球式井壁底的受力机理及影响因素分析[J]. 矿冶工程，2008，28(4)：13-16.
[33] 魏善斌，等. 套筒致裂井壁应力测试[J]. 建井技术，1997，2(2)：25-27.
[34] 周国庆，刘雨忠，等. 围土注浆缓释和抑制井壁附加力效应及应用[J]. 岩土工程学报，2005，27(7)：742-745.
[35] 中国矿业大学，中煤集团大屯公司. 大屯矿区井筒井壁安全综合监测系统研究及应用项目鉴定材料[Z]，2005.
[36] Zhou Guoqing，Cui Guangxin，Lü Henglin，et al. Simulation study on reinforcing overburden to prevent and cure the ruptureof shaft lining[J]. Journal of China University of Mining & Technology，1999，9(1)：1-7.
[37] 刘志强，周国庆，等. 立井井筒表土层注浆加固过程的控制方法及应用[J]. 煤炭学报，2005，30(4)：472-475.
[38] 赵光思，周国庆，等. 注浆加固地层法治理井壁技术的工程应用[J]. 矿山压力与顶板管理，2004，21(2)：109-111.
[39] G. Q. Zhou，G. S. Zhao，Z. Q. Liu，et al. Study on the Stratum-grouting Control According to the Evolution of Additional Strain of Shaft lining[J]. Mining Science and Technology. A. A. Balkema，2004：357-361.
[40] G. S. Zhao，G. Q. Zhou，X. Y. Shang，et al. Study on the Evolution of Stress in Shaft-lining During Stratum-grouting[J]. Boundaries of Rock Mechanics. A. A. Balkema，2008：447-451
[41] 汤龙坤. 太阳黑子数时间序列的 R/S 分析[J]. 华侨大学学报，2008，29(4)：627-629.
[42] 吴鸿亮，唐德善. 基于 R/S 分析法的黑河调水及近期治理效果分析[J]. 干旱区资源与环境，2007，21(8)：27-30.
[43] 杨桂芳，李长安，殷鸿福. 兰州气候代用指标的 R/S 分析及其意义[Z]. 2002，36(3)：394-396.

[44] 徐宗学，米艳娇，李占玲，等. 和田河流域气温与降水量长期变化趋势及其持续性分析[J]. 资源科学，2008，30(12)：1833-1838.
[45] 黄勇，周志芳，王锦国，等. R/S分析法在地下水动态分析中的应用[J]. 河海大学学报，2002，30(1)：83-87.
[46] 樊毅，李靖，仲远见，等. 基于R/S分析法的云南干热河谷降水变化趋势分析[J]. 水电能源科学，2008，26(2)：130-134.
[47] 徐栓强，俞茂宏. 厚壁圆筒安定问题的统一解析解[J]. 机械工程学报，2004，40(9)：23-27.
[48] 冯西桥，刘信声. 拉压性能不同对厚壁圆筒安定性的影响[J]. 力学与实践，1995，(7)：28-30.
[49] 王钟羡. 用双剪强度理论对厚壁圆筒的极限分析[J]. 江苏理工大学学报，1997，18(2)：81-84.
[50] 马景槐. 基于双剪强度准则的拉压异性材料厚壁圆筒的极限分析[J]. 新疆石油学院学报，1999，11(1)：31-34.
[51] 马景槐. 拉压屈服强度不同材料厚壁圆筒的自增强研究[J]. 新疆石油学院学报，2000，12(3)：67-70.
[52] 陈爱军，徐诚，胡小秋. 带裂纹厚壁圆筒应力强度因子的几种计算方法[J]. 南京理工大学学报，2002，26(4)：430-433.
[53] 冯剑军. 基于双剪统一强度理论的厚壁圆筒的塑性极限载荷分析[D]. 湘潭大学，2002.
[54] 冯剑军，张俊彦，张平，等. 在复杂应力状态下厚壁圆筒的极限分析[J]. 工程力学，2004，21(5)：188-192.

第 2 章　井壁受力的弹性分析

最近二十几年，华东地区许多立井井壁相继出现破裂，给矿井安全生产带来了严重的威胁，给国家经济利益带来了巨大的损失[1]。认识到井壁破裂的危害，研究人员加强了井壁结构承载力、变形等的现场监测及室内试验工作[2~4]，并针对井壁破裂的机理，提出了不同的假说，其中竖直附加力理论普遍得到了业内专家的认可。该理论可以表述为：特殊地层含水层因开采等活动而疏水，造成水位下降，土层有效应力增大、固结压缩，引起上覆土体下沉。土体在沉降过程中与井壁相互作用，施加于井壁外表面一个附加力系。该力增长到一定值时，混凝土井壁因不能承受而遭破坏[5]。

考虑到深厚表土层中的井壁所受到的竖直附加力以及井壁治理过程中可能出现的治理荷载，本章就处于深厚表土层中的井壁进行弹性分析，获得不同条件下井壁内力分布的弹性解答。作为弹性解答的应用，我们主要进行了平面模型计算结果与空间模型计算结果的对比，以此说明采用空间模型的必要性；同时对比了约束内壁治理前后井壁内力的变化，以此说明约束内壁治理井壁方法的效果。本章内容包括四个部分，分别为单层井壁圣维南解、单层井壁严格解、双层井壁圣维南解以及双层井壁严格解。

2.1　单层井壁圣维南解

2.1.1　约束治理条件下井壁应力边界

考虑施工完成后的井筒，井壁采用约束内壁方法治理，图 2-1 为该应力边界下井壁受力示意图，井筒内半径为 r_1，外半径为 r_2，长为 $2L$，图中 $f(z)$、$g(z)$、$p(z)$分别为内壁约束力、侧向土压力、竖直附加力，$N(r)$为端部法向荷载，M 为井壁自重。边界条件可以表示为下式[6]

$$\begin{cases} r=r_1,\ \sigma_r=f(z),\ \tau_{rz}=0, \\ r=r_2,\ \sigma_r=g(z),\ \tau_{rz}=p(z), \\ z=L,\ \sigma_z=0,\ \tau_{zr}=0, \\ z=-L,\ \sigma_z=N(r),\ \tau_{zr}=0. \end{cases} \tag{2-1}$$

为了进行求解，将式(2-1)中相应应力边界展开为 Fourier 级数如下

$$f(z)=f_0+\sum_{n=1}^{\infty}\left(f_{nc}\cos\frac{n\pi z}{L}+f_{ns}\sin\frac{n\pi z}{L}\right), \tag{2-2}$$

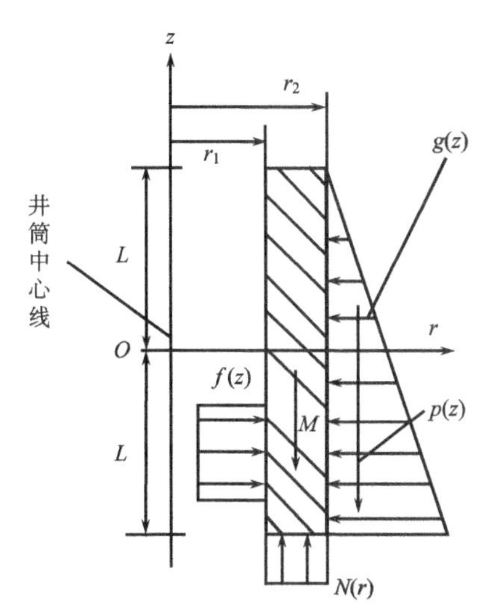

图 2-1　井壁受力示意

$$g(z)=g_0+\sum_{n=1}^{\infty}\left(g_{nc}\cos\frac{n\pi z}{L}+g_{ns}\sin\frac{n\pi z}{L}\right),\tag{2-3}$$

$$p(z)=p_0+\sum_{n=1}^{\infty}\left(p_{nc}\cos\frac{n\pi z}{L}+p_{ns}\sin\frac{n\pi z}{L}\right),\tag{2-4}$$

式中，f_0，g_0，p_0 分别为应力边界函数 $f(z)$，$g(z)$，$p(z)$的 Fourier 级数的常数项部分；f_{ns}，f_{nc}，g_{ns}，g_{nc}，p_{ns}，p_{nc}分别为其 Fourier 级数的第 n 项正弦及余弦系数。

2.1.2　基于 Timpe 解的井壁轴对称应力分析

1）考虑自重作用的一组特解

参考文献[7]中的特解易求得一组考虑自重作用的应力解答

$$\begin{cases}\sigma_r^{(0)}=\dfrac{r_2^2/r^2-1}{r_2^2/r_1^2-1}f_0+\dfrac{1-r_1^2/r^2}{1-r_1^2/r_2^2}g_0,\\[2ex]\sigma_\theta^{(0)}=-\dfrac{r_2^2/r^2+1}{r_2^2/r_1^2-1}f_0+\dfrac{1+r_1^2/r^2}{1-r_1^2/r_2^2}g_0,\\[2ex]\sigma_z^{(0)}=-\dfrac{2r_2p_0}{r_2^2-r_1^2}z+\gamma z,\ \tau_{rz}^{(0)}=\dfrac{r_2p_0}{r_2^2-r_1^2}\left(r-\dfrac{r_1^2}{r}\right),\end{cases}\tag{2-5}$$

式中，γ 为井壁混凝土材料的容重。该应力解答对应的内外侧边界条件为内侧法向 f_0，外侧法向 g_0，切向 p_0，即侧面边界式(2-2)～(2-4)中的常数部分。

2）Fourier 级数部分侧面边界的求解

下面考虑式(2-2)～(2-4)中 Fourier 级数部分侧面边界的求解，传统的井筒变形分析是在 Love 通解的基础上采用双重级数展开法进行的[7]，本文采用空间轴对称问题的 Timpe 通解，仅应用 Fourier 级数展开，计算相对较简洁，Timpe 通解如下[8]

$$\begin{cases} u = T^* - \dfrac{1}{4(1-\nu)} \dfrac{\partial(T_0 + rT^*)}{\partial r}, \\ w = -\dfrac{1}{4(1-\nu)} \dfrac{\partial(T_0 + rT^*)}{\partial z}, \end{cases} \tag{2-6}$$

其中 T^*，T_0 满足

$$\begin{cases} (\nabla^2 - 1/r^2) T^*(r, z) = 0, \\ \nabla^2 T_0(r, z) = 0, \end{cases} \tag{2-7}$$

$\nabla^2 = \partial^2/\partial r^2 + \partial/r\partial r + \partial^2/\partial z^2$ 是轴对称调和算子，u，w 分别为径向、轴向位移，ν 为泊松比。

采用分离变量法求解式(2-7)，选择如下级数形式的位移函数

$$\begin{aligned} T^*(r, z) = \sum_{n=1}^{\infty} & \mathrm{I}_1(\alpha_n r)[A_n^* \sin(\alpha_n z) + B_n^* \cos(\alpha_n z)] \\ & + \mathrm{K}_1(\alpha_n r)[C_n^* \sin(\alpha_n z) + D_n^* \cos(\alpha_n z)], \end{aligned} \tag{2-8}$$

$$\begin{aligned} T_0(r, z) = \sum_{n=1}^{\infty} & \mathrm{I}_0(\alpha_n r)[A_n^0 \sin(\alpha_n z) + B_n^0 \cos(\alpha_n z)] \\ & + \mathrm{K}_0(\alpha_n r)[C_n^0 \sin(\alpha_n z) + D_n^0 \cos(\alpha_n z)], \end{aligned} \tag{2-9}$$

式中，$\alpha_n = n\pi/L$，$n = 1, 2, 3, \cdots$；A_n^*，B_n^*，C_n^*，D_n^*，A_n^0，B_n^0，C_n^0，D_n^0 为待定系数，通过边界条件来确定；I_0，I_1，K_0，K_1 分别为零阶、一阶第一、二类变形 Bessel 函数。

将式(2-8)、(2-9)代入式(2-6)，并利用空间轴对称问题的几何方程、本构关系（限篇幅，不罗列）得到

$$\begin{aligned} \frac{\sigma_r}{2G} = & \sum_{n=1}^{\infty} \sin(\alpha_n z)[A_n^* a_{rn1}^*(r) + C_n^* a_{rn3}^*(r) + A_n^0 a_{rn1}^0(r) + C_n^0 a_{rn3}^0(r)] \\ & + \sum_{n=1}^{\infty} \cos(\alpha_n z)[B_n^* a_{rn2}^*(r) + D_n^* a_{rn4}^*(r) + B_n^0 a_{rn2}^0(r) + D_n^0 a_{rn4}^0(r)], \end{aligned} \tag{2-10}$$

$$\frac{\sigma_\theta}{2G} = \sum_{n=1}^{\infty} \sin(\alpha_n z)[A_n^* a_{\theta n1}^*(r) + C_n^* a_{\theta n3}^*(r) + A_n^0 a_{\theta n1}^0(r) + C_n^0 a_{\theta n3}^0(r)]$$

$$+\sum_{n=1}^{\infty}\cos(\alpha_n z)[B_n^* a_{\theta n2}^*(r)+D_n^* a_{\theta n4}^*(r)+B_n^0 a_{\theta n2}^0(r)+D_n^0 a_{\theta n4}^0(r)],$$

(2-11)

$$\frac{\sigma_z}{2G}=\sum_{n=1}^{\infty}\sin(\alpha_n z)[A_n^* a_{zn1}^*(r)+C_n^* a_{zn3}^*(r)+A_n^0 a_{zn1}^0(r)+C_n^0 a_{zn3}^0(r)]$$

$$+\sum_{n=1}^{\infty}\cos(\alpha_n z)[B_n^* a_{zn2}^*(r)+D_n^* a_{zn4}^*(r)+B_n^0 a_{zn2}^0(r)+D_n^0 a_{zn4}^0(r)],$$

(2-12)

$$\frac{\tau_{rz}}{G}=\sum_{n=1}^{\infty}\sin(\alpha_n z)[B_n^* b_{n2}^*(r)+D_n^* b_{n4}^*(r)+B_n^0 b_{n2}^0(r)+D_n^0 b_{n4}^0(r)]$$

$$+\sum_{n=1}^{\infty}\cos(\alpha_n z)[A_n^* b_{n1}^*(r)+C_n^* b_{n3}^*(r)+A_n^0 b_{n1}^0(r)+C_n^0 b_{n3}^0(r)],$$

(2-13)

式中，G 为剪切模量；

$a_{rn1}^*(r)=a_{rn2}^*(r)=k_1 \mathrm{d}I_1(\alpha_n r)/\mathrm{d}r-k_2\mathrm{d}^2(rI_1(\alpha_n r))/\mathrm{d}^2 r+k_3 I_1(\alpha_n r)/r$
$\quad -k_4\mathrm{d}(rI_1(\alpha_n r))/r\mathrm{d}r+k_4\alpha_n^2 rI_1(\alpha_n r)$；

$a_{rn3}^*(r)=a_{rn4}^*(r)=k_1 \mathrm{d}K_1(\alpha_n r)/\mathrm{d}r-k_2\mathrm{d}^2(rK_1(\alpha_n r))/\mathrm{d}^2 r+k_3 K_1(\alpha_n r)/r$
$\quad -k_4\mathrm{d}(rK_1(\alpha_n r))/r\mathrm{d}r+k_4\alpha_n^2 rK_1(\alpha_n r)$；

$a_{rn1}^0(r)=a_{rn2}^0(r)$
$\quad =-k_2\mathrm{d}^2 I_0(\alpha_n r)/\mathrm{d}^2 r+k_4\alpha_n^2 I_0(\alpha_n r)-k_4\mathrm{d}I_0(\alpha_n r)/r\mathrm{d}r$；

$a_{rn3}^0(r)=a_{rn4}^0(r)=-k_2\mathrm{d}^2 K_0(\alpha_n r)/\mathrm{d}^2 r+k_4\alpha_n^2 K_0(\alpha_n r)-k_4\mathrm{d}K_0(\alpha_n r)/r\mathrm{d}r$；

$a_{zn1}^*(r)=a_{zn2}^*(r)=k_3 \mathrm{d}I_1(\alpha_n r)/\mathrm{d}r-k_4\mathrm{d}^2(rI_1(\alpha_n r))/\mathrm{d}^2 r+k_3 I_1(\alpha_n r)/r$
$\quad -k_4\mathrm{d}(rI_1(\alpha_n r)/r\mathrm{d}r+k_2\alpha_n^2 rI_1(\alpha_n r)$；

$a_{zn3}^*(r)=a_{zn4}^*(r)=k_3 \mathrm{d}K_1(\alpha_n r)/\mathrm{d}r-k_4\mathrm{d}^2(rK_1(\alpha_n r))/\mathrm{d}^2 r+k_3 K_1(\alpha_n r)/r$
$\quad -k_4\mathrm{d}(rK_1(\alpha_n r))/r\mathrm{d}r+k_2\alpha_n^2 rK_1(\alpha_n r)$；

$a_{zn1}^0(r)=a_{zn2}^0(r)=-k_4\mathrm{d}^2 I_0(\alpha_n r)/\mathrm{d}^2 r-k_4\mathrm{d}I_0(\alpha_n r)/r\mathrm{d}r+k_2\alpha_n^2 I_0(\alpha_n r)$；

$a_{zn3}^0(r)=a_{zn4}^0(r)=-k_4\mathrm{d}^2 K_0(\alpha_n r)/\mathrm{d}^2 r-k_4\mathrm{d}K_0(\alpha_n r)/r\mathrm{d}r+k_2\alpha_n^2 K_0(\alpha_n r)$；

$a_{\theta n1}^*(r)=a_{\theta n2}^*(r)=k_3 \mathrm{d}I_1(\alpha_n r)/\mathrm{d}r+k_1 I_1(\alpha_n r)/r-k_4\mathrm{d}^2(rI_1(\alpha_n r))/\mathrm{d}^2 r$
$\quad -k_2\mathrm{d}(rI_1(\alpha_n r)/r\mathrm{d}r+k_4\alpha_n^2 rI_1(\alpha_n r)$；

$a_{\theta n3}^*(r)=a_{\theta n4}^*(r)=k_3 \mathrm{d}K_1(\alpha_n r)/\mathrm{d}r+k_1 K_1(\alpha_n r)/r-k_4\mathrm{d}^2(rK_1(\alpha_n r))/\mathrm{d}^2 r$
$\quad -k_2\mathrm{d}(rK_1(\alpha_n r)/r\mathrm{d}r+k_4\alpha_n^2 rK_1(\alpha_n r)$；$a_{\theta n1}^0(r)=a_{\theta n2}^0(r)$
$\quad =-k_4\mathrm{d}^2 I_0(\alpha_n r)/\mathrm{d}^2 r-k_2\mathrm{d}I_0(\alpha_n r)/r\mathrm{d}r+k_4\alpha_n^2 I_0(\alpha_n r)$；

$a_{\theta n3}^0(r)=a_{\theta n4}^0(r)=-k_4\mathrm{d}^2 K_0(\alpha_n r)/\mathrm{d}^2 r+k_4\alpha_n^2 K_0(\alpha_n r)-k_2\mathrm{d}K_0(\alpha_n r)/r\mathrm{d}r$；

$b_{n2}^*(r)=-b_{n1}^*(r)=-\alpha_n I_1(\alpha_n r)+k_5\alpha_n\mathrm{d}(rI_1(\alpha_n r))/\mathrm{d}r$；

$b_{n4}^{*}(r)=-b_{n3}^{*}(r)=-\alpha_n K_1(\alpha_n r)+k_5\alpha_n \mathrm{d}(rK_1(\alpha_n r))/\mathrm{d}r$；$b_{n2}^{0}(r)=-b_{n1}^{0}(r)=k_5\alpha_n \mathrm{d}I_0(\alpha_n r)/\mathrm{d}r$；

$b_{n4}^{0}(r)=-b_{n3}^{0}(r)=k_5\alpha_n \mathrm{d}K_0(\alpha_n r)/\mathrm{d}r$；

$k_1=(1-v)/(1-2v)$；$k_2=1/4(1-2v)$；$k_3=v/(1-2v)$；

$k_4=v/[4(1-v)(1-2v)]$；$k_5=1/2(1-v)$。

将式(2-10)～(2-13)在内外侧面取值，并与边界条件式(2-2)～(2-4)中比较，通过对比 Fourier 系数建立式(2-8)～(2-9)中待定系数的线性方程组如下

$$\begin{cases}A_n^{*}a_{rn1}^{*}(r_1)+C_n^{*}a_{rn3}^{*}(r_1)+A_n^{0}a_{rn1}^{0}(r_1)+C_n^{0}a_{rn3}^{0}(r_1)=f_{ns}/2G,\\ A_n^{*}a_{rn1}^{*}(r_2)+C_n^{*}a_{rn3}^{*}(r_2)+A_n^{0}a_{rn1}^{0}(r_2)+C_n^{0}a_{rn3}^{0}(r_2)=g_{ns}/2G,\\ A_n^{*}b_{n1}^{*}(r_1)+C_n^{*}b_{n3}^{*}(r_1)+A_n^{0}b_{n1}^{0}(r_1)+C_n^{0}b_{n3}^{0}(r_1)=0,\\ A_n^{*}b_{n1}^{*}(r_2)+C_n^{*}b_{n3}^{*}(r_2)+A_n^{0}b_{n1}^{0}(r_2)+C_n^{0}b_{n3}^{0}(r_2)=p_{nc}/G,\end{cases}\tag{2-14}$$

$$\begin{cases}B_n^{*}a_{rn2}^{*}(r_1)+D_n^{*}a_{rn4}^{*}(r_1)+B_n^{0}a_{rn2}^{0}(r_1)+D_n^{0}a_{rn4}^{0}(r_1)=f_{nc}/2G,\\ B_n^{*}a_{rn2}^{*}(r_2)+D_n^{*}a_{rn4}^{*}(r_2)+B_n^{0}a_{rn2}^{0}(r_2)+D_n^{0}a_{rn4}^{0}(r_2)=g_{nc}/2G,\\ B_n^{*}b_{n2}^{*}(r_1)+D_n^{*}b_{n4}^{*}(r_1)+B_n^{0}b_{n2}^{0}(r_1)+D_n^{0}b_{n4}^{0}(r_1)=0,\\ B_n^{*}b_{n2}^{*}(r_2)+D_n^{*}b_{n4}^{*}(r_2)+B_n^{0}b_{n2}^{0}(r_2)+D_n^{0}b_{n4}^{0}(r_2)=p_{ns}/G,\end{cases}\tag{2-15}$$

式中，$n=1, 2, 3, \cdots$。联立求解式(2-14)～(2-15)就可以获得式(2-8)～(2-9)中的待定系数，将系数代入式(2-10)～(2-13)中即获得满足式(2-2)～(2-4)中 Fourier 级数和部分侧面边界的一组应力解答，将该组应力解答记为 $\sigma_z^{(1)}$，$\sigma_\theta^{(1)}$，$\sigma_r^{(1)}$，$\tau_{rz}^{(1)}$。

3) 圣维南解的获得

将 1)至 2)中的解叠加就可以获得一组考虑自重，满足侧面边界条件的应力解答(以下称侧面解答)，由于上述建立方程的过程中仅考虑了重力及侧面边界，因而侧面解答在端部一般不能严格满足式(2-1)中的后 2 个式子，下面通过该组侧面解答获得一组圣维南解。

首先，由于端部剪应力是轴对称的，因而侧面解答其端部剪应力与边界条件式(2-1)中静力等效。

对于端部的正应力条件，参考文献[8]中的方法，叠加上一组均匀分布端部力作用下的特解，使上端面的正应力静力等效于 0，该组特解的形式为

$$\sigma_z^{(2)}=\mathrm{Q},\ \sigma_r^{(2)}=0,\ \sigma_\theta^{(2)}=0,\ \tau_{rz}^{(2)}=0,\tag{2-16}$$

式中，Q 为常数，因为叠加上特解(2-16)后上端面的正应力静力等效于 0，所以有

$$\int_{r1}^{r2}[\mathrm{Q}+\sigma_z^{(0)}(r, L)+\sigma_z^{(1)}(r, L)]2\pi r\,\mathrm{d}r=0,$$

于是

$$Q=\int_{r1}^{r2}[-\sigma_z^{(0)}(r,\ L)-\sigma_z^{(1)}(r,\ L)]2\pi r\mathrm{d}r/\pi(r_2^2-r_1^2)。\tag{2-17}$$

利用竖向平衡关系容易证明侧面解答叠加上解(2-16)后下端部正应力条件静力等效于 $N(r)$，因此该叠加后的解答即为满足边界条件式(2-1)的圣维南解。

2.1.3　约束治理算例分析

现以华东地区某矿井及文献[2]对该井附加力模拟试验研究的结果为依据，针对该井筒的约束内壁治理，应用上述弹性解，分析约束法治理的机理及约束力大小对治理效果的影响。

1) 井筒概况及外荷载

井筒内半径 $r_1=3.25$m，外半径 $r_2=4.45$m，表土段长为 240m；井壁材料为 350# 钢筋混凝土，材料容重为 0.024MN/m³，弹性模量为 30GPa，泊松比为 0.21。

文献[9]对于井壁所受水平地压的计算公式进行了评述，指出目前对于深部土的地压认识较少，只有应用经验公式(2-18)，尚能够服务于一定的工程。

$$P_h=KH,\tag{2-18}$$

式中，P_h 为水平地压，MPa；K 为侧压力系数，一般取 0.011～0.013MPa/m；H 为深度，m。

该井田被厚约 240m 的第四系表土层所覆盖，整个表土段中各类黏土约占 70%，文献[2]对其竖直附加力进行了模型试验研究，指出随时间变化的附加力其竖向的分布可近似用分段的线性函数来描述。在浅部，单位侧面积附加力随深度的增加而直线增加，在中深部，则随深度增加而逐渐减小[10]。其公式表示为

$$f_n(H)=\begin{cases}\beta H/H_c & (0\leqslant H\leqslant H_c)\\ \alpha(H-H_c)+\beta & (H_c\leqslant H\leqslant 240)\end{cases}\tag{2-19}$$

式中，f_n 为竖直附加力大小，MPa；H_c 为附加力拐点参数，文献[10]给出 $H_c=6\times 2r_2=53.4$m；α，β 为附加力线性分布系数，随时间变化，取文献[2]模拟试验中该矿井壁破坏时刻的试验数据[10]：

$$\alpha=-0.245\text{kPa/m},\quad \beta=64\text{kPa}\tag{2-20}$$

此时侧压力系数 K 为 0.0118.

现采用约束内壁法治理该井筒 180～220m 段，相关工艺见文献[6]，采用了 3 组不同的约束力，分别为均布 $P_i=0.3,\ 0.5,\ 0.7$MPa。

2）约束治理机理及效果分析

为了分析约束前后的治理效果，需要应用第四强度理论，其相当应力为

$$\sigma_{4r}=\sqrt{\frac{1}{2}[(\sigma_1-\sigma_2)^2+(\sigma_2-\sigma_3)^2+(\sigma_1-\sigma_3)^2]}。\tag{2-21}$$

通过前文给出的井筒约束治理时的外荷载，对坐标系及弹性力学符号作转换后即可得到形如式(2-1)的边界条件，如下

$$f(z)=\begin{cases}-P_i & (-100\leqslant z\leqslant -60)\\ 0 & (z<-100;\ z>-60)\end{cases},\tag{2-22}$$

$$g(z)=-K(L-z),\tag{2-23}$$

$$p(z)=-f_n(L-z),\tag{2-24}$$

应用2.1.2节中的方法可以获得约束治理条件下的应力解答，再通过式(2-21)即获得井壁各处的相当应力。

图2-2为深200m处相当应力在不同约束力条件下沿径向的变化曲线，图中$r=3.25$为井壁内侧，从该图可以看出，在约束治理前(0MPa)，井壁内侧相当应力远大于外侧，因而井壁内缘的稳定性不如外缘，约束治理后的曲线表明，井壁在治理后内缘附近的相当应力得到较大程度的减少，且随着约束力的增大，沿径向的相当应力曲线逐渐趋于水平，井壁内缘的安全性逐渐与外缘相匹配。井壁内缘附近约束前处于两向受压状态，是井壁安全性的薄弱环节，约束治理后其受力状态转变为三向受压，这一改变有效地改善了内缘附近的应力分布，提高了井壁内缘的稳定性，约束内壁方法通过改善井壁安全性的薄弱环节，达到了治理井壁的目的。

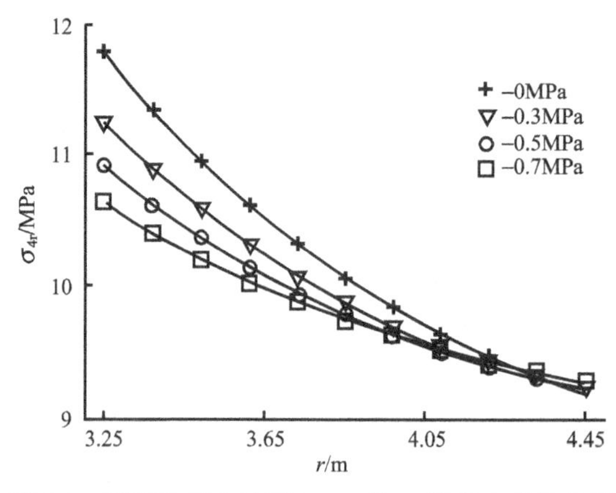

图2-2　不同约束力时深200m处σ_{4r}沿径向变化曲线

对比图2-2中不同约束力大小的曲线可以看出，井壁内缘附近相同深度不同半径处，随着约束力的不断增大，其治理效果也在逐渐变佳。图2-3为半径3.40m处相当应力在不同约束力条件下沿深度的变化曲线，图中曲线2～4表明，约束段内缘附近同半径不同深度处，治理效果也随着约束力的增大而变佳。由此可知，约束力越大，约束段井壁内缘附近的治理效果越佳。

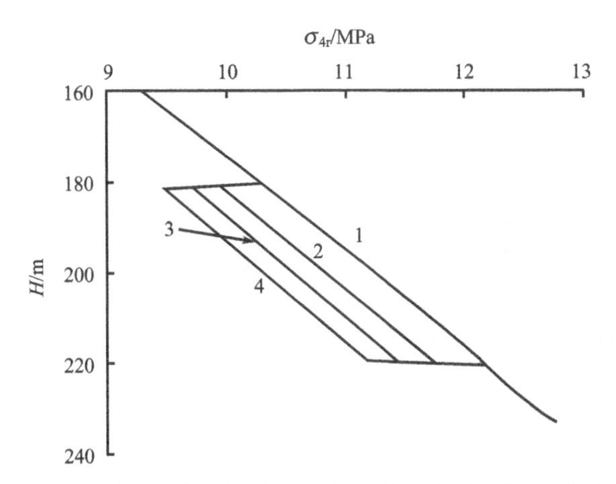

图2-3　不同约束力时半径3.40m处σ_{4r}沿深度变化曲线

2.2　单层井壁严格解

从弹性力学角度来看，特殊地层条件下的井壁受力可视为有限长空心圆柱的空间轴对称问题，文献[11]建立了求解空心圆柱空间轴对称问题的Pickett双重级数法，该方法随后得到了广泛的应用。文献[12，13]求解了无限长两层和三层圆柱体的空间轴对称变形问题，文献[14]求解了有限长空心圆柱在两端对称法向荷载作用下的应力解答，这些文献均未涉及外侧面的切向荷载，文献[15]建立了在任意轴对称的法向分布荷载和自平衡切向分布荷载作用下复合井壁的变形分析方法，但未涉及井筒的端部荷载，文献[7]获得了井壁在任意轴对称的法向分布荷载、切向分布荷载以及井筒端部荷载作用下的弹性解答，但并未考虑井壁治理时井筒内侧可能会受到的局部约束力，且端部的切向应力边界并未满足，所得到的解答与2.1节一样仅是一组圣维南解，而非严格解。本节针对处于任意轴对称土压力、附加力、局部内压及端部力作用下的井筒，采用上述文献中的双重级数分析方法，首次获得井壁完全满足所有边界条件的严格弹性解答，完整的解决了井壁一般应力边界下的轴对称变形分析问题。

2.2.1 Love 通解

所要求解的是一个空间轴对称变形问题，空间轴对称问题的 Love 通解如下[8]

$$\begin{cases}\sigma_r = \dfrac{\partial}{\partial z}\left(\mu\nabla^2\varphi - \dfrac{\partial^2\varphi}{\partial r^2}\right),\\ \sigma_\theta = \dfrac{\partial}{\partial z}\left(\mu\nabla^2\varphi - \dfrac{1}{r}\dfrac{\partial\varphi}{\partial r}\right),\\ \sigma_z = \dfrac{\partial}{\partial z}\left[(2-\nu)\nabla^2\varphi - \dfrac{\partial^2\varphi}{\partial z^2}\right],\\ \tau_{rz} = \dfrac{\partial}{\partial r}\left[(1-\nu)\nabla^2\varphi - \dfrac{\partial^2\varphi}{\partial z^2}\right],\end{cases} \tag{2-25}$$

式中，ν 为泊松比，应力函数 $\varphi(r, z)$ 满足

$$\nabla^2\nabla^2\varphi = 0, \tag{2-26}$$

式(2-26)中，$\nabla^2 = \dfrac{\partial^2}{\partial r^2} + \dfrac{1}{r}\dfrac{\partial}{\partial r} + \dfrac{\partial^2}{\partial z^2}$。

考虑施工完成后的井筒，井壁采用约束内壁方法治理，该应力边界下井壁受力示意图见图 2-1，边界条件式见式(2-1)。

2.2.2 Love 应力函数的选择

对于有限长空心圆柱的轴对称变形问题，Love 通解是完备的[8]，应用分离变量法可以求得如下两组应力函数

$$\varphi^{(1)} = \sum_n [A_n^{(1)} I_0(\alpha_n r) + B_n^{(1)} r I_1(\alpha_n r) + C_n^{(1)} K_0(\alpha_n r) + D_n^{(1)} r K_1(\alpha_n r)]\sin(\alpha_n z) + \sum_m [E_m^{(1)} z \,\mathrm{csh}(\beta_m z) + G_m^{(1)} \mathrm{sh}(\beta_m z)]\Phi_0(\beta_m r) + (F_1 r^2 + F_2 \ln r) z + F_3 z^3, \tag{2-27}$$

$$\varphi^{(2)} = \sum_n [A_n^{(2)} I_0(\alpha_n r) + B_n^{(2)} r I_1(\alpha_n r) + C_n^{(2)} K_0(\alpha_n r) + D_n^{(2)} r K_1(\alpha_n r)]\cos(\alpha_n z) + \sum_m [E_m^{(2)} z \,\mathrm{sh}(\beta_m z) + G_m^{(2)} \mathrm{csh}(\beta_m z)]\Phi_0(\beta_m r) + F_4 (r^2 + z^2)^{1/2} + F_5 z^2 \ln r + F_6 z^2 (3r^2 - 2z^2), \tag{2-28}$$

式(2-27)、(2-28)中 I_0，I_1，K_0，K_1 分别为零阶、一阶第一、二类变形

Bessel 函数，sh，csh 分别为双曲正弦与双曲余弦函数。

$A_n^{(i)}$，$B_n^{(i)}$，$C_n^{(i)}$，$D_n^{(i)}$，$E_m^{(i)}$，$G_m^{(i)}$，F_1，F_2，F_3，F_4，F_5，F_6($n=1$，2，…；$m=1$，2，…；$i=1$，2)是待定系数，通过边界条件来确定。

特征值序列 α_n 为

$$\alpha_n = n\pi/L, \quad n=1, 2, 3\cdots$$

特征值序列 β_m 是如下特征方程的根序列

$$J_1(\beta_m r_1)Y_1(\beta_m r_2) - Y_1(\beta_m r_1)J_1(\beta_m r_2) = 0, \quad m=1, 2, 3\cdots$$

两类 Fourier-Bessel 级数序列为

$$\Phi_j(\beta_m r) = J_j(\beta_m r) + \varepsilon_m Y_j(\beta_m r) \quad j=0, 1。$$

其中 ε_m 满足

$$\varepsilon_m = -J_1(\beta_m r_1)/Y_1(\beta_m r_1) = -J_1(\beta_m r_2)/Y_1(\beta_m r_2),$$

J_0，J_1，Y_0，Y_1 分别为零阶、一阶第一、二类 Bessel 函数。

由应力函数关于 z 的奇偶性可知，$\varphi^{(1)}$ 所得到的应力场关于 $z=0$ 是对称的，$\varphi^{(2)}$ 所得到的应力场关于 $z=0$ 是反对称的。文献[14]所选择的应力函数关于 z 是奇函数，其所能满足的应力边界必关于 $z=0$ 对称。文献[7]中应力函数选择也并不完全，因而不能使所有的应力边界得到满足。由于余弦级数 $\cos(\alpha_n z)$ 与傅里叶-贝塞尔级数 $\Phi_0(\beta_m r)$ 的不完备性，式(2-27)、(2-28)中非级数项的选取是必需的。以下首先将井壁应力边界分解为对称及反对称两个部分，分别取应力函数 $\varphi^{(1)}$、$\varphi^{(2)}$ 进行求解。

2.2.3　问题的求解

1) 问题的分解

$$\sigma_r^{(0)}=0, \ \sigma_\theta^{(0)}=0, \ \sigma_z^{(0)}=\gamma z - L\gamma, \ \tau_{rz}^{(0)}=0。 \tag{2-29}$$

式(2-29)为考虑井壁自重时的一组特解，其中 γ 为井壁材料容重，结合式(2-29)对应的边界，将井壁应力边界分解为关于 $z=0$ 对称与反对称的两个部分。

对称部分应力边界

$$\begin{cases} r=r_1: \ \sigma_r = f^+(z), \ \tau_{rz}=0, \\ r=r_2: \ \sigma_r = g^+(z), \ \tau_{rz}=p^-(z), \\ z=L: \ \sigma_z = M(r), \ \tau_{zr}=0, \\ z=-L: \ \sigma_z = M(r), \ \tau_{zr}=0. \end{cases} \tag{2-30}$$

反对称部分应力边界

$$\begin{cases} r = r_1: \sigma_r = f^-(z), \tau_{rz} = 0, \\ r = r_2: \sigma_r = g^-(z), \tau_{rz} = p^+(z), \\ z = L: \sigma_z = -M(r), \tau_{zr} = 0, \\ z = -L: \sigma_z = M(r), \tau_{zr} = 0. \end{cases} \tag{2-31}$$

式(2-30)、(2-31)中 $M(r) = [N(r) + 2L\gamma]/2$，且对于任意函数 $h(x)$ 定义有

$$\begin{cases} h^+(x) = [h(x) + h(-x)]/2, \\ h^-(x) = [h(x) - h(-x)]/2. \end{cases} \tag{2-32}$$

式(2-30)、(2-31)边界条件下的解叠加上特解式(2-29)就可以得到井壁在自重及应力边界条件式(2-1)作用下的严格弹性解答。

进一步定义下面计算过程中将用到的

$$\begin{cases} h_n^+ = \dfrac{2}{L}\displaystyle\int_0^L h^+(t)\cos(\alpha_n t)\mathrm{d}t, \ n = 1, 2, 3\cdots \\ h_0^+ = \dfrac{1}{L}\displaystyle\int_0^L h^+(t)\mathrm{d}t, \\ h_n^- = \dfrac{2}{L}\displaystyle\int_0^L h^-(t)\sin(\alpha_n t)\mathrm{d}t, \ n = 1, 2, 3\cdots \end{cases} \tag{2-33}$$

即 h_n^+ 为 $h^+(x)$ 的第 n 项余弦系数，h_n^- 为 $h^-(x)$ 的第 n 项正弦系数。

2）对称边界下的解答

对于对称应力边界条件式(2-30)，取应力函数 $\varphi^{(1)}$，代入式(2-25)得到与建立方程相关的量如下

$$\begin{aligned} \sigma_r^{(1)}(r, z) = & \sum_n \cos(\alpha_n z)[A_n^{(1)} a_{r1n}^{(1)}(r) + B_n^{(1)} a_{r2n}^{(1)}(r) + C_n^{(1)} a_{r3n}^{(1)}(r) + D_n^{(1)} a_{r4n}^{(1)}(r)] \\ & + \sum_m \Phi_0(\beta_m r)[E_m^{(1)} a_{r01m}^{(1)}(z) + G_m^{(1)} a_{r02m}^{(1)}(z)] \\ & + \sum_m \frac{\Phi_1(\beta_m r)}{r}[E_m^{(1)} a_{r11m}^{(1)}(z) + G_m^{(1)} a_{r12m}^{(1)}(z)] \\ & + (4\mu - 2)F_1 + \frac{1}{r^2}F_2 + 6\mu F_3, \end{aligned} \tag{2-34}$$

$$\begin{aligned} \sigma_z^{(1)}(r, z) = & \sum_n \cos(\alpha_n z)[A_n^{(1)} a_{z1n}^{(1)}(r) + B_n^{(1)} a_{z2n}^{(1)}(r) + C_n^{(1)} a_{z3n}^{(1)}(r) + D_n^{(1)} a_{z4n}^{(1)}(r)] \\ & + \sum_m \Phi_0(\beta_m r)[E_m^{(1)} a_{z01m}^{(1)}(z) + G_m^{(1)} a_{z02m}^{(1)}(z)] \\ & + 6(1 - \mu)F_3 + 4(2 - \mu)F_1, \end{aligned} \tag{2-35}$$

$$\tau_{rz}(r, z)=\sum_{n}\sin(\alpha_n z)[A_n^{(1)}b_{1n}^{(1)}(r)+B_n^{(1)}b_{2n}^{(1)}(r)+C_n^{(1)}b_{3n}^{(1)}(r)+D_n^{(1)}b_{4n}^{(1)}(r)]$$

$$+\sum_{m}\Phi_1(\beta_m r)[E_m^{(1)}b_{11m}^{(1)}(z)+G_m^{(1)}b_{12m}^{(1)}(z)], \tag{2-36}$$

式中

$$a_{r1n}^{(1)}=\alpha_n^2[I_1(\alpha_n r)/r-\alpha_n I_0(\alpha_n r)],$$

$$a_{r2n}^{(1)}=\alpha_n^2[(2\mu-1)I_0(\alpha_n r)-\alpha_n r I_1(\alpha_n r)],$$

$$a_{r3n}^{(1)}=\alpha_n^2[-K_1(\alpha_n r)/r-\alpha_n K_0(\alpha_n r)],$$

$$a_{r4n}^{(1)}=\alpha_n^2[-(2\mu-1)K_0(\alpha_n r)-\alpha_n r K_1(\alpha_n r)],$$

$$a_{r01m}^{(1)}(z)=\beta_m^2[(2\mu+1)\mathrm{csh}(\beta_m z)+\beta_m z\,\mathrm{sh}(\beta_m z)],$$

$$a_{r02m}^{(1)}(z)=\beta_m^3\,\mathrm{csh}(\beta_m z),$$

$$a_{r11m}^{(1)}(z)=-\beta_m\,\mathrm{csh}(\beta_m z)-\beta_m^2 z\,\mathrm{sh}(\beta_m z),$$

$$a_{r12m}^{(1)}(z)=-\beta_m^2\,\mathrm{csh}(\beta_m z),$$

$$a_{z1n}^{(1)}(r)=\alpha_n^3 I_0(\alpha_n r),$$

$$a_{z2n}^{(1)}(r)=\alpha_n^2[(4-2\mu)I_0(\alpha_n r)+\alpha_n r I_1(\alpha_n r)],$$

$$a_{z3n}^{(1)}(r)=\alpha_n^3 K_0(\alpha_n r),$$

$$a_{z4n}^{(1)}(r)=\alpha_n^2[-(4-2\mu)K_0(\alpha_n r)+\alpha_n r K_1(\alpha_n r)],$$

$$a_{z01m}^{(1)}(z)=\beta_m^2(1-2\mu)\mathrm{csh}(\beta_m z)-\beta_m^3 z\,\mathrm{sh}(\beta_m z),$$

$$a_{z02m}^{(1)}(z)=-\beta_m^3\,\mathrm{csh}(\beta_m z),$$

$$b_{1n}^{(1)}(r)=\alpha_n^3 I_1(\alpha_n r),$$

$$b_{2n}^{(1)}(r)=\alpha_n^2[(2-2\mu)I_1(\alpha_n r)+\alpha_n r I_0(\alpha_n r)],$$

$$b_{3n}^{(1)}(r)=-\alpha_n^3 K_1(\alpha_n r),$$

$$b_{4n}^{(1)}(r)=\alpha_n^2[(2-2\mu)K_1(\alpha_n r)-\alpha_n r K_0(\alpha_n r)],$$

$$b_{11m}^{(1)}(z)=\beta_m^2[\beta_m z\,\mathrm{csh}(\beta_m z)+2\mu\,\mathrm{sh}(\beta_m z)],$$

$$b_{12m}^{(1)}(z)=\beta_m^3\,\mathrm{sh}(\beta_m z)。$$

下面利用边界条件式(2-30)建立方程组，由内外侧面剪应力边界得到

$$A_n^{(1)}b_{1n}^{(1)}(r_1)+B_n^{(1)}b_{2n}^{(1)}(r_1)+C_n^{(1)}b_{3n}^{(1)}(r_1)+D_n^{(1)}b_{4n}^{(1)}(r_1)=0, \quad n=1, 2, 3, \cdots \tag{2-37}$$

$$A_n^{(1)}b_{1n}^{(1)}(r_2)+B_n^{(1)}b_{2n}^{(1)}(r_2)+C_n^{(1)}b_{3n}^{(1)}(r_2)+D_n^{(1)}b_{4n}^{(1)}(r_2)=p_n^-, \quad n=1, 2, 3, \cdots \tag{2-38}$$

通过两个端面的剪应力条件均得到下式

$$E_m^{(1)}b_{11m}^{(1)}(L)+G_m^{(1)}b_{12m}^{(1)}(L)=0, \quad m=1, 2, 3, \cdots \tag{2-39}$$

利用内侧面的正应力条件，建立方程如下

$$\sum_m \Phi_0(\beta_m r_1)[E_m^{(1)} a_{r01m}^{(1)}[0] + G_m^{(1)} a_{r02m}^{(1)}[0]] + (4\mu - 2)F_1 + \frac{1}{r_1^2}F_2 + 6\mu F_3 = f_0^+, \tag{2-40}$$

$$\sum_m \Phi_0(\beta_m r_1)[E_m^{(1)} a_{r01m}^{(1)}[n] + G_m^{(1)} a_{r02m}^{(1)}[n]] + A_n^{(1)} a_{r1n}^{(1)}(r_1) + B_n^{(1)} a_{r2n}^{(1)}(r_1) + C_n^{(1)} a_{r3n}^{(1)}(r_1) + D_n^{(1)} a_{r4n}^{(1)}(r_1) = f_n^+, \quad n = 1, 2, 3, \cdots \tag{2-41}$$

同样，利用外侧面的正应力建立方程

$$\sum_m \Phi_0(\beta_m r_2)[E_m^{(1)} a_{r01m}^{(1)}[0] + G_m^{(1)} a_{r02m}^{(1)}[0]] + (4\mu - 2)F_1 + \frac{1}{r_2^2}F_2 + 6\mu F_3 = g_0^+, \tag{2-42}$$

$$\sum_m \Phi_0(\beta_m r_2)[E_m^{(1)} a_{r01m}^{(1)}[n] + G_m^{(1)} a_{r02m}^{(1)}[n]] + A_n^{(1)} a_{r1n}^{(1)}(r_2) + B_n^{(1)} a_{r2n}^{(1)}(r_2) + C_n^{(1)} a_{r3n}^{(1)}(r_2) + D_n^{(1)} a_{r4n}^{(1)}(r_2) = g_n^+, \quad n = 1, 2, 3, \cdots \tag{2-43}$$

式中记号 $h[n]$仅对于奇函数或偶函数有定义如下。

当 $h(x)$是偶函数时

$$\begin{cases} h[n] = \dfrac{2}{L}\displaystyle\int_0^L h(t)\cos(\alpha_n t)\mathrm{d}t, \quad n = 1, 2, \cdots \\ h[0] = \dfrac{1}{L}\displaystyle\int_0^L h(t)\mathrm{d}t, \end{cases} \tag{2-44}$$

当 $h(x)$是奇函数时

$$h[n] = \frac{2}{L}\int_0^L h(t)\sin(\alpha_n t)\mathrm{d}t, \quad n = 1, 2\cdots \tag{2-45}$$

由于利用了问题的对称性，端面的法向应力边界条件只需在一端如 $z=L$ 处建立，另一端自然满足。

由文献[12]可知，当函数 $h(r)$满足 $\int_{r1}^{r2} rh(r)\mathrm{d}r = 0$ 时，可以将 $h(r)$进行 Fourier-Bessel 级数展开，即

$$h(r) = \sum_m h_m \Phi_0(\beta_m r), \tag{2-46}$$

由恒等式

$$\int_{r1}^{r2} r[h(r) - h_0]\mathrm{d}r \equiv 0,$$

式中 $h_0 = 2\int_{r1}^{r2} rh(r)\mathrm{d}r/(r_2^2 - r_1^2)$，以及 1 与 $\Phi_0(\beta_m r)$关于权 r 的正交性知，Fourier-Bessel 级数 $\Phi_0(\beta_m r)$补充常数 1 后构成完备的正交系。令

$$\phi^{(1)}(r)=M(r)-\sum_{n}(-1)^{n}[A_{n}^{(1)}a_{z1n}^{(1)}(r)+B_{n}a_{z2n}^{(1)}(r)$$
$$+C_{n}a_{z3n}^{(1)}(r)+D_{n}a_{z4n}^{(1)}(r)]-6(1-\mu)F_{3}-4(2-\mu)F_{1},\tag{2-47}$$

于是 $\phi^{(1)}(r)$ 可以展开为

$$\phi^{(1)}(r)=\phi_{0}^{(1)}+\sum_{m}\phi_{m}^{(1)}\Phi_{0}(\beta_{m}r),\tag{2-48}$$

式中

$$\phi_{0}^{(1)}=\frac{2\int_{r1}^{r2}r\phi^{(1)}(r)\mathrm{d}r}{r_{2}^{2}-r_{1}^{2}},\tag{2-49}$$

$$\phi_{m}^{(1)}=\frac{2\int_{r1}^{r2}r\phi^{(1)}(r)\Phi_{0}(\beta_{m}r)\mathrm{d}r}{r_{2}^{2}\Phi_{0}(\beta_{m}r_{2})^{2}-r_{1}^{2}\Phi_{0}(\beta_{m}r_{1})^{2}},\quad m=1,2,\cdots\tag{2-50}$$

$z=L$ 处的正应力条件可以对比 Fourier-Bessel 系数建立如下

$$\phi_{0}^{(1)}=0,\tag{2-51}$$

$$\phi_{m}^{(1)}=E_{m}^{(1)}a_{z01m}^{(1)}(L)+G_{m}^{(1)}a_{z02m}^{(1)}(L),\quad m=1,2,\cdots\tag{2-52}$$

同文献[14]，取 m 为 M 项，n 为 N 项，则式(2-37)、(2-38)、(2-39)、(2-40)、(2-41)、(2-42)、(2-43)、(2-51)、(2-52)构成 $4N+2M+3$ 个待定系数的 $4N+2M+3$ 个方程，联立求解系数后即可获得对称应力边界条件式(2-30)下的解答。

3) 反对称边界下的解答

对于反对称边界条件式(2-31)，取应力函数为 $\varphi^{(2)}$，代入式(2-25)得到

$$\sigma_{r}^{(2)}(r,z)=\sum_{n}\sin(\alpha_{n}z)[A_{n}^{(2)}a_{r1n}^{(2)}(r)+B_{n}^{(2)}a_{r2n}^{(2)}(r)+C_{n}^{(2)}a_{r3n}^{(2)}(r)+D_{n}^{(2)}a_{r4n}^{(2)}(r)]$$
$$+\sum_{m}\Phi_{0}(\beta_{m}r)[E_{m}^{(2)}a_{r01m}^{(2)}(z)+G_{m}^{(2)}a_{r02m}^{(2)}(z)]$$
$$+\sum_{m}\frac{\Phi_{1}(\beta_{m}r)}{r}[E_{m}^{(2)}a_{r11m}^{(2)}(z)+G_{m}^{(2)}a_{r12m}^{(2)}(z)]$$
$$+F_{4}H_{r}(r,z)+2F_{5}z/r^{2}-12F_{6}(1+2\mu)z,\tag{2-53}$$

$$\sigma_{z}^{(2)}(r,z)=\sum_{n}\sin(\alpha_{n}z)[A_{n}^{(2)}a_{z1n}^{(2)}(r)+B_{n}^{(2)}a_{z2n}^{(2)}(r)+C_{n}^{(2)}a_{z3n}^{(2)}(r)+D_{n}^{(2)}a_{z4n}^{(2)}(r)]$$
$$+\sum_{m}\Phi_{0}(\beta_{m}r)[E_{m}^{(2)}a_{z01m}^{(2)}(z)+G_{m}^{(2)}a_{z02m}^{(2)}(z)]$$
$$+F_{4}H_{z}(r,z)+24F_{6}\mu z,\tag{2-54}$$

$$\tau_{rz}^{(2)}(r,\ z)=\sum_{n}\cos(\alpha_n z)[A_n^{(2)}b_{1n}^{(2)}(r)+B_n^{(2)}b_{2n}^{(2)}(r)+C_n^{(2)}b_{3n}^{(2)}(r)+D_n^{(2)}b_{4n}^{(2)}(r)]$$
$$+\sum_{m}\Phi_1(\beta_m r)[E_m^{(2)}b_{11m}^{(2)}(z)+G_m^{(2)}b_{12m}^{(2)}(z)]$$
$$+F_4 H_{rz}(r,\ z)-2F_5\mu/r-12F_6\mu r, \tag{2-55}$$

式中

$$a_{r1n}^{(2)}=\alpha_n^2[-\mathrm{I}_1(\alpha_n r)/r+\alpha_n\mathrm{I}_0(\alpha_n r)],$$
$$a_{r2n}^{(2)}=\alpha_n^2[-(2\mu-1)\mathrm{I}_0(\alpha_n r)+\alpha_n r\mathrm{I}_1(\alpha_n r)],$$
$$a_{r3n}^{(2)}=\alpha_n^2[\mathrm{K}_1(\alpha_n r)/r+\alpha_n\mathrm{K}_0(\alpha_n r)],$$
$$a_{r4n}^{(2)}=\alpha_n^2[(2\mu-1)\mathrm{K}_0(\alpha_n r)+\alpha_n r\mathrm{K}_1(\alpha_n r)],$$
$$a_{r01m}^{(2)}(z)=\beta_m^2[(2\mu+1)\mathrm{sh}(\beta_m z)+\beta_m z\,\mathrm{csh}(\beta_m z)],$$
$$a_{r02m}^{(2)}(z)=\beta_m^3\mathrm{sh}(\beta_m z),$$
$$a_{r11m}^{(2)}(z)=-\beta_m\mathrm{sh}(\beta_m z)-\beta_m^2 z\,\mathrm{csh}(\beta_m z),$$
$$a_{r12m}^{(2)}(z)=-\beta_m^2\mathrm{sh}(\beta_m z),$$
$$a_{z1n}^{(2)}(r)=-\alpha_n^3\mathrm{I}_0(\alpha_n r),$$
$$a_{z2n}^{(2)}(r)=-\alpha_n^2[(4-2\mu)\mathrm{I}_0(\alpha_n r)+\alpha_n r\mathrm{I}_1(\alpha_n r)],$$
$$a_{z3n}^{(2)}(r)=-\alpha_n^3\mathrm{K}_0(\alpha_n r),$$
$$a_{z4n}^{(2)}(r)=\alpha_n^2[(4-2\mu)\mathrm{K}_0(\alpha_n r)-\alpha_n r\mathrm{K}_1(\alpha_n r)],$$
$$a_{z01m}^{(2)}(z)=\beta_m^2(1-2\mu)\mathrm{sh}(\beta_m z)-\beta_m^3 z\,\mathrm{csh}(\beta_m z),$$
$$a_{z02m}^{(2)}(z)=-\beta_m^3\mathrm{sh}(\beta_m z),$$
$$b_{1n}^{(2)}(r)=\alpha_n^3\mathrm{I}_1(\alpha_n r),$$
$$b_{2n}^{(2)}(r)=\alpha_n^2[(2-2\mu)\mathrm{I}_1(\alpha_n r)+\alpha_n r\mathrm{I}_0(\alpha_n r)],$$
$$b_{3n}^{(2)}(r)=-\alpha_n^3\mathrm{K}_1(\alpha_n r),$$
$$b_{4n}^{(2)}(r)=\alpha_n^2[(2-2\mu)\mathrm{K}_1(\alpha_n r)-\alpha_n r\mathrm{K}_0(\alpha_n r)],$$
$$b_{11m}^{(2)}(z)=\beta_m^2[\beta_m z\,\mathrm{sh}(\beta_m z)+2\mu\,\mathrm{csh}(\beta_m z)],$$
$$b_{12m}^{(2)}(z)=\beta_m^3\mathrm{csh}(\beta_m z),$$
$$H_r(r,\ z)=-z(2\mu r^2+2\mu z^2+2r^2-z^2)(z^2+r^2)^{-5/2},$$
$$H_z(r,\ z)=z(-r^2-4z^2+2\mu r^2+2\mu z^2)(z^2+r^2)^{-5/2},$$
$$H_{rz}(r,\ z)=r(-r^2-4z^2+2\mu r^2+2\mu z^2)(z^2+r^2)^{-5/2}。$$

建立方程的基本思路与对称边界条件时相同，即侧面边界利用 Fourier 级数(正弦或余弦)展开，端部边界利用 Fourier-Bessel 级数($\Phi_0(\beta_m r)$或 $\Phi_1(\beta_m r)$)展开，对比系数建立并求解方程组就可以获得反对称边界条件式(2-31)下的应力解答，限于篇幅，不再赘述。

2.2.4　算例分析

同样以2.1.3节华东地区矿井为例，应用前文解析解分析约束内壁法应用前后井壁安全性的变化。井筒概况及外荷载与2.1.3节中相同。井筒的上端为自由边界，下端应力分布形式的影响仅局限于端部，于是按文献[7]将井筒下端法向应力边界设为均匀分布，均布法向力大小通过井筒整体竖向平衡得到。

采用约束内壁法治理该井筒180～220m段，下面作力学分析，治理前，井筒内侧不受力，治理后内侧约束段受约束力，参考文献[6]中的方案，设压板对约束治理段压力为均布0.4MPa。

利用井壁治理前后的外荷载，对坐标系及弹性力学符号作转换后，可以分别得到治理前后的应力边界条件式(2-1)。将式(2-1)分解为对称边界式(2-30)与反对称边界式(2-31)，对于对称边界，通过求解方程组(2-37)-(2-43)、(2-51)-(2-52)获得系数，回代入式(2-34)-(2-36)即可获得对称边界应力解答，反对称边界式(2-31)下的解答同样可以获得，两组解答叠加后并叠加重力特解(2-29)式便获得井壁治理前后的应力分布。

图2-4、图2-5分别表示$r=3.4$m处约束前后环向、轴向及径向正应力大小(均为受压)在井筒中深部随深度H的变化曲线，其中下标1表示约束前，下标2表示约束后。

对比图2-4、图2-5可知，约束前后该处三个方向正应力大小均有$|\sigma_z|>|\sigma_\theta|>|\sigma_r|$，约束后在约束段范围内环向受压减小，径向受压增大，而轴向变化不显著；在约束段外，应力变化均不显著。

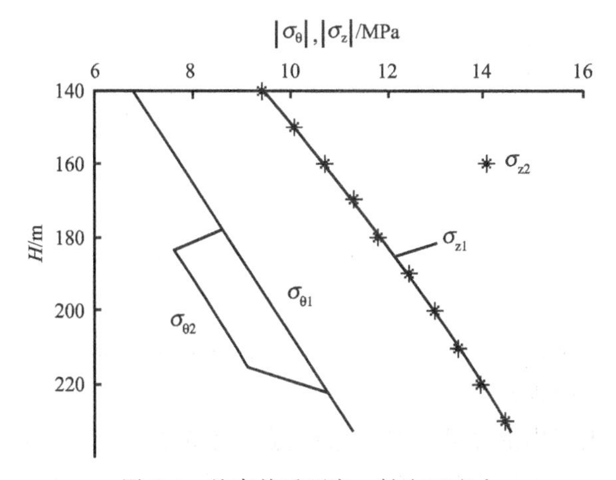

图2-4　约束前后环向、轴向正应力

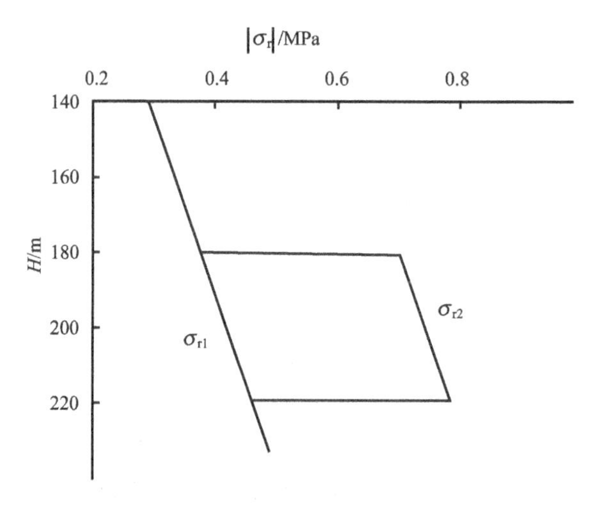

图 2-5　约束前后径向正应力

应用第四强度理论校核井壁约束前后的安全性变化，图 2-6 为该半径处约束前后相当应力的变化曲线。

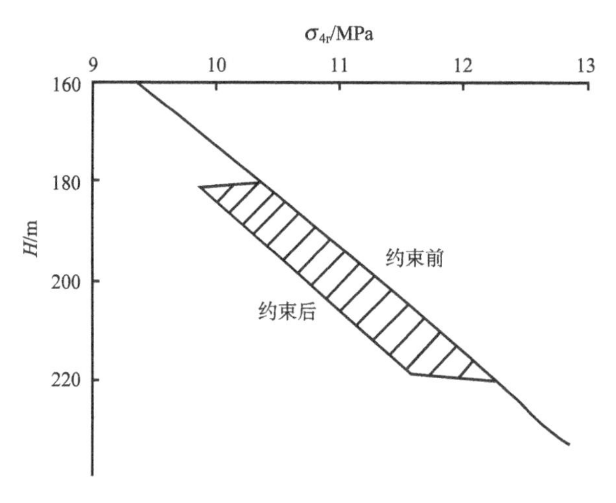

图 2-6　约束前后第四相当应力

从图中可以看出，井壁内缘附近约束段治理后相当应力减小了约 0.6MPa，安全性得到了有效的提高。

处于深厚表土层中的立井，其井壁内侧是较易破坏的[6]，从图 2-5 可知，井壁内缘附近所受径向正应力较小(内侧面完全不受)，近似处于两向受压状态，这对井壁的安全是不利的。约束内壁治理方法其机理在于对易破坏的井壁内缘施加一定的约束力，使该处由原来的两向受压状态转变为三向受压状态，相当应力减小，与井壁材料许用应力之间的差距增大，从而有效地增强了井壁自身的抗破坏能力。

2.3　双层井壁圣维南解

在特殊地层中，一种塑料板夹层双层井壁结构应用较多，文献[15，16]利用双重级数展开法对该井壁结构进行过力学分析，但其解答没有考虑井壁自重，文献[15]未考虑端部边界条件，文献[16]给出的端部正应力不能满足自平衡条件，更重要的是文献[15，16]将函数在不完备的 Fourier-Bessel 级数 $\Phi_0(\beta_m r)$ 上展开是不正确的，因此有必要对该问题进行新的建模与分析。

本节针对特殊地层中的塑料板夹层双层井壁，以空间轴对称问题 Timpe 通解中的单重级数展开法为基础，建立该井壁在一般荷载条件下的应力分析方法，获得一组圣维南解，并进行算例分析。

2.3.1　基本条件

图 2-7 为该双层井壁结构受力示意图，在实际施工过程中，塑料板是固定在外壁内表面上的，同时考虑到塑料板较薄，因此在力学建模时只考虑内、外两层井壁。

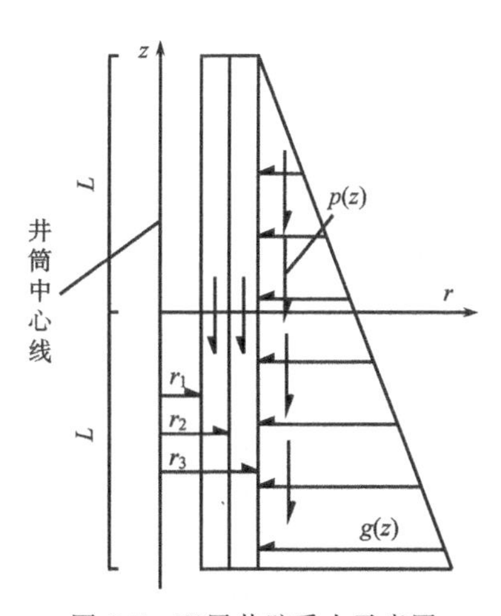

图 2-7　双层井壁受力示意图

井筒将受到外侧水平方向的土压力。在特殊地层中，施工完成后的井筒自重不再由土层摩擦力分担，因此井壁将受到自重作用，同时还将受到外侧竖直附加力作用。井筒下端坐落在基岩上，因而会受到基岩作用的端部力。

内外壁之间的塑料板夹层作用之一是让内、外壁处于可滑动状态，考虑到塑料板很软且表面较光滑，参考文献[15，16]，将内外壁之间的接触近似为光滑接触。

在图 2-7 所示的坐标系中，边界条件可以表示为下式

$$\begin{cases} r=r_1:\ \sigma_r^{(1)}=0,\ \tau_{rz}^{(1)}=0, \\ r=r_2: \\ \sigma_r^{(1)}=\sigma_r^{(2)},\ u^{(1)}=u^{(2)},\ \tau_{rz}^{(1)}=\tau_{rz}^{(2)}=0, \\ r=r_3:\ \sigma_r^{(2)}=g(z),\ \tau_{rz}^{(2)}=p(z), \\ z=L:\ \sigma_z^{(1)}=\sigma_z^{(2)}=0,\ \tau_{zr}^{(1)}=\tau_{zr}^{(2)}=0, \\ z=-L: \\ \sigma_z^{(1)}=M_1(r),\ \sigma_z^{(2)}=M_2(r),\ \tau_{zr}^{(1)}=\tau_{zr}^{(2)}=0. \end{cases} \tag{2-56}$$

式中，$g(z)$、$p(z)$分别为侧向土压力、竖直附加力，$M_1(r)$及$M_2(r)$为井筒下端部受到的基岩反力，该力使得井筒处于平衡状态，实际上，当获得一组考虑自重，满足内外侧面及上端部边界的平衡解答后，井筒下端部边界必然在圣维南意义下满足，因而该力未在图 2-7 中标出。上标“(1)”，“(2)”分别表示在内、外壁中。

式(2-56)中相应应力边界可以展开为 Fourier 级数如下

$$\begin{cases} g(z)=g_0+\sum_{n=1}^{\infty}\left(g_{nc}\cos\frac{n\pi z}{L}+g_{ns}\sin\frac{n\pi z}{L}\right), \\ p(z)=p_0+\sum_{n=1}^{\infty}\left(p_{nc}\cos\frac{n\pi z}{L}+p_{ns}\sin\frac{n\pi z}{L}\right). \end{cases} \tag{2-57}$$

式中，g_0，p_0 分别为应力边界函数 $g(z)$，$p(z)$的 Fourier 级数的常数项部分；g_{ns}，g_{nc}，p_{ns}，p_{nc}分别为其 Fourier 级数的第 n 项正弦及余弦系数。

对于图 2-7 所示的力学问题，根据线性叠加原理，可以分解为三个子问题。

(1) 重力作用下满足内外壁接触条件的一组特解，容易给出如下一组

$$\begin{cases} \sigma_r^{(1)}=\left[\frac{ar_2^2}{(r_2^2-r_1^2)}-\frac{ar_1^2r_2^2}{(r_2^2-r_1^2)}\frac{1}{r^2}\right](L-z), \\ \sigma_\theta^{(1)}=\left[\frac{ar_2^2}{(r_2^2-r_1^2)}+\frac{ar_1^2r_2^2}{(r_2^2-r_1^2)}\frac{1}{r^2}\right](L-z), \\ \sigma_z^{(1)}=\gamma_1(z-L), \\ \tau_{rz}^{(1)}=0; \end{cases} \tag{2-58}$$

$$\begin{cases} \sigma_r^{(2)}=\left[\frac{-ar_2^2}{(r_3^2-r_2^2)}+\frac{ar_2^2r_3^2}{(r_3^2-r_2^2)}\frac{1}{r^2}\right](L-z), \\ \sigma_\theta^{(2)}=\left[\frac{-ar_2^2}{(r_3^2-r_2^2)}-\frac{ar_2^2r_3^2}{(r_3^2-r_2^2)}\frac{1}{r^2}\right](L-z), \\ \sigma_z^{(2)}=\gamma_2(z-L), \\ \tau_{rz}^{(2)}=0. \end{cases} \tag{2-59}$$

式中，

$$a=\frac{(\nu^{(2)}\gamma^{(2)}/E^{(2)}-\nu^{(1)}\gamma^{(1)}/E^{(1)})}{\dfrac{r_2^2+r_1^2}{E^{(1)}(r_2^2-r_1^2)}+\dfrac{r_2^2+r_3^2}{E^{(2)}(r_3^2-r_2^2)}-\dfrac{\nu^{(1)}}{E^{(1)}}+\dfrac{\nu^{(2)}}{E^{(2)}}},$$

式中，ν，E，γ 分别为材料泊松比、弹性模量及容重。该组特解内外侧面均不受力，内、外壁在上端部也不受力。

(2) 三角级数和部分侧面边界特解

该组特解满足式(2-57)中三角级数和部分外侧面边界，其内侧面不受力，同时还将满足内外壁的接触条件。

(3)常外侧力与均布端部力作用下的解答

前两组解答均为特解，对端部受力没有预先限制，第三个子问题的目的是使得三组解答叠加后成为一组圣维南解，利用叠加后上端部静力等效为 0 有：

$$\begin{cases}N_{13}\pi(r_2^2-r_1^2)+\displaystyle\int_{r1}^{r2}N_{12}(r)\cdot 2\pi r\,\mathrm{d}r=0,\\ N_{23}\pi(r_3^2-r_2^2)+\displaystyle\int_{r2}^{r3}N_{22}(r)\cdot 2\pi r\,\mathrm{d}r=0.\end{cases}\tag{2-60}$$

式中，$N_{13}(N_{12})$、$N_{23}(N_{22})$分别表示第三(二)个子问题内、外壁上端部正应力，由式(2-60)推导得到：

$$\begin{cases}N_{13}=-\displaystyle\int_{r1}^{r2}N_{12}(r)\cdot 2\pi r\,\mathrm{d}r/\pi(r_2^2-r_1^2),\\ N_{23}=-\displaystyle\int_{r2}^{r3}N_{22}(r)\cdot 2\pi r\,\mathrm{d}r/\pi(r_3^2-r_2^2).\end{cases}\tag{2-61}$$

该组解答在外侧受到均布正应力 g_0，均布剪应力 p_0，内侧不受力，上端部受到均布正应力 N_{13} 与 N_{23}，同时还需要满足内外壁接触条件。

2.3.2　问题的求解

1) 三角级数和部分侧面边界特解

同样利用空间轴对称问题的 Timpe 通解

$$\begin{cases}u=T^*-\dfrac{1}{4(1-\mu)}\dfrac{\partial(T_0+rT^*)}{\partial r},\\ w=-\dfrac{1}{4(1-\mu)}\dfrac{\partial(T_0+rT^*)}{\partial z}.\end{cases}\tag{2-62}$$

其中 T^*，T_0满足：

$$(\nabla^2-1/r^2)T^*(r,z)=0,\qquad \nabla^2 T_0(r,z)=0。$$

$\nabla^2 = \partial^2/\partial r^2 + \partial/r\partial r + \partial^2/\partial z^2$ 是轴对称调和算子，u，w 分别为径向、轴向位移。

采用分离变量法求解 T^*，T_0，选择如下级数形式的位移函数(内外壁中选择相同的形式)

$$T^{*(i)}(r, z) = \sum_{n=1}^{\infty} \mathrm{I}_1(\alpha_n r)[A_n^{*(i)}\sin(\alpha_n z) + B_n^{*(i)}\cos(\alpha_n z)] + \mathrm{K}_1(\alpha_n r)[C_n^{*(i)}\sin(\alpha_n z) + D_n^{*(i)}\cos(\alpha_n z)], \tag{2-63}$$

$$T_0^{(i)}(r, z) = \sum_{n=1}^{\infty} \mathrm{I}_0(\alpha_n r)[A_n^{0(i)}\sin(\alpha_n z) + B_n^{0(i)}\cos(\alpha_n z)] + \mathrm{K}_0(\alpha_n r)[C_n^{0(i)}\sin(\alpha_n z) + D_n^{0(i)}\cos(\alpha_n z)], \tag{2-64}$$

式中

$$\alpha_n = n\pi/L, \quad n = 1, 2, 3, \cdots;$$

而 $A_n^{*(i)}$，$B_n^{*(i)}$，$C_n^{*(i)}$，$D_n^{*(i)}$，$A_n^{0(i)}$，$B_n^{0(i)}$，$C_n^{0(i)}$，$D_n^{0(i)}$ 为待定系数，通过边界、接触条件来确定，上标 i 在内外壁中分别为“1”，“2”；I_0，I_1，K_0，K_1 分别为零阶、一阶第一、二类变形 Bessel 函数。

将式(2-63)、(2-64)代入式(2-62)，并利用几何方程、本构关系可以得到(主要列出与建立方程有关的量)

$$\frac{\sigma_r^{(i)}}{2G^{(i)}} = \sum_{n=1}^{\infty}\sin(\alpha_n z)[A_n^{*(i)}a_{rn1}^{*(i)}(r) + C_n^{*(i)}a_{rn3}^{*(i)}(r) + A_n^{0(i)}a_{rn1}^{0(i)}(r) + C_n^{0(i)}a_{rn3}^{0(i)}(r)] + \sum_{n=1}^{\infty}\cos(\alpha_n z)[B_n^{*(i)}a_{rn2}^{*(i)}(r) + D_n^{*(i)}a_{rn4}^{*(i)}(r) + B_n^{0(i)}a_{rn2}^{0(i)}(r) + D_n^{0(i)}a_{rn4}^{0(i)}(r)], \tag{2-65}$$

$$\frac{\sigma_z^{(i)}}{2G^{(i)}} = \sum_{n=1}^{\infty}\sin(\alpha_n z)[A_n^{*(i)}a_{zn1}^{*(i)}(r) + C_n^{*(i)}a_{zn3}^{*(i)}(r) + A_n^{0(i)}a_{zn1}^{0(i)}(r) + C_n^{0(i)}a_{zn3}^{0(i)}(r)] + \sum_{n=1}^{\infty}\cos(\alpha_n z)[B_n^{*(i)}a_{zn2}^{*(i)}(r) + D_n^{*(i)}a_{zn4}^{*(i)}(r) + B_n^{0(i)}a_{zn2}^{0(i)}(r) + D_n^{0(i)}a_{zn4}^{0(i)}(r)], \tag{2-66}$$

$$\frac{\tau_{rz}^{(i)}}{G^{(i)}} = \sum_{n=1}^{\infty}\sin(\alpha_n z)[B_n^{*(i)}b_{n2}^{*(i)}(r) + D_n^{*(i)}b_{n4}^{*(i)}(r) + B_n^{0(i)}b_{n2}^{0(i)}(r) + D_n^{0(i)}b_{n4}^{0(i)}(r)] + \sum_{n=1}^{\infty}\cos(\alpha_n z)[A_n^{*(i)}b_{n1}^{*(i)}(r) + C_n^{*(i)}b_{n3}^{*(i)}(r) + A_n^{0(i)}b_{n1}^{0(i)}(r) + C_n^{0(i)}b_{n3}^{0(i)}(r)], \tag{2-67}$$

$$u^{(i)} = \sum_{n=1}^{\infty}\cos(\alpha_n z)[B_n^{*(i)}c_{n2}^{*(i)}(r) + D_n^{*(i)}c_{n4}^{*(i)}(r) + B_n^{0(i)}c_{n2}^{0(i)}(r) + D_n^{0(i)}c_{n4}^{0(i)}(r)]$$

$$+\sum_{n=1}^{\infty}\sin(\alpha_n z)[A_n^{*(i)}c_{n1}^{*(i)}(r)+C_n^{*(i)}c_{n3}^{*(i)}(r)+A_n^{0(i)}c_{n1}^{0(i)}(r)$$
$$+C_n^{0(i)}c_{n3}^{0(i)}(r)], \tag{2-68}$$

其中G为剪切模量，参数函数$a(r)\sim b(r)$已经在2.1节中给出，不再赘述。对于$c(r)$系列则有

$$c_{n1}^{*(i)}(r)=c_{n2}^{*(i)}(r)=I_1(\alpha_n r)+\alpha_n r I_0(\alpha_n r)/(4\mu^{(i)}-4);$$
$$c_{n1}^{0(i)}(r)=c_{n2}^{0(i)}(r)=\alpha_n I_1(\alpha_n r)/(4\mu^{(i)}-4);$$
$$c_{n3}^{*(i)}(r)=c_{n4}^{*(i)}(r)=K_1(\alpha_n r)-\alpha_n r K_0(\alpha_n r)/(4\mu^{(i)}-4);$$
$$c_{n3}^{0(i)}(r)=c_{n4}^{0(i)}(r)=-\alpha_n K_1(\alpha_n r)/(4\mu^{(i)}-4)。$$

利用内侧面的边界条件可以得到

$$\{A_n^{*(1)}a_{rn1}^{*(1)}(r_1)+C_n^{*(1)}a_{rn3}^{*(1)}(r_1)+A_n^{0(1)}a_{rn1}^{0(1)}(r_1)+C_n^{0(1)}a_{rn3}^{0(1)}(r_1)$$
$$=0，B_n^{*(1)}a_{rn2}^{*(1)}(r_1)+D_n^{*(1)}a_{rn4}^{*(1)}(r_1)+B_n^{0(1)}a_{rn2}^{0(1)}(r_1)+D_n^{0(1)}a_{rn4}^{0(1)}(r_1)$$
$$=0，A_n^{*(1)}b_{n1}^{*(1)}(r_1)+C_n^{*(1)}b_{n3}^{*(1)}(r_1)+A_n^{0(1)}b_{n1}^{0(1)}(r_1)+C_n^{0(1)}b_{n3}^{0(1)}(r_1)=0,$$
$$B_n^{*(1)}b_{n2}^{*(1)}(r_1)+D_n^{*(1)}b_{n4}^{*(1)}(r_1)+B_n^{0(1)}b_{n2}^{0(1)}(r_1)+D_n^{0(1)}b_{n4}^{0(1)}(r_1)=0.\} \tag{2-69}$$

利用外侧面的边界条件可以得到

$$\{A_n^{*(2)}a_{rn1}^{*(2)}(r_3)+C_n^{*(2)}a_{rn3}^{*(2)}(r_3)+A_n^{0(2)}a_{rn1}^{0(2)}(r_3)+C_n^{0(2)}a_{rn3}^{0(2)}(r_3)$$
$$=g_{ns}/2G^{(2)}，\quad B_n^{*(2)}a_{rn2}^{*(2)}(r_3)+D_n^{*(2)}a_{rn4}^{*(2)}(r_3)+B_n^{0(2)}a_{rn2}^{0(2)}(r_3)+D_n^{0(2)}a_{rn4}^{0(2)}(r_3)$$
$$=g_{nc}/2G^{(2)}，\quad A_n^{*(2)}b_{n1}^{*(2)}(r_3)+C_n^{*(2)}b_{n3}^{*(2)}(r_3)+A_n^{0(2)}b_{n1}^{0(2)}(r_3)+C_n^{0(2)}b_{n3}^{0(2)}(r_3)$$
$$=p_{nc}/G^{(2)}，B_n^{*(2)}b_{n2}^{*(2)}(r_3)+D_n^{*(2)}b_{n4}^{*(2)}(r_3)+B_n^{0(2)}b_{n2}^{0(2)}(r_3)+D_n^{0(2)}b_{n4}^{0(2)}(r_3)$$
$$=p_{ns}/G^{(2)}.\} \tag{2-70}$$

利用内外壁交界面上接触条件可以得到

$$\{A_n^{*(1)}b_{n1}^{*(1)}(r_2)+C_n^{*(1)}b_{n3}^{*(1)}(r_2)+A_n^{0(1)}b_{n1}^{0(1)}(r_2)+C_n^{0(1)}b_{n3}^{0(1)}(r_2)$$
$$=0，B_n^{*(1)}b_{n2}^{*(1)}(r_2)+D_n^{*(1)}b_{n4}^{*(1)}(r_2)+B_n^{0(1)}b_{n2}^{0(1)}(r_2)+D_n^{0(1)}b_{n4}^{0(1)}(r_2)$$
$$=0，A_n^{*(2)}b_{n1}^{*(2)}(r_2)+C_n^{*(2)}b_{n3}^{*(2)}(r_2)+A_n^{0(2)}b_{n1}^{0(2)}(r_2)+C_n^{0(2)}b_{n3}^{0(2)}(r_2)$$
$$=0，B_n^{*(2)}b_{n2}^{*(2)}(r_2)+D_n^{*(2)}b_{n4}^{*(2)}(r_2)+B_n^{0(2)}b_{n2}^{0(2)}(r_2)+D_n^{0(2)}b_{n4}^{0(2)}(r_2)$$
$$=0，2G^{(1)}[A_n^{*(1)}a_{rn1}^{*(1)}(r_2)+C_n^{*(1)}a_{rn3}^{*(1)}(r_2)+A_n^{0(1)}a_{rn1}^{0(1)}(r_2)+C_n^{0(1)}a_{rn3}^{0(1)}(r_2)]$$
$$=2G^{(2)}[A_n^{*(2)}a_{rn1}^{*(2)}(r_2)+C_n^{*(2)}a_{rn3}^{*(2)}(r_2)+A_n^{0(2)}a_{rn1}^{0(2)}(r_2)+C_n^{0(2)}a_{rn3}^{0(2)}(r_2)],$$
$$2G^{(1)}[B_n^{*(1)}a_{rn2}^{*(1)}(r_2)+D_n^{*(1)}a_{rn4}^{*(1)}(r_2)+B_n^{0(1)}a_{rn2}^{0(1)}(r_2)+D_n^{0(1)}a_{rn4}^{0(1)}(r_2)]$$
$$=2G^{(2)}[B_n^{*(2)}a_{rn2}^{*(2)}(r_2)+D_n^{*(2)}a_{rn4}^{*(2)}(r_2)+B_n^{0(2)}a_{rn2}^{0(2)}(r_2)+D_n^{0(2)}a_{rn4}^{0(2)}(r_2)],$$

$$\begin{aligned}&B_n^{*(1)}c_{n2}^{*(1)}(r_2)+D_n^{*(1)}c_{n4}^{*(1)}(r_2)+B_n^{0(1)}c_{n2}^{0(1)}(r_2)+D_n^{0(1)}c_{n4}^{0(1)}(r_2)\\&=B_n^{*(2)}c_{n2}^{*(2)}(r_2)+D_n^{*(2)}c_{n4}^{*(2)}(r_2)+B_n^{0(2)}c_{n2}^{0(2)}(r_2)+D_n^{0(2)}c_{n4}^{0(2)}(r_2),\\&A_n^{*(1)}c_{n1}^{*(1)}(r_2)+C_n^{*(1)}c_{n3}^{*(1)}(r_2)+A_n^{0(1)}c_{n1}^{0(1)}(r_2)+C_n^{0(1)}c_{n3}^{0(1)}(r_2)\\&=A_n^{*(2)}c_{n1}^{*(2)}(r_2)+C_n^{*(2)}c_{n3}^{*(2)}(r_2)+A_n^{0(2)}c_{n1}^{0(2)}(r_2)+C_n^{0(2)}c_{n3}^{0(2)}(r_2).\}\end{aligned} \tag{2-71}$$

以上各式中：$n=1$，2，3，…。联立求解式(2-69)～(2-71)中的方程就可以获得式(2-63)～(2-64)中的待定系数，将系数代入式(2-65)～(2-68)中即获得三角级数和部分侧面边界的一组特解。

2）圣维南解的获得

对于第三个子问题，在 Love 通解中选择应力函数：

$$\begin{aligned}\varphi^{(i)}=&C_1^{(i)}z^3+C_2^{(i)}zr^2+C_3^{(i)}z\ln(r)+C_4^{(i)}(r^4-4z^2r^2)\\&+C_5^{(i)}(3z^2r^2-2z^4)+C_6^{(i)}z^2\ln(r)+C_7^{(i)}r^2\ln(r),\end{aligned} \tag{2-72}$$

于是可以得到(主要列出与建立方程有关的量)

$$\begin{aligned}\{\sigma_r^{(i)}=&\ 6\mu^{(i)}C_1^{(i)}+2(2\mu^{(i)}-1)C_2^{(i)}+C_3^{(i)}/r^2+2[8(1-2\mu^{(i)})C_4^{(i)}-6(1+2\mu^{(i)})C_5^{(i)}\\&+C_6^{(i)}/r^2]z,\\\sigma_z^{(i)}=&6(1-\mu^{(i)})C_1^{(i)}+4(2-\mu^{(i)})C_2^{(i)}-8[4(2-\mu^{(i)})C_4^{(i)}-3\mu^{(i)}C_5^{(i)}]z,\\\tau_{rz}^{(i)}=&4[4(2-\mu^{(i)})C_4^{(i)}-3\mu^{(i)}C_5^{(i)}]r-2[\mu^{(i)}C_6^{(i)}-2(1-\mu^{(i)})C_7^{(i)}]/r,\\u^{(i)}=&-(2C_2^{(i)}r+C_3^{(i)}/r-16C_4^{(i)}zr+12C_5^{(i)}zr+2zC_6^{(i)}/r)/2G^{(i)}.\}\end{aligned} \tag{2-73}$$

由井筒内、外侧面边界条件

$$\begin{aligned}&\{6\mu^{(1)}C_1^{(1)}+2(2\mu^{(1)}-1)C_2^{(1)}+C_3^{(1)}/r_1^2\\&=0,\ 8(1-2\mu^{(1)})C_4^{(1)}-6(1+2\mu^{(1)})C_5^{(1)}+C_6^{(1)}/r_1^2=0,\\&4[4(2-\mu^{(1)})C_4^{(1)}-3\mu^{(1)}C_5^{(1)}]r_1-2[\mu^{(1)}C_6^{(1)}-2(1-\mu^{(1)})C_7^{(1)}]/r_1=0,\\&6\mu^{(2)}C_1^{(2)}+2(2\mu^{(2)}-1)C_2^{(2)}+C_3^{(2)}/r_3^2=g_0,\\&8(1-2\mu^{(2)})C_4^{(2)}-6(1+2\mu^{(2)})C_5^{(2)}+C_6^{(2)}/r_3^2=0,\\&4[4(2-\mu^{(2)})C_4^{(2)}-3\mu^{(2)}C_5^{(2)}]r_3-2[\mu^{(2)}C_6^{(2)}-2(1-\mu^{(2)})C_7^{(2)}]/r_3=p_0.\}\end{aligned} \tag{2-74}$$

由内外壁接触条件得到

$$\begin{aligned}&\{4[4(2-\mu^{(1)})C_4^{(1)}-3\mu^{(1)}C_5^{(1)}]r_2-2[\mu^{(1)}C_6^{(1)}-2(1-\mu^{(1)})C_7^{(1)}]/r_2=0,\\&4[4(2-\mu^{(2)})C_4^{(2)}-3\mu^{(2)}C_5^{(2)}]r_2-2[\mu^{(2)}C_6^{(2)}-2(1-\mu^{(2)})C_7^{(2)}]/r_2=0,\\&(2C_2^{(1)}r_2+C_3^{(1)}/r_2)/2G^{(1)}=(2C_2^{(2)}r_2+C_3^{(2)}/r_2)/2G^{(2)},\end{aligned}$$

$$
\left.\begin{aligned}
&(-16C_4^{(1)}r_2+12C_5^{(1)}r_2+2C_6^{(1)}/r_2)/2G^{(1)}\\
&=(-16C_4^{(2)}r_2+12C_5^{(2)}r_2+2C_6^{(2)}/r_2)/2G^{(2)},\\
&6\mu^{(1)}C_1^{(1)}+2(2\mu^{(1)}-1)C_2^{(1)}+C_3^{(1)}/r_2^2=6\mu^{(2)}C_1^{(2)}+2(2\mu^{(2)}-1)C_2^{(2)}+C_3^{(2)}/r_2^2,\\
&8(1-2\mu^{(1)})C_4^{(1)}-6(1+2\mu^{(1)})C_5^{(1)}+C_6^{(1)}/r_2^2\\
&=8(1-2\mu^{(2)})C_4^{(2)}-6(1+2\mu^{(2)})C_5^{(2)}+C_6^{(2)}/r_2^2.
\end{aligned}\right\}\tag{2-75}
$$

由内、外壁在上端部均布正应力条件

$$
\left.\begin{aligned}
&6(1-\mu^{(1)})C_1^{(1)}+4(2-\mu^{(1)})C_2^{(1)}-8[4(2-\mu^{(1)})C_4^{(1)}-3\mu^{(1)}C_5^{(1)}]L=N_{13},\\
&6(1-\mu^{(2)})C_1^{(2)}+4(2-\mu^{(2)})C_2^{(2)}-8[4(2-\mu^{(2)})C_4^{(2)}-3\mu^{(2)}C_5^{(2)}]L=N_{23}.
\end{aligned}\right\}\tag{2-76}
$$

联立求解方程组(2-73)～(2-76)获得系数 $C_1^{(i)}\sim C_7^{(i)}$ 后回代入式(2-72)便可以获得该子问题的解答。

三个子问题的解答叠加后考虑了自重，满足内外侧面边界及上端部正应力条件，容易证明其下端部正应力条件必然在圣维南意义下满足，而端部的剪应力在空间轴对称问题中均静力等效为 0，因此叠加后的解答是一组圣维南解。

2.3.3　算例

1）基本条件

考虑三组塑料板夹层双层井壁结构，立井 1# $r_1=3.25\text{m}$，$r_2=3.95\text{m}$，$r_3=4.65\text{m}$；立井 2# $r_1=3.25\text{m}$，$r_2=3.95\text{m}$，$r_3=4.45\text{m}$；立井 3# $r_1=3.25\text{m}$，$r_2=3.75\text{m}$，$r_3=4.45\text{m}$.

三组井筒地质条件及材料条件均相同，表土段长为 240m；井壁材料为 $350^{\#}$ 钢筋混凝土，材料容重为 0.024MN/m^3，弹性模量为 30000MPa，泊松比为 0.21。

井筒受到的侧向土压力可以表示为

$$
g(z)=-K(L-z),
$$

式中，K 为侧压力系数，一般取 0.011-0.013MPa/m。

特殊地层中井筒外侧受到的竖直附加力按文献[2] 模型试验结果有

$$
p(z)=\begin{cases}-\beta(L-z)/H_c & 0\leqslant L-z\leqslant H_c,\\ \alpha(L-z-H_c)+\beta & H_c\leqslant L-z\leqslant 240.\end{cases}
$$

式中，H_c为附加力拐点参数，参考文献[10] $H_c=50\text{m}$；α，β 为附加力线性分布系数，随时间变化，取模拟试验中井壁破坏时刻[10]的数据 $\alpha=-2.45\times10^{-4}$ MPa/m，$\beta=0.064\text{MPa}$，此时侧压力系数 K 为 0.0118。

2）结果分析

立井 1# 与立井 3# 计算结果的对比表示的是外壁厚度不改变而改变内壁厚度产生的影响，立井 1# 与立井 2# 计算结果的对比表示的是不改变内壁厚度而改变外壁厚度产生的影响。

图 2-8 为三组立井深 230m 处环向正应力随径向变化曲线，从图中可以看出，仅增加内壁厚度或仅增加外壁厚度均将使得井筒内、外壁环向受压减小。内壁 σ_θ 受内外壁厚度改变的影响程度相当，而外壁 σ_θ 则受外壁厚度改变的影响程度较大。

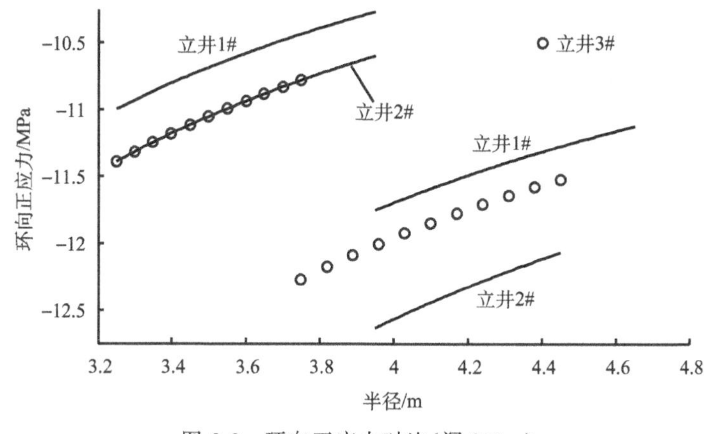

图 2-8 环向正应力对比（深 230m）

图 2-9 为三组立井深 230m 处 σ_r 随径向变化曲线，从图中可以看出，仅增加内壁厚度或仅增加外壁厚度均将导致井筒（包括内外壁）径向受压减小，但其减小幅度较小。

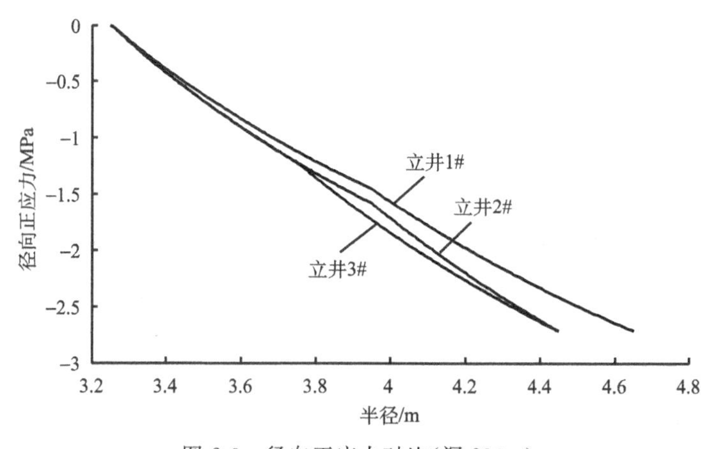

图 2-9 径向正应力对比（深 230m）

图 2-10 为三组立井内外壁轴向正应力随深度变化曲线，从图中可以看出，对于内壁 σ_z 而言，其受内外壁厚度改变的影响较小；增加内壁厚度对外壁 σ_z 改变较小，而增加外壁厚度则大幅度减小了外壁的轴向受压。这一结果是由于内外壁处于可滑动状态，外壁独自承担了其外侧的竖直附加力而造成的。

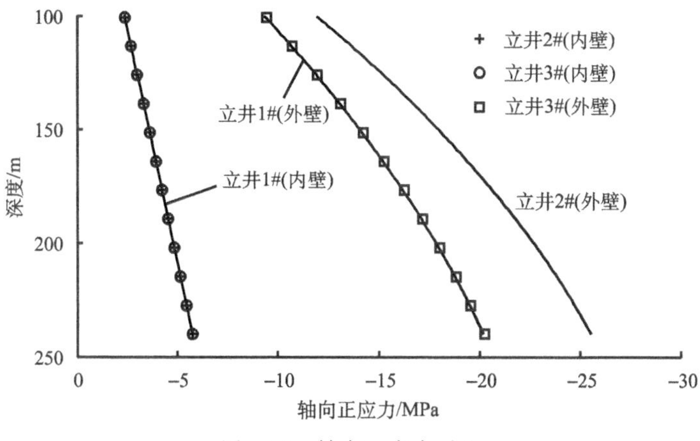

图 2-10　轴向正应力对比

采用第四强度理论分析井筒的安全性，图 2-11 为三组立井内外壁相当应力随深度的变化曲线，从图中可以看出，仅增加内壁厚度对井筒内壁及外壁安全性的提高程度均较小；仅增加外壁厚度对井筒内壁安全性改善较小，但对于井筒薄弱环节外壁的安全性则提高十分显著。

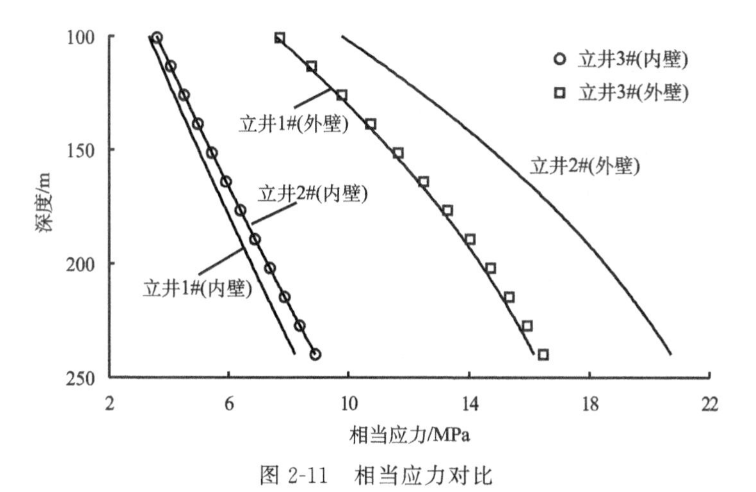

图 2-11　相当应力对比

2.4　双层井壁严格解

2.3 节利用空间轴对称问题的 Timpe 通解获得了深厚表土层中双层井壁受力的圣维南解。本节针对该复合井壁结构，利用 2.2 节中的双重级数展开法，在合理安排求解程序后首次获得该井壁完全满足所有边界条件的严格弹性解答，并给出算例。

2.4.1　基本方程及边界条件

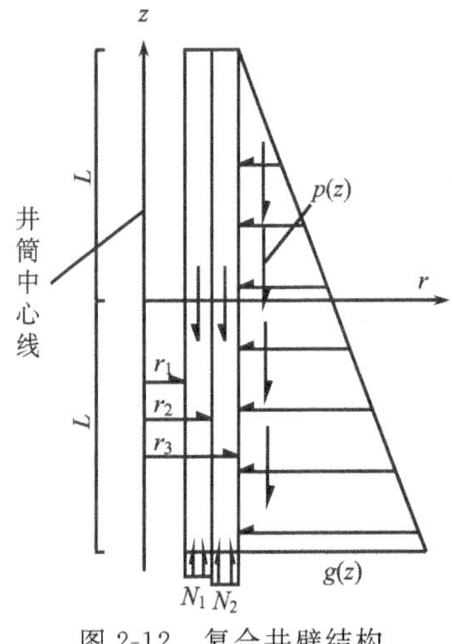

图 2-12　复合井壁结构受力示意图

所要求解的是一个空间轴对称变形问题，空间轴对称问题的 Love 通解在前文已有介绍，不再赘述。

图 2-12 为该复合井壁结构受力示意图(有端部受力)，实际施工过程中，塑料板是固定在外壁内表面上的，同时考虑到塑料板较薄，因此在建立力学模型时只考虑内、外两层井壁。

井筒将受到外侧水平方向的土压力作用。在特殊地层条件下，施工完成后的井筒自重不再由土层摩擦力分担，因此井壁将受到自重作用，同时还将受到外侧切向竖直附加力作用。井筒下端部坐落在基岩上，因而受到基岩作用的端部力。

内外壁之间塑料板夹层的存在主要是有两方面作用，一是为了防水；二是让内、外壁处于可滑动状态，考虑到塑料板很软且表面较光滑，参考文献[15，16]，将内外壁之间的接触近似为光滑接触。

在图 2-12 所示的坐标系中，该复合井壁的边界及接触条件可以表示为下式

$$
\begin{cases}
r=r_1：\sigma_r^{(1)}=0，\tau_{rz}^{(1)}=0，\\
r=r_2：\\
\sigma_r^{(1)}=\sigma_r^{(2)}，u_r^{(1)}=u_r^{(2)}，\tau_{rz}^{(1)}=\tau_{rz}^{(2)}=0\\
r=r_3：\sigma_r^{(2)}=g(z)，\tau_{rz}^{(2)}=p(z)，\\
z=L：\sigma_z^{(1)}=\sigma_z^{(2)}=0，\tau_{zr}^{(1)}=\tau_{zr}^{(2)}=0\\
z=-L：\\
\sigma_z^{(1)}=N_1(r)，\sigma_z^{(2)}=N_2(r)，\tau_{zr}^{(1)}=\tau_{zr}^{(2)}=0
\end{cases}
\tag{2-77}
$$

式中，$g(z)$、$p(z)$分别为侧向土压力、竖直附加力，$N_1(r)$、$N_2(r)$分别为下端部法向荷载，上标“(1)”，“(2)”分别表示在内壁、外壁中。

2.4.2　问题的求解

1）问题的分解

首先考虑重力作用下的一组特解，容易给出如下一组

$$\begin{cases}\sigma_r^{(1)}=\left[\dfrac{ar_2^2}{(r_2^2-r_1^2)}-\dfrac{ar_1^2r_2^2}{(r_2^2-r_1^2)}\dfrac{1}{r^2}\right](L-z)\\ \sigma_\theta^{(1)}=\left[\dfrac{ar_2^2}{(r_2^2-r_1^2)}+\dfrac{ar_1^2r_2^2}{(r_2^2-r_1^2)}\dfrac{1}{r^2}\right](L-z)\\ \sigma_z^{(1)}=\gamma_1(z-L)\\ \tau_{rz}^{(1)}=0\end{cases}\tag{2-78}$$

$$\begin{cases}\sigma_r^{(2)}=\left[\dfrac{-ar_2^2}{(r_3^2-r_2^2)}+\dfrac{ar_2^2r_3^2}{(r_3^2-r_2^2)}\dfrac{1}{r^2}\right](L-z)\\ \sigma_\theta^{(2)}=\left[\dfrac{-ar_2^2}{(r_3^2-r_2^2)}-\dfrac{ar_2^2r_3^2}{(r_3^2-r_2^2)}\dfrac{1}{r^2}\right](L-z)\\ \sigma_z^{(2)}=\gamma_2(z-L)\\ \tau_{rz}^{(2)}=0\end{cases}\tag{2-79}$$

式中

$$a=\frac{(\mu^{(2)}\gamma^{(2)}/E^{(2)}-\mu^{(1)}\gamma^{(1)}/E^{(1)})}{\dfrac{r_2^2+r_1^2}{E^{(1)}(r_2^2-r_1^2)}+\dfrac{r_2^2+r_3^2}{E^{(2)}(r_3^2-r_2^2)}-\dfrac{\mu^{(1)}}{E^{(1)}}+\dfrac{\mu^{(2)}}{E^{(2)}}}\tag{2-80}$$

其中E，γ分别表示材料弹性模量和容重。该组特解对应侧面正应力、切应力边界为0，内、外壁中上端部正应力、切应力边界也为0。

结合重力特解的边界条件，将井壁剩余应力边界分解为关于$z=0$对称与反对称的两个部分。

对称部分应力边界为

$$\begin{cases}r=r_1:\ \sigma_r^{(1)}=0,\ \tau_{rz}^{(1)}=0,\\ r=r_2:\\ \sigma_r^{(1)}=\sigma_r^{(2)},\ u_r^{(1)}=u_r^{(2)},\ \tau_{rz}^{(1)}=\tau_{rz}^{(2)}=0\\ r=r_3:\ \sigma_r^{(2)}=g^+(z),\ \tau_{rz}^{(2)}=p^-(z),\\ z=L:\\ \sigma_z^{(1)}=M_1(r),\ \sigma_z^{(2)}=M_2(r),\ \tau_{zr}^{(1)}=\tau_{zr}^{(2)}=0\\ z=-L:\\ \sigma_z^{(1)}=M_1(r),\ \sigma_z^{(2)}=M_2(r),\ \tau_{zr}^{(1)}=\tau_{zr}^{(2)}=0.\end{cases}\tag{2-81}$$

反对称部分应力边界为

$$\begin{cases} r=r_1: \ \sigma_r^{(1)}=0, \ \tau_{rz}^{(1)}=0, \\ r=r_2: \\ \sigma_r^{(1)}=\sigma_r^{(2)}, \ u_r^{(1)}=u_r^{(2)}, \ \tau_{rz}^{(1)}=\tau_{rz}^{(2)}=0 \\ r=r_3: \ \sigma_r^{(2)}=g^-(z), \ \tau_{rz}^{(2)}=p^+(z), \\ z=L: \\ \sigma_z^{(1)}=-M_1(r), \ \sigma_z^{(2)}=-M_2(r), \ \tau_{zr}^{(1)}=\tau_{zr}^{(2)}=0 \\ z=-L: \\ \sigma_z^{(1)}=M_1(r), \ \sigma_z^{(2)}=M_2(r), \ \tau_{zr}^{(1)}=\tau_{zr}^{(2)}=0. \end{cases} \tag{2-82}$$

式(2-81)、(2-82)中 $M_i(r)=[N_i(r)+2L\gamma_i]/2$ $(i=1, 2)$，且对于任意函数 $h(x)$ 定义有

$$\begin{cases} h^+(x)=[h(x)+h(-x)]/2, \\ h^-(x)=[h(x)-h(-x)]/2。 \end{cases} \tag{2-83}$$

式(2-81)、(2-82)边界条件下的解叠加上重力特解就可以得到井壁在自重及边界、接触条件式(2-77)作用下的严格弹性解答。

2) 对称边界下的解答

与对称边界相对应的应力函数是关于 z 的奇函数，应用分离变量法可以求得如下一组

$$\begin{aligned} \varphi^{(i)} = & \sum_n [A_n^{(i)} I_0(\alpha_n r) + B_n^{(i)} r I_1(\alpha_n r) + C_n^{(i)} K_0(\alpha_n r) + D_n^{(i)} r K_1(\alpha_n r)] \sin(\alpha_n z) \\ & + \sum_m [E_m^{(i)} z \operatorname{csh}(\beta_m^{(i)} z) + G_m^{(i)} \operatorname{sh}(\beta_m^{(i)} z)] \Phi_0(\beta_m^{(i)} r) \\ & + (F_1^{(i)} r^2 + F_2^{(i)} \ln r) z + F_3^{(i)} z^3 \end{aligned} \tag{2-84}$$

式中，I_0，I_1，K_0，K_1 分别为零阶、一阶第一、二类变形 Bessel 函数，sh，csh 分别为双曲正弦与双曲余弦函数。指标 $i=1, 2$ 时分别表示在内、外壁中的参数。

$A_n^{(i)}$，$B_n^{(i)}$，$C_n^{(i)}$，$D_n^{(i)}$，$E_m^{(i)}$，$G_m^{(i)}$，$F_1^{(i)}$，$F_2^{(i)}$，$F_3^{(i)}$ $(n=1, 2, \cdots; m=1, 2, \cdots; i=1, 2)$ 是待定系数，通过边界、接触条件来确定。

特征值序列 α_n 为

$$\alpha_n = n\pi/L, \ n=1, 2, 3\cdots$$

特征值序列 $\beta_m^{(i)}$ 是如下特征方程的根序列

$$J_1(\beta_m^{(i)} r_i) Y_1(\beta_m^{(i)} r_{i+1}) - Y_1(\beta_m^{(i)} r_i) J_1(\beta_m^{(i)} r_{i+1}) = 0,$$

其中 $m=1, 2, 3\cdots$。

两类 Fourier-Bessel 级数序列为

$$\Phi_j(\beta_m^{(i)}r)=\mathrm{J}_j(\beta_m^{(i)}r)+\varepsilon_m^{(i)}\mathrm{Y}_j(\beta_m^{(i)}r),$$

其中 $j=0, 1$。

而 $\varepsilon_m^{(i)}$ 满足

$$\varepsilon_m^{(i)}=-\mathrm{J}_1(\beta_m^{(i)}r_i)/\mathrm{Y}_1(\beta_m^{(i)}r_i)=-\mathrm{J}_1(\beta_m^{(i)}r_{i+1})/\mathrm{Y}_1(\beta_m^{(i)}r_{i+1}),$$

J_0，J_1，Y_0，Y_1分别为零阶、一阶第一、二类 Bessel 函数。

在内外壁中均选择该形式应力函数，代入式 Love 通解中得到与建立方程相关的量如下：

$$\begin{aligned}\sigma_{\mathrm{r}}^{(i)}(r, z)=&\sum_n\cos(\alpha_n z)[A_n^{(i)}a_{\mathrm{r}1n}^{(i)}(r)+B_n^{(i)}a_{\mathrm{r}2n}^{(i)}(r)+C_n^{(i)}a_{\mathrm{r}3n}^{(i)}(r)+D_n^{(i)}a_{\mathrm{r}4n}^{(i)}(r)]\\&+\sum_m\Phi_0(\beta_m^{(i)}r)[E_m^{(i)}a_{\mathrm{r}01m}^{(i)}(z)+G_m^{(i)}a_{\mathrm{r}02m}^{(i)}(z)]\\&+\sum_m\frac{\Phi_1(\beta_m^{(i)}r)}{r}[E_m^{(i)}a_{\mathrm{r}11m}^{(i)}(z)+G_m^{(i)}a_{\mathrm{r}12m}^{(i)}(z)]+(4\mu^{(i)}-2)F_1^{(i)}\\&+\frac{1}{r^2}F_2^{(i)}+6\mu^{(i)}F_3^{(i)},\end{aligned}\tag{2-85}$$

$$\begin{aligned}\sigma_{\mathrm{z}}^{(i)}(r, z)=&\sum_n\cos(\alpha_n z)[A_n^{(i)}a_{\mathrm{z}1n}^{(i)}(r)+B_n^{(i)}a_{\mathrm{z}2n}^{(i)}(r)+C_n^{(i)}a_{\mathrm{z}3n}^{(i)}(r)+D_n^{(i)}a_{\mathrm{z}4n}^{(i)}(r)]\\&+\sum_m\Phi_0(\beta_m^{(i)}r)[E_m^{(i)}a_{\mathrm{z}01m}^{(i)}(z)+G_m^{(i)}a_{\mathrm{z}02m}^{(i)}(z)]+6(1-\mu^{(i)})F_3^{(i)}\\&+4(2-\mu^{(i)})F_1^{(i)}\end{aligned}\tag{2-86}$$

$$\begin{aligned}\tau_{\mathrm{rz}}^{(i)}(r, z)=&\sum_n\sin(\alpha_n z)[A_n^{(i)}b_{1n}^{(i)}(r)+B_n^{(i)}b_{2n}^{(i)}(r)+C_n^{(i)}b_{3n}^{(i)}(r)+D_n^{(i)}b_{4n}^{(i)}(r)]\\&+\sum_m\Phi_1(\beta_m^{(i)}r)[E_m^{(i)}b_{11m}^{(i)}(z)+G_m^{(i)}b_{12m}^{(i)}(z)],\end{aligned}\tag{2-87}$$

$$\begin{aligned}u_{\mathrm{r}}^{(i)}(r, z)=&\sum_n\cos(\alpha_n z)[A_n^{(i)}c_{1n}^{(i)}(r)+B_n^{(i)}c_{2n}^{(i)}(r)+C_n^{(i)}c_{3n}^{(i)}(r)+D_n^{(i)}c_{4n}^{(i)}(r)]\\&+\sum_m\Phi_1(\beta_m^{(i)}r)[E_m^{(i)}c_{11m}^{(i)}(z)+G_m^{(i)}c_{12m}^{(i)}(z)]\\&-F_1^{(i)}r/G^{(i)}-F_2^{(i)}/(2G^{(i)}r),\end{aligned}\tag{2-88}$$

其中的函数 a(r)～b(r)系列在 2.2 节中已经给出，另有：

$$c_{1n}^{(i)}(r)=-\alpha_n^2 I_1(\alpha_n r)/2G^{(i)}$$

$$c_{2n}^{(i)}(r)=-\alpha_n^2 rI_0(\alpha_n r)/2G^{(i)}$$

$$c_{3n}^{(i)}(r)=\alpha_n^2 K_1(\alpha_n r)/2G^{(i)}$$

$$c_{4n}^{(i)}(r)=\alpha_n^2 rK_0(\alpha_n r)/2G^{(i)}$$

$$c_{11m}^{(i)}(z)=\beta_m^{(i)}[\mathrm{csh}(\beta_m^{(i)}z)+\beta_m^{(i)}z\,\mathrm{sh}(\beta_m^{(i)}z)]/2G^{(i)}\quad c_{12m}^{(i)}(z)=(\beta_m^{(i)})^2\mathrm{csh}(\beta_m^{(i)}z)$$

下面利用边界、接触条件式(2-81)建立方程组，定义计算过程中将用到的

$$\begin{cases}h_n^+=\dfrac{2}{L}\displaystyle\int_0^L h^+(t)\cos(\alpha_n t)dt,\ n=1,\ 2,\ 3\cdots\\ h_0^+=\dfrac{1}{L}\displaystyle\int_0^L h^+(t)dt,\\ h_n^-=\dfrac{2}{L}\displaystyle\int_0^L h^-(t)\sin(\alpha_n t)dt,\ n=1,\ 2,\ 3\cdots\end{cases}\tag{2-89}$$

即 h_n^+ 为 $h^+(x)$ 的第 n 项余弦系数，h_n^- 为 $h^-(x)$ 的第 n 项正弦系数。

由内壁内侧、内外壁交界面、外壁外侧剪应力条件得到

$$A_n^{(1)}b_{1n}^{(1)}(r_1)+B_n^{(1)}b_{2n}^{(1)}(r_1)+C_n^{(1)}b_{3n}^{(1)}(r_1)+D_n^{(1)}b_{4n}^{(1)}(r_1)=0\tag{2-90}$$

$$A_n^{(1)}b_{1n}^{(1)}(r_2)+B_n^{(1)}b_{2n}^{(1)}(r_2)+C_n^{(1)}b_{3n}^{(1)}(r_2)+D_n^{(1)}b_{4n}^{(1)}(r_2)=0\tag{2-91}$$

$$A_n^{(2)}b_{1n}^{(2)}(r_2)+B_n^{(2)}b_{2n}^{(2)}(r_2)+C_n^{(2)}b_{3n}^{(2)}(r_2)+D_n^{(2)}b_{4n}^{(2)}(r_2)=0\tag{2-92}$$

$$A_n^{(2)}b_{1n}^{(2)}(r_3)+B_n^{(2)}b_{2n}^{(2)}(r_3)+C_n^{(2)}b_{3n}^{(2)}(r_3)+D_n^{(2)}b_{4n}^{(2)}(r_3)=p_n^-\tag{2-93}$$

以上各式中 $n=1,\ 2,\ 3,\ \cdots$

通过两个端面的剪应力条件均得到下式，

$$E_m^{(1)}b_{11m}^{(1)}(L)+G_m^{(1)}b_{12m}^{(1)}(L)=0,\ m=1,\ 2,\ 3,\ \cdots\tag{2-94}$$

$$E_m^{(2)}b_{11m}^{(2)}(L)+G_m^{(2)}b_{12m}^{(2)}(L)=0,\ m=1,\ 2,\ 3,\ \cdots\tag{2-95}$$

利用内壁内侧面的正应力条件，建立方程如下

$$\sum_m\Phi_0(\beta_m^{(1)}r_1)[E_m^{(1)}a_{r01m}^{(1)}[0]+G_m^{(1)}a_{r02m}^{(1)}[0]]+(4\mu^{(1)}-2)F_1^{(1)}+\frac{1}{r_1^2}F_2^{(1)}+6\mu^{(1)}F_3^{(1)}=0,\tag{2-96}$$

$$\sum_m\Phi_0(\beta_m^{(1)}r_1)[E_m^{(1)}a_{r01m}^{(1)}[n]+G_m^{(1)}a_{r02m}^{(1)}[n]]+A_n^{(1)}a_{r1n}^{(1)}(r_1)+B_n^{(1)}a_{r2n}^{(1)}(r_1)+C_n^{(1)}a_{r3n}^{(1)}(r_1)+D_n^{(1)}a_{r4n}^{(1)}(r_1)=0,\quad n=1,\ 2,\ 3,\ \cdots\tag{2-97}$$

同样，利用外壁外侧面的正应力建立方程

$$\sum_m\Phi_0(\beta_m^{(2)}r_3)[E_m^{(2)}a_{r01m}^{(2)}[0]+G_m^{(2)}a_{r02m}^{(2)}[0]]+(4\mu^{(2)}-2)F_1^{(2)}+\frac{1}{r_3^2}F_2^{(2)}+6\mu^{(2)}F_3^{(2)}=g_0^+,\tag{2-98}$$

$$\sum_m\Phi_0(\beta_m^{(2)}r_3)[E_m^{(2)}a_{r01m}^{(2)}[n]+G_m^{(2)}a_{r02m}^{(2)}[n]]+A_n^{(2)}a_{r1n}^{(2)}(r_3)+B_n^{(2)}a_{r2n}^{(2)}(r_3)+C_n^{(2)}a_{r3n}^{(2)}(r_3)+D_n^{(2)}a_{r4n}^{(2)}(r_3)=g_n^+,\ n=1,\ 2,\ 3,\ \cdots\tag{2-99}$$

式中符号 $h[n]$ 仅对奇函数或偶函数有定义如下

当 $h(x)$ 为偶函数时

$$\begin{cases} h[n]=\dfrac{2}{L}\displaystyle\int_0^L h(t)\cos(\alpha_n t)\mathrm{d}t,\ n=1,2,\cdots \\ h[0]=\dfrac{1}{L}\displaystyle\int_0^L h(t)\mathrm{d}t, \end{cases} \tag{2-100}$$

当 $h(x)$ 为奇函数时

$$h[n]=\frac{2}{L}\int_0^L h(t)\sin(\alpha_n t)dt,\ n=1,2\cdots \tag{2-101}$$

在内外壁交界面上，还需要满足径向正应力、位移连续性条件，如下

$$\begin{aligned} &\sum_m \Phi_0(\beta_m^{(1)} r_2)[E_m^{(1)} a_{r01m}^{(1)}[0]+G_m^{(1)} a_{r02m}^{(1)}[0]]+(4\mu^{(1)}-2)F_1^{(1)} \\ &+\frac{1}{r_2^2}F_2^{(1)}+6\mu^{(1)}F_3^{(1)} \\ =&\sum_m \Phi_0(\beta_m^{(2)} r_2)[E_m^{(2)} a_{r01m}^{(2)}[0]+G_m^{(2)} a_{r02m}^{(2)}[0]]+(4\mu^{(2)}-2)F_1^{(2)} \\ &+\frac{1}{r_2^2}F_2^{(2)}+6\mu^{(2)}F_3^{(2)}, \end{aligned} \tag{2-102}$$

$$\begin{aligned} &\sum_m \Phi_0(\beta_m^{(1)} r_2)[E_m^{(1)} a_{r01m}^{(1)}[n]+G_m^{(1)} a_{r02m}^{(1)}[n]] \\ &+A_n^{(1)} a_{r1n}^{(1)}(r_2)+B_n^{(1)} a_{r2n}^{(1)}(r_2)+C_n^{(1)} a_{r3n}^{(1)}(r_2)+D_n^{(1)} a_{r4n}^{(1)}(r_2) \\ =&\sum_m \Phi_0(\beta_m^{(2)} r_2)[E_m^{(2)} a_{r01m}^{(2)}[n]+G_m^{(2)} a_{r02m}^{(2)}[n]]+A_n^{(2)} a_{r1n}^{(2)}(r_2)+B_n^{(2)} a_{r2n}^{(2)}(r_2) \\ &+C_n^{(2)} a_{r3n}^{(2)}(r_2)+D_n^{(2)} a_{r4n}^{(2)}(r_2),\ n=1,2,3,\cdots \end{aligned} \tag{2-103}$$

$$F_1^{(1)} r_2/G^{(1)}+F_2^{(1)}/(2G^{(1)} r_2)=F_1^{(2)} r_2/G^{(2)}+F_2^{(2)}/(2G^{(2)} r_2) \tag{2-104}$$

$$\begin{aligned} &A_n^{(1)} c_{1n}^{(1)}(r_2)+B_n^{(1)} c_{2n}^{(1)}(r_2)+C_n^{(1)} c_{3n}^{(1)}(r_2)+D_n^{(1)} c_{4n}^{(1)}(r_2) \\ =&A_n^{(2)} c_{1n}^{(2)}(r_2)+B_n^{(2)} c_{2n}^{(2)}(r_2)+C_n^{(2)} c_{3n}^{(2)}(r_2)+D_n^{(2)} c_{4n}^{(2)}(r_2) \end{aligned} \tag{2-105}$$

由于利用了问题的对称性，端面的法向应力边界条件只需在一端如 $z=L$ 处建立，另一端自然满足。

Fourier-Bessel 级数 $\Phi_0(\beta_m r)$ 补充常数 1 后构成完备的正交系。令

$$\begin{aligned} \phi^{(i)}(r)=M_i(r)-\sum_n(-1)^n[&A_n^{(i)} a_{z1n}^{(i)}(r)+B_n^{(i)} a_{z2n}^{(i)}(r)+C_n^{(i)} a_{z3n}^{(i)}(r) \\ &+D_n^{(i)} a_{z4n}^{(i)}(r)]-6(1-\mu^{(i)})F_3^{(i)}-4(2-\mu^{(i)})F_1^{(i)}, \end{aligned} \tag{2-106}$$

其中 $i=1$，2 同样分别表示在内外壁中。

则 $\phi^{(i)}(r)$ 可以展开为

$$\phi^{(i)}(r)=\phi_0^{(i)}+\sum_m \phi_m^{(i)}\Phi_0(\beta_m^{(i)}r), \tag{2-107}$$

式中

$$\phi_0^{(i)}=\frac{2\int_{r_i}^{r_{i+1}} r\phi^{(i)}(r)dr}{r_{i+1}^2-r_i^2}, \tag{2-108}$$

$$\phi_m^{(i)}=\frac{2\int_{r_i}^{r_{i+1}} r\phi^{(i)}(r)\Phi_0(\beta_m^{(i)}r)dr}{r_{i+1}^2\Phi_0(\beta_m^{(i)}r_{i+1})^2-r_i^2\Phi_0(\beta_m^{(i)}r_i)^2},\ m=1,2,\cdots \tag{2-109}$$

在内外壁范围内，$z=L$ 处的正应力条件可以通过对比 Fourier-Bessel 系数建立如下

$$\phi_0^{(i)}=0, \tag{2-110}$$

$$\phi_m^{(i)}=E_m^{(i)}a_{z01m}^{(i)}(L)+G_m^{(i)}a_{z02m}^{(i)}(L),\ m=1,2,\cdots \tag{2-111}$$

采用截断法，取 m 为 M 项，n 为 N 项，则以上便构成 $8N+4M+6$ 个待定系数的 $8N+4M+6$ 个方程，联立求解系数后回代入式(2-85)-(2-88)中即可获得对称应力边界条件式(2-81)下的解答。

3）反对称边界作用下的解答

与反对称边界相对应的应力函数是关于 z 的偶函数，应用分离变量法可以获得如下一组

$$\begin{aligned}\varphi^{*(i)}=&\sum_n[A_n^{*(i)}\mathrm{I}_0(\alpha_n r)+B_n^{*(i)}r\mathrm{I}_1(\alpha_n r)+C_n^{*(i)}\mathrm{K}_0(\alpha_n r)+D_n^{*(i)}r\mathrm{K}_1(\alpha_n r)]\cos(\alpha_n z)\\&+\sum_m[E_m^{*(i)}z\,\mathrm{sh}(\beta_m^{(i)}z)+G_m^{*(i)}\mathrm{csh}(\beta_m^{(i)}z)]\Phi_0(\beta_m^{(i)}r)\\&+F_1^{*(i)}(r^2+z^2)^{1/2}+F_2^{*(i)}z^2\ln r+F_3^{*(i)}z^2(3r^2-2z^2),\end{aligned} \tag{2-112}$$

式中上标中的“ * ”是为了区别于对称边界解答中相应的参数。

与对称边界时的求解方式相同，利用 Love 通解得到应力、位移的表达式后，将侧面边界利用 Fourier 级数（正弦或余弦）展开，端部边界利用 Fourier-Bessel 级数（$\Phi_0(\beta_m r)$或 $\Phi_1(\beta_m r)$）展开，对比系数建立并求解方程组再回代后就可以获得反对称边界条件式(2-82)下的应力解答，不再赘述。

将对称边界下的解答、反对称边界下的解答及重力特解叠加后便得到该复合井壁结构考虑自重，满足所有边界、接触条件的严格弹性解。

2.4.3 算例分析

1）井筒概况

考虑特殊地层中的复合井壁结构，$r_1=3.25$，$r_2=3.75$，$r_3=4.45$，表土段

长 240m。井壁材料容重 $0.024MN/m^3$，弹性模量为 30000MPa，泊松比为 0.21。

文献[9] 指出目前对于深部土的地压认识较少，只有应用经验公式(2-113)，尚能够服务于一定的工程。

$$g(z) = -K(L - z), \tag{2-113}$$

式中，K 为侧压力系数。

文献[2] 对竖直附加力的模型试验结果表明随时间变化的附加力其竖向的分布可近似用分段的线性函数来描述：

$$p(z) = \begin{cases} -\beta(L-z)/H_c, & 0 \leqslant L - z \leqslant H_c \\ \alpha(L - z - H_c) + \beta, & H_c \leqslant L - z \leqslant 240 \end{cases} \tag{2-114}$$

式中，H_c为附加力拐点参数，参考文献[10] $H_c = 50m$；α，β 为附加力线性分布系数，随时间变化，取模拟试验中井壁破坏时刻的试验数据[10]

$$\alpha = -2.45 \times 10^{-4} MPa/m, \ \beta = 0.064MPa, \tag{2-115}$$

此时 K 为 0.0118。

井筒的上端为自由边界，下端部基岩反力在内外壁中一般分别取为均匀分布，均布力大小通过井筒整体竖向平衡得到。

2) 平面模型与空间模型

按照平面应变理论有

$$\sigma_r = \frac{r_3^2}{r_3^2 - r_1^2}\left(1 - \frac{r_1^2}{r^2}\right) g(z) \tag{2-116}$$

$$\sigma_\theta = \frac{r_3^2}{r_3^2 - r_1^2}\left(1 + \frac{r_1^2}{r^2}\right) g(z) \tag{2-117}$$

$$\sigma_z = \mu(\sigma_\theta + \sigma_r) \tag{2-118}$$

图 2-13、图 2-14 分别为深 230 米处平面模型及本文的空间模型计算的 σ_r、σ_θ 随径向的变化曲线。图 2-13 表明，对于 σ_r，两模型的计算结果相差较小；而从图 2-14 可以看出，两模型 σ_θ 计算结果有本质区别，平面模型无法获得内外壁交界面处 σ_θ 的间断。

由于平面模型无法考虑井筒外侧的竖直附加力，并且获得的 σ_θ 不正确，因此由式(2-118)计算得到的 σ_z 自然也不正确。

通过以上分析可知，对于特殊地层中该复合井壁结构的应力计算，应当采用空间模型。

3) 内外壁厚度比例的影响

2.4.3 节 1)中的井壁以下称为复合井壁 1，考虑相同条件下的复合井壁 2：

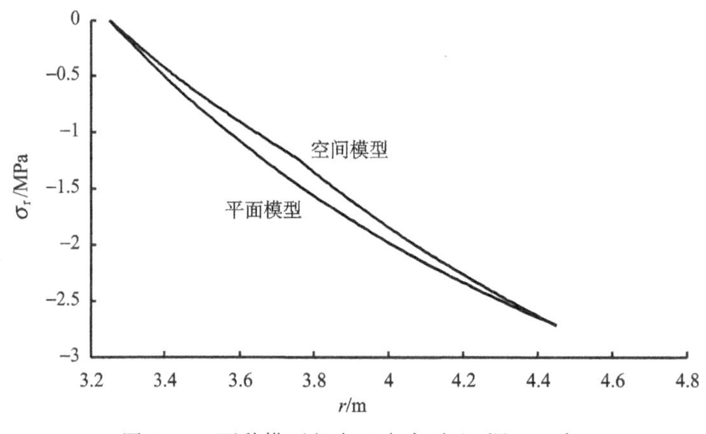

图 2-13　两种模型径向正应力对比(深 230 米)

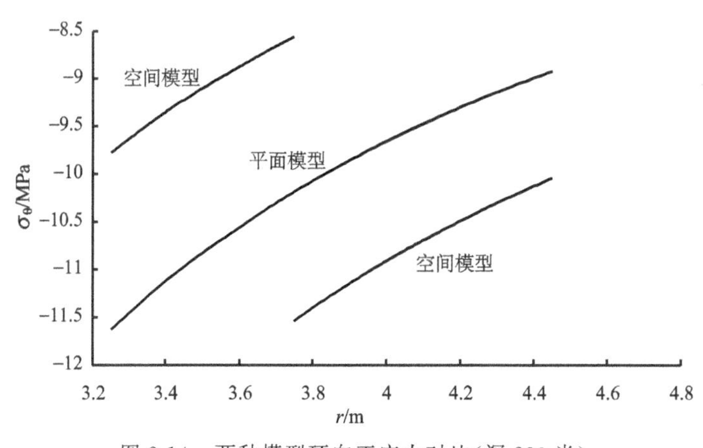

图 2-14　两种模型环向正应力对比(深 230 米)

$r_1=3.25$，$r_2=3.95$，$r_3=4.45$。两组井壁计算结果的对比表示内外壁厚度比例改变产生的影响。

图 2-15 为两组井壁内外壁轴向正应力沿深度的变化曲线，从图中可以看出，在总厚度不变而增加外壁厚度比例时，内壁中 σ_z 变化较小，而外壁中轴向受压明显减小，其减小幅度在深 230 米处约 5MPa。这是由于内外壁处于可滑动状态，外壁独自承担了其外侧的竖直附加力，因而改变其厚度对外壁中的 σ_z 影响较显著。

应用第四强度理论分析井壁的安全性，图 2-16 为深 230 米处两组井壁相当应力随径向的变化曲线，从图中可以看出，该复合井壁外壁安全性较低，为薄弱环节，而外壁厚度比例的增加对内壁安全性影响较小，但对井筒薄弱环节外壁的安全性则有较大程度的提高，其相当应力减小了约 4MPa。

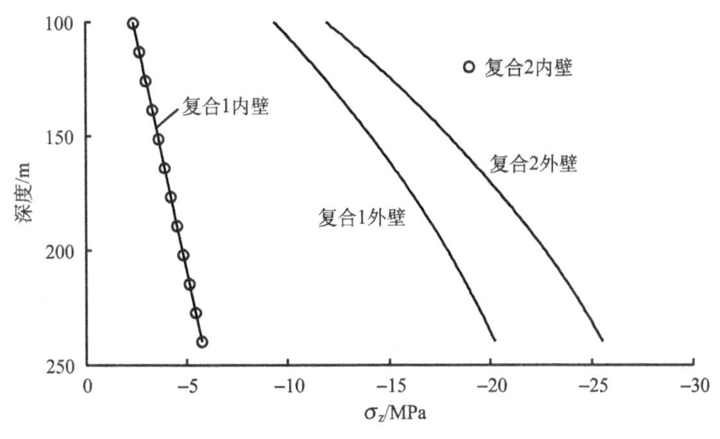

图 2-15　轴向正应力对比

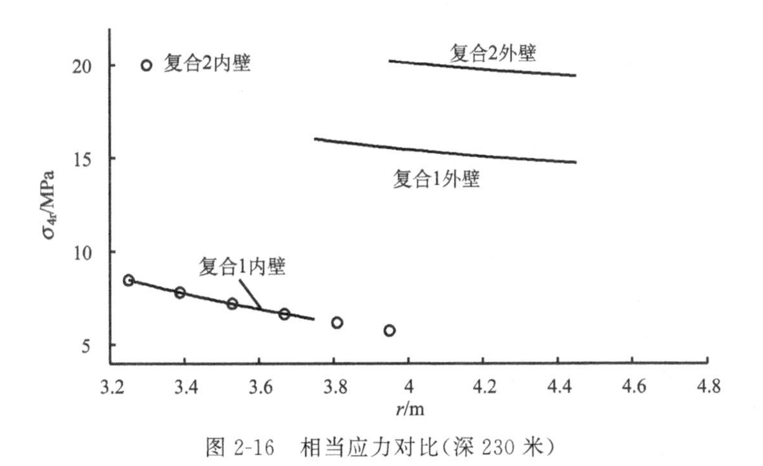

图 2-16　相当应力对比(深 230 米)

2.5　小　　结

(1) 针对处于约束内壁治理条件下的单层井壁，综合应用线性叠加原理、Timpe 通解、Fourier 方法等理论获得了井壁在该条件下的一组圣维南解；进一步，应用双重级数展开法给出了井壁在该条件下满足所有侧面及端部应力边界条件的严格弹性解答。针对某矿井的约束内壁治理给出算例，计算结果表明，井壁内缘附近的稳定性较差，较外缘易产生破坏，采用约束内壁治理后，约束段井壁内缘附近环向受压减小，径向受压增大，而轴向变化不显著，易产生破坏的井壁内侧由原来的两向受压状态转变为三向受压状态，相当应力减小，有效地提高了井壁的安全性；不同约束力大小条件下的对比表明，约束力越大，约束段内缘附近的治理效果越佳。本章的解答为井筒约束内壁治理方案的进一步优化设计打下了基础。

（2）针对特殊地层中一种塑料板夹层双层井壁结构，综合应用线性叠加原理、弹性通解、Fourier 方法等理论获得了其在一般荷载条件下的一组圣维南解；进一步，应用双重级数展开法给出了考虑自重，满足所有侧面及端部应力边界条件的严格弹性解答。进行了平面模型与空间模型的计算对比，结果表明采用平面模型无法获得井壁实际的应力分布，应当采用空间模型。通过算例分析了内壁、外壁厚度的改变对井壁环向、径向及轴向正应力的影响，并利用第四强度理论分析了立井安全性的变化，结果表明：仅增加内壁厚度对井筒内壁及外壁安全性的提高程度均较小；仅增加外壁厚度对立井内壁安全性改善较小，但对于井筒薄弱环节外壁的安全性则提高较显著。

主要参考文献

[1] 吕恒林，崔广心. 深厚表土中井壁破裂的力学机理[J]. 中国矿业大学学报，1999，28(6)：539-543.

[2] 周国庆，程锡禄，崔广心. 粘土层中立井井壁附加力的模拟研究[J]. 中国矿业大学学报，1991，20(3)：86-91.

[3] 王衍森，张开顺，李炳胜，等. 深厚冲积层中冻结井外壁钢筋应力的实测研究[J]. 中国矿业大学学报，2007，36(3)：287-291.

[4] Yao Zhi-shu，Chang Hua，RONG Chuan-xin. Research on stress and strength of high strength reinforced concrete drilling shaft lining in thick top soils[J]. Journal of China University of Mining & Technology，2007，17(3)：432-435.

[5] 周国庆，刘雨忠，冯学武，等. 围土注浆缓释和抑制井壁附加力效应及应用[J]. 岩土工程学报，2005，27(7)：742-745.

[6] 梁化强. 约束内壁法防治厚表土井壁破裂机理及影响因素研究[D]. 徐州：中国矿业大学，2006.

[7] 蒋斌松. 考虑端面荷载作用时井壁轴对称变形分析[J]. 岩石力学与工程学报，1999，18(2)：184-187.

[8] 王敏中. 高等弹性力学[M]. 北京：北京大学出版社，2003：86-90.（WANG Min-zhong. Advanced elasticity[M]. Beijing：Beijing University Press，2003：86-90.）

[9] 崔广心，杨维好，吕恒林. 深厚表土层中的冻结壁和井壁[M]. 徐州：中国矿业大学出版社，1998：121-125.

[10] 周国庆，程锡禄. 特殊地层中的井壁应力计算问题[J]. 中国矿业大学学报，1995，24(4)：24-30.

[11] Pickett G. Application of the Fourier method to the solution of certain boundary problems

in the theory of elasticity[J]. Journal of Applied Mechanics, 1944, 11: A176-A182.

[12] Sundara R I K T, Yogananda C V. Long circular cylindrical laminated shells subjected to axisymmeric external loads[J]. ZAMM, 1964, 44: 270-272.

[13] Chandrashekhara K, Bhimaraddi A. Elasticity solution for a long circular sandwich cylindrical shell subjected to axisymmetric load[J]. International Journal of Solids and Structures, 1982, 18(7): 611-618.

[14] 罗祖道. 有限空心圆柱的轴对称变形问题[J]. 力学学报, 1979, 1(3): 219-228.

[15] 蒋斌松. 复合井壁的弹性分析[J]. 煤炭学报, 1997, 22(4): 397-401.

[16] 蒋斌松. 有限长复合井壁的轴对称变形问题[J]. 工程力学, 1998, 15(4): 89-95.

第3章　井壁受力的塑性极限分析

基于双剪统一强度理论，对厚表土立井井壁进行塑性极限分析，获得了厚表土层底部井壁进入塑性阶段时的应力表达式和极限荷载计算公式，为工程应用提供分析计算的理论依据。

3.1　概　　述

厚表土中的井壁在外侧土压力、自重、附加力、温度荷载等作用下将会产生变形。当外部荷载较小时，井壁变形是弹性的；当外部荷载增加时，井壁部分区域将会进入塑性状态；随着荷载的进一步增加，井壁将会整体进入塑性状态，并且失去进一步承受荷载的能力，井壁受力的塑性极限分析就是研究井筒所能承受的极限荷载，常用的分析方法有两类：静力法和机动法；弹塑性分析方法。

1）静力法和机动法

设法直接求出结构的塑性极限载荷及其相应的塑性流动机构，而不考虑加载过程，也不采用对结构进行逐步地弹塑性计算，其理论根据是上、下限定理。

采用该方法分析结构的极限载荷时，不需考虑材料的弹性模量，也不需区分材料模型是弹塑性结构还是刚塑性结构，其极限载荷只与结构本身和载荷形式有关，而与结构的残余应力状态和加载历史是无关的。

静力法是以应力作为基本未知量，通过与外载荷相平衡，且在结构内处处不违反屈服条件的广义应力场来寻求对应外载荷的最大值的一种方法。

机动法是以应力位移作为未知量，当结构的变形可能成为一个塑性流动(或破坏)机构时，通过外载荷所做的功与内部耗散功的关系来寻求所对应外载荷的最小值的一种方法。

静力可能应力场是满足应力平衡条件及应力边界条件，并且不违反屈服条件的应力场；机动可能速度场是满足速度边界方程，并且由几何方程求得的应变率满足不可压缩条件的速度场。

由静力许可场可得到极限载荷的下限，由运动许可场可得到极限载荷的上限。如果能同时找到一个既是静力许可场，又是运动许可场的体系，那么，相应的载荷就必然是结构的塑性极限载荷。如果不能精确地求出极限载荷，也可分别求出极限载荷的上、下限，并由此估计极限载荷近似值的精确度。

2）弹塑性分析法

当分析结构的极限载荷时，可以根据结构所受外载荷的情况和结构的内力建立平衡方程；根据变形特点建立几何关系和变形协调条件；根据材料变形的不同阶段建立本构方程。将以上方程联立，即可分别求出弹性解、弹塑性解和塑性解。但是，由于对非线性问题分析计算过程非常复杂，有时甚至很难求得所需的解，故需要通过数值方法求解相应的边值问题。

3.2　井壁混凝土材料的屈服条件

在工程结构设计中，需要对构件进行应力分析和极限承载能力的计算。工程中常用的材料多数拉压屈服强度是不同的，韧性金属材料的拉伸屈服极限与压缩屈服极限之比 α 通常在 1/1.3～1 之间，脆性金属材料的 α 通常在 1/3～1/1.3 之间，钢筋混凝土材料的 α 一般约 1/8～1/12。在过去的工程设计中常不考虑材料拉压屈服强度的不同，采用 Tresca 准则和 Mises 准则对结构进行弹塑性极限分析。Mohr-Coulomb 强度理论因没有考虑中间主应力的影响，因而对有些材料是偏于保守的，不能充分发挥材料的强度潜能。为此本书采用了一种新的强度理论体系，用双剪统一强度理论，考虑中间主应力及拉压屈服强度不同的影响，对厚表土井壁进行塑性极限分析。

根据材料单向拉伸和单向压缩强度极限，在双剪应力屈服准则、双剪应力强度理论、广义双剪应力强度理论、Mohr-Coulomb 强度理论、Druck-Prager 准则的基础上从一个统一的单元体模型出发，考虑各种应力对材料破坏的不同影响，建立了一个可以适用各类材料的，同时，又包含了不同屈服准则的统一强度理论。该强度理论是在研究岩土类材料的强度时提出来的，但同样适用于其他材料的强度分析。

统一强度理论改进了莫尔-库伦理论，因为在莫尔-库伦理论中没有考虑中主应力。统一强度理论是一个处理多轴向应力下材料屈服准则与失效准则的全新理论。它提出了适用于金属、岩石、混凝土、土壤、聚合物等大多数材料的屈服准则与失效准则。该理论已被成功地应用于分析静态或中等脉冲载荷下某些结构的弹性极限、塑限性能及动态反应特性。

双剪统一强度理论认为当作用于双剪单元体上的两个较大剪应力及其作用面上的正应力影响函数到达某一极限值时，材料开始发生破坏。用主应力表示的双剪统一强度理论的数学表达式为

$$
\begin{cases}
F=\sigma_1-\dfrac{\alpha}{1+b}(b\sigma_2+\sigma_3)=\sigma_t, & \sigma_2\leqslant\dfrac{\sigma_1+\alpha\sigma_3}{1+\alpha} \\
F'=\dfrac{1}{1+b}(\sigma_1+b\sigma_2)-\alpha\sigma_3=\sigma_t, & \sigma_2\geqslant\dfrac{\sigma_1+\alpha\sigma_3}{1+\alpha}
\end{cases}
\tag{3-1}
$$

式中 b 为反应中间主剪应力以及相应面上的正应力对材料破坏影响程度的系数，实际上也是一个选用不同强度准则的参数，如当 $b=0$ 时，为 Mohr-Coulomb 强度准则；$b=1$ 时，为双剪应力强度理论。α 为拉伸极限强度与压缩极限强度之比。当 $\alpha=1$，$b=0$，0.5 和 1 时，则分别得到 Tresca 屈服准则，线性逼近的 Mises 屈服准则和双剪应力屈服准则。

统一强度理论在各个领域的应用十分广泛。其特点是既可方便地应用于解析求解，也可应用于计算机数值分析；它的应用所得出的结果是系列化的，可以适合于各种不同的材料和结构；它的工程应用可以取得十分显著的经济效益，已被广泛应用于土木工程、水利工程、岩土工程、机械、军工等工程问题的研究。

双剪统一强度理论从一个统一的力学模型出发，考虑应力状态的所有应力分量以及它们对材料屈服和破坏的不同影响，是既包含了其他强度理论，又具有本身特点的强度理论。它是在双剪应力屈服准则的基础上逐渐发展形成的。其突出优点：①双剪统一强度理论把材料的屈服条件线性化，从而使塑性求解比较容易。Mises 屈服条件是应用非常广泛的一种屈服准则，但是，在复杂应力条件下，由于它的非线性，使塑性求解变得很困难。由此，它的应用范围受到一定的限制。由于双剪统一强度理论包含了线性逼近的 Mises 屈服条件，因此，在某些复杂应力状态下，它可以取代 Mises 屈服条件进行塑性求解。②双剪统一强度理论是全面考虑了各个主应力分量对强度的影响的强度理论。对于 Tresca 屈服准则，虽然它的屈服条件是线性的，但是，它没有考虑第二主应力对屈服强度的影响，因而，该强度理论的应用受到一定的局限性。③双剪统一强度理论可以灵活地考虑材料的拉压异性和同性问题。双剪应力屈服条件虽然考虑了第二主应力对塑性强度的影响，同时，将屈服条件线性化了，但是，它不能同时考虑材料的拉压异性和同性问题。而双剪统一强度理论可以通过其表达式中材料的拉伸屈服极限与压缩屈服极限的比值系数体现材料的 SD 效应。④双剪统一强度理论包含了不同的屈服准则和强度理论。这一点可以通过在它的表达式中系数 b 取不同的值得以实现。因而，它可以适用于各种不同类型的材料进行塑性求解。

3.3　井壁塑性极限分析方程

深厚表土层底部的井筒结构处于三向受力状态，地层经过多年的疏排水以后造成井筒应力 σ_z，σ_θ，$\sigma_r<0$，且有 $\sigma_z\leqslant\sigma_\theta\leqslant\sigma_r$。因此，有：$\sigma_1=\sigma_r$，$\sigma_2=\sigma_\theta$，

$\sigma_3=\sigma_z$设井筒内、外半径分别为R_0、R，当它受轴向载荷P及均匀外压力q的作用时，荷载简图如图 3-1 所示。

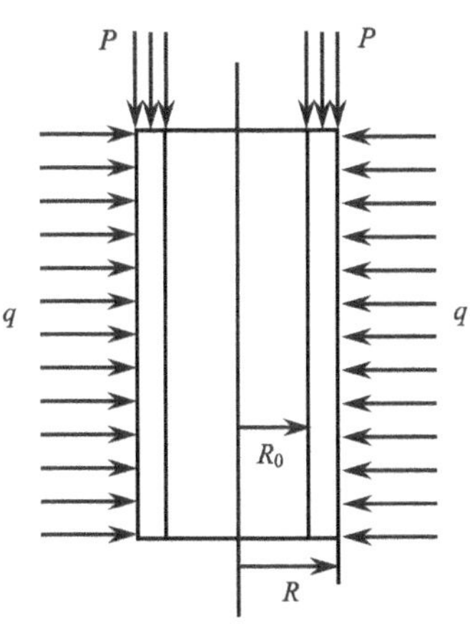

图 3-1　表土与基岩交界面处井筒受力简图

根据双剪统一强度理论：

$$\begin{cases} F=\sigma_1-\dfrac{\alpha}{1+b}(b\sigma_2+\sigma_3)=\sigma_s, \\ \text{当}\ \sigma_2\leqslant\dfrac{\sigma_1+\alpha\sigma_3}{1+\alpha} \\ F'=\dfrac{1}{1+b}(\sigma_1+b\sigma_2)-\alpha\sigma_3=\sigma_s, \\ \text{当}\ \sigma_2\geqslant\dfrac{\sigma_1+\alpha\sigma_3}{1+\alpha} \end{cases} \tag{3-2}$$

将深厚表土层底部的井筒三向受力状态条件代入式(3-2)，可得

$$\begin{cases} F=\sigma_r-\dfrac{\alpha}{1+b}(b\sigma_\theta+\sigma_z)=\sigma_s,\ \text{当}\ \sigma_\theta\leqslant\dfrac{\sigma_r+\alpha\sigma_z}{1+\alpha} \\ F'=\dfrac{1}{1+b}(\sigma_r+b\sigma_\theta)-\alpha\sigma_z=\sigma_s,\ \text{当}\ \sigma_\theta\geqslant\dfrac{\sigma_r+\alpha\sigma_z}{1+\alpha} \end{cases} \tag{3-3}$$

空间轴对称问题的平衡微分方程如式(3-4)

$$\begin{cases} \dfrac{\partial\sigma_r}{\partial r}+\dfrac{\partial\tau_{zr}}{\partial z}+\dfrac{\sigma_r-\sigma_\theta}{r}+K_r=0 \\ \dfrac{\partial\sigma_z}{\partial z}+\dfrac{\partial\tau_{zr}}{\partial r}+\dfrac{\tau_{rz}}{r}+Z=0 \end{cases} \tag{3-4}$$

由已知条件可知：$\sigma_z=\text{const}$，$\tau_{zr}=\tau_{rz}=K_r=Z=0$，从而有

$$r\frac{\partial\sigma_r}{\partial r}+\sigma_r-\sigma_\theta=0 \tag{3-5}$$

(1) 假设$\sigma_\theta\leqslant\dfrac{\sigma_r+\alpha\sigma_z}{1+\alpha}$，由式(3-3)得，屈服条件具有如下关系

$$\sigma_\theta=\frac{1+b}{\alpha b}(\sigma_r-\sigma_s)-\frac{1}{b}\sigma_z \tag{3-6}$$

将式(3-6)代入式(3-5)，可得

$$r\frac{\partial\sigma_r}{\partial r}+\sigma_r-\frac{b+1}{\alpha b}(\sigma_r-\sigma_s)+\frac{1}{b}\sigma_z=0$$

$$\Rightarrow r\frac{\partial\sigma_r}{\partial r}+\frac{(\alpha-1)b-1}{\alpha b}\sigma_r+\frac{1}{b}\sigma_z+\frac{b+1}{\alpha b}\sigma_s=0 \tag{3-7}$$

其中，$\sigma_z = \frac{P}{A} = \frac{P}{\pi(R^2 - R_0{}^2)} = \text{const}$

令 $M = \frac{(\alpha-1)b-1}{\alpha b}$，$N = \frac{1}{b}\sigma_z + \frac{b+1}{\alpha b}\sigma_s$，则式(3-7)可以表示为

$$r\frac{\partial \sigma_r}{\partial r} + M\sigma_r + N = 0 \tag{3-8}$$

令 $r = e^t$，则：

$$\frac{\partial \sigma_r}{\partial t} = \frac{\partial \sigma_r}{\partial r} \cdot \frac{\partial r}{\partial t} = r\frac{\partial \sigma_r}{\partial r} \tag{3-9}$$

$$\frac{\partial \sigma_r}{\partial t} = -M\sigma_r - N \tag{3-10}$$

$$\frac{d\sigma_r}{-M\sigma_r - N} = dt \tag{3-11}$$

$$d\ln(-M\sigma_r - N) = d(-Mt) \tag{3-12}$$

$$-M\sigma_r - N = Ce^{-Mt} = Cr^{-M} \tag{3-13}$$

$$\sigma_r = -\frac{C}{M}r^{-M} - \frac{N}{M} = C_1 r^{-M} - \frac{N}{M} \tag{3-14}$$

可得应力场分布为

$$\begin{cases} \sigma_r = C_1 r^{-M} - \dfrac{N}{M} \\ \sigma_z = \dfrac{P}{A} = \dfrac{P}{\pi(R^2 - R_0^2)} \\ \sigma_\theta = \dfrac{1+b}{\alpha b}(\sigma_r - \sigma_s) - \dfrac{1}{b}\sigma_z \end{cases} \tag{3-15}$$

将边界条件：当 $r=R$ 时，$\sigma_r = q$ 代入式(3-15)，可得

$$q = C_1 R^{-M} - \frac{N}{M} \tag{3-16}$$

$$C_1 = R^M\left(q + \frac{N}{M}\right) \tag{3-17}$$

将式(3-17)及 $M = \frac{(\alpha-1)b-1}{\alpha b}$，$N = \frac{1}{b}\sigma_z + \frac{b+1}{\alpha b}\sigma_s$ 代入式(3-15)，整理后得

$$\begin{cases} \sigma_r = \left(\dfrac{R}{r}\right)^{\frac{(\alpha-1)b-1}{\alpha b}}\left[q + \dfrac{\alpha\sigma_z + (b+1)\sigma_s}{\alpha b - b - 1}\right] - \dfrac{\alpha\sigma_z + (b+1)\sigma_s}{\alpha b - b - 1} \\ \sigma_z = \dfrac{P}{A} = \dfrac{P}{\pi(R^2 - R_0^2)} \\ \sigma_\theta = \dfrac{1+b}{\alpha b}(\sigma_r - \sigma_s) - \dfrac{1}{b}\sigma_z \end{cases} \tag{3-18}$$

当 $r=R_0$ 时，内压为 0，所以，有

$$\left(\frac{R}{R_0}\right)^M\left(q+\frac{N}{M}\right)-\frac{N}{M}=0 \tag{3-19}$$

将 $N=\frac{1}{b}\sigma_z+\frac{b+1}{\alpha b}\sigma_s$ 代入式(3-19)，可以获得 q 与 σ_z 的关系

$$q=\left(\frac{N}{M}\right)\left(\frac{R_0}{R}\right)^M-\frac{N}{M}=\left(\frac{1}{Mb}\sigma_z+\frac{1+b}{\alpha bM}\sigma_s\right)\left[\left(\frac{R_0}{R}\right)^M-1\right] \tag{3-20}$$

极限载荷 P、q 之间的关系式为

$$q=\left(\frac{1}{Mb\pi(R^2-R_0^2)}P+\frac{1+b}{\alpha bM}\sigma_s\right)\left[\left(\frac{R_0}{R}\right)^M-1\right] \tag{3-21}$$

(2) 假设 $\sigma_\theta\geqslant\frac{\sigma_r+\alpha\sigma_z}{1+\alpha}$，由式(3-3)得，屈服条件具有如下关系

$$\sigma_\theta=\frac{(1+b)\sigma_s-\sigma_r}{b}+\frac{\alpha(1+b)}{b}\sigma_z \tag{3-22}$$

将式(3-22)代入式(3-5)，可得

$$r\frac{\partial\sigma_r}{\partial r}+\frac{b+1}{b}\sigma_r-\frac{b+1}{b}\sigma_s-\frac{\alpha(b+1)}{b}\sigma_z=0 \tag{3-23}$$

同样，令 $M=\frac{b+1}{b}$，$N=-\frac{b+1}{b}\sigma_s-\frac{\alpha(b+1)}{b}\sigma_z$，可得应力表达式(3-18)。

当 $r=R_0$ 时，$\sigma_r=0$，可求得极限载荷 q、P 之间的关系

$$q=-\frac{1}{Mb}\left[(b+1)\sigma_s+\frac{\alpha(b+1)}{\pi(R^2-R_0^2)}P\right]\left[\left(\frac{R_0}{R}\right)^M-1\right] \tag{3-24}$$

由上述公式可知，环向应力 σ_θ 和径向应力 σ_r 与 R_0/R 成幂函数关系。

3.4　井壁塑性极限荷载状态线

以上对 $\sigma_\theta\leqslant\frac{\sigma_r+\alpha\sigma_z}{1+\alpha}$ 和 $\sigma_\theta\geqslant\frac{\sigma_r+\alpha\sigma_z}{1+\alpha}$ 两种情况分析了井壁的塑性极限荷载 q、σ_z 之间的关系。根据 $\sigma_z=\frac{P}{A}=\frac{P}{\pi(R^2-R_0^2)}$ 和 $M=\frac{\alpha b-b-1}{\alpha b}$，式(3-21)可用下式表达，

$$q=\left(\frac{\alpha}{\alpha b-b-1}\sigma_z+\frac{1+b}{\alpha b-b-1}\sigma_s\right)\left[\left(\frac{R_0}{R}\right)^{\frac{\alpha b-b-1}{\alpha b}}-1\right] \tag{3-25}$$

为了直观地显示塑性极限荷载 q、σ_z 之间的关系及其分布规律，选取无量纲塑性极限荷载的形式：$\eta=q/\sigma_s$，$\xi=\sigma_z/\sigma_s$，代入式(3-25)可得：

$$\eta=\left(\frac{\alpha}{\alpha b-b-1}\xi+\frac{1+b}{\alpha b-b-1}\right)\left[\left(\frac{R_0}{R}\right)^{\frac{\alpha b-b-1}{\alpha b}}-1\right] \tag{3-26}$$

为便于分析，考虑井筒的几何特征和井壁混凝土材料的实际情况，取 $\alpha=0.166$，$b=1.0$，$R_0/R=0.88$，代入式(3-26)，得：

$$\eta=-0.2811\xi-3.3866 \tag{3-27}$$

根据式(3-27)，在 η、ξ 直角坐标系可获得屈服状态下井壁无量纲塑性极限荷载包络图，如图 3-2 所示。

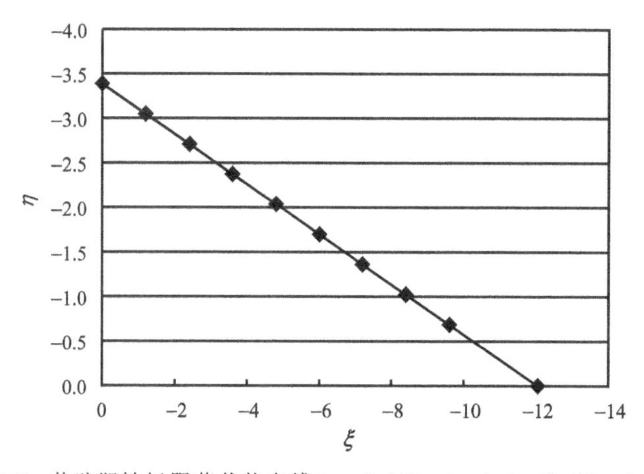

图 3-2　井壁塑性极限荷载状态线($\alpha=0.166$，$b=1.0$，$R_0/R=0.88$)

根据图 3-2，考虑三向应力之间关系所构成的对 q、σ_z 的限定条件，即可根据 q、σ_z 的变化规律及其取值大小判断井壁是否达到屈服状态。当荷载 η、ξ 所对应的坐标点位于塑性极限荷载状态线与原点构成的封闭区域内时，则表示井壁没有达到塑性极限应力状态；当荷载 q、σ_z 所对应的坐标点位于状态线上或封闭区域以外时，则表示井壁已经达到塑性极限应力状态。

3.5　井壁塑性极限荷载影响因素分析

3.5.1　井壁材料性质

统一强度理论的优点之一是能够灵活的考虑材料拉压异性问题。为了研究材料不同拉压特性对井壁塑性极限荷载 q 与 σ_z 的影响，同样选取无量纲塑性极限荷载：$\eta=q/\sigma_s$，$\xi=\sigma_z/\sigma_s$，选取 $b=1.0$，$R_0/R=0.88$，可得到材料不同拉压异性系数时井壁塑性极限荷载之间的关系。在 η、ξ 直角坐标系上可以绘出材料不同拉压异性系数时的井壁塑性极限荷载图，如图 3-3 所示，图中给出了 $\alpha=$

0.10、0.12、0.14、0.16 时的井壁塑性极限荷载特征。

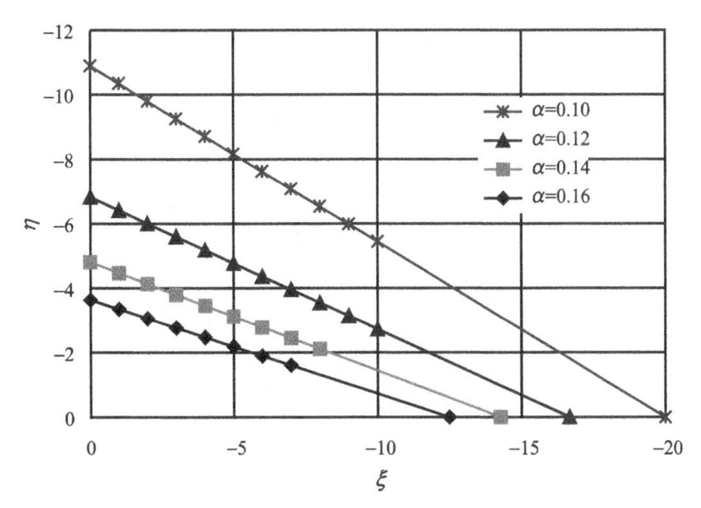

图 3-3　不同 α 时井壁塑性极限荷载状态线($b=1.0$，$R_0/R=0.88$)

分析图 3-3 可知，当井壁混凝土的拉压异性系数 α 变化时，其塑性极限荷载状态线也随之改变。随着混凝土拉压异性系数 α 的增大，井壁的塑性极限荷载值逐渐向坐标原点移近，极限荷载图与原点所包围的面积随之减小，表明井壁的承载能力在降低。本书塑性极限荷载分析过程中，井壁混凝土材料的抗拉强度取为定值 σ_s，当混凝土拉压异性系数 α 增大时，意味着井壁抗压强度在降低，井壁达到塑性屈服的极限荷载 η、ξ 均减小。

根据式(3-26)，同样选取 $b=1.0$，$R_0/R=0.88$，当选取某一固定的相对竖向荷载 ξ 时，可以得到相对围压塑性极限荷载 η 与 α 的函数关系式。在 η、α 直角坐标系上可以绘出其函数关系图，如图 3-4 所示，图中给出了 $\eta=-2$、-4、-6 和 -8 时的井壁塑性极限荷载特征。

分析图 3-4 可知，当竖向荷载固定不变，随着井壁混凝土的拉压异性系数 α 从 0.1 增大到 0.18，其塑性极限荷载(围压)呈非线性逐渐减小。对于厚表土中的井筒，在某一垂深位置的井壁中竖向应力和围压基本是固定的，此时，井壁混凝土的拉压异性系数 α 越大，井壁越容易达到塑性极限。比较图中四条曲线，当 α 一定时，随着竖向荷载的增大，井壁的塑性极限荷载(围压)呈减小趋势。在实际的井筒结构中，围压随着深度的增加呈逐渐增大趋势，这表明井壁的承载能力在降低。

根据式(3-26)，选取 $b=1.0$，$\xi=-8$，当井筒内外半径比 R_0/R 一定时，可以得到相对塑性极限荷载(围压)η 与 α 的函数关系式。在 η、α 直角坐标系上可以绘出其函数关系图，如图 3-5 所示，图中给出了 $R_0/R=0.84$、0.85、0.86、

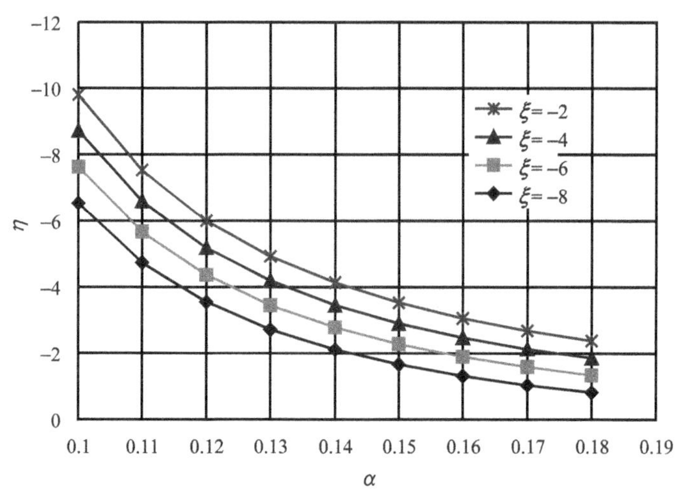

图 3-4　不同 ξ 时井壁相对塑性极限荷载随 α 的变化图($b=1.0$，$R_0/R=0.88$)

0.87 和 0.88 时的井壁塑性极限荷载特征。

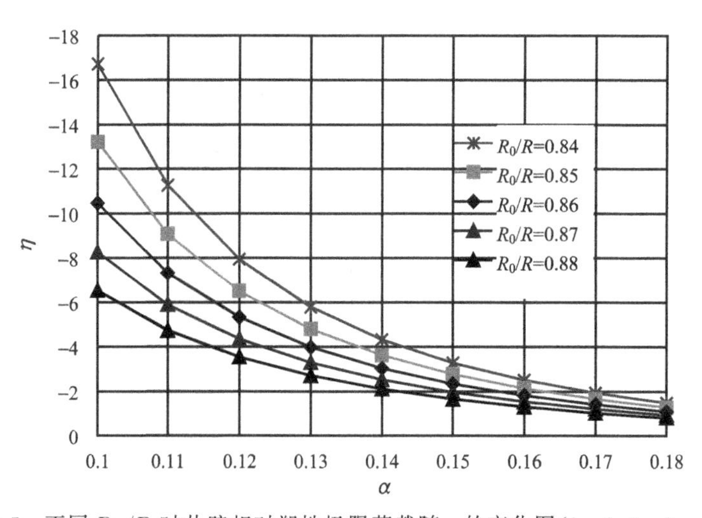

图 3-5　不同 R_0/R 时井壁相对塑性极限荷载随 α 的变化图($b=1.0$，$\xi=-8$)

分析图 3-5 可知，对给定井筒内外半径比条件下，即 R_0/R 不变，井壁拉压异性系数 α 从 0.1 增大到 0.18 时，其塑性极限荷载(围压)呈非线性逐渐减小，且减小的速率逐渐变小。比较图中四条曲线，当井筒半径 R_0 一定时，随着 R_0/R 的增大(由 0.84 增加到 0.88)，井壁厚度逐渐减小，井壁的塑性极限荷载(围压)η 逐渐减小。

3.5.2　井筒几何特征

为了研究井壁厚度对井壁塑性极限荷载 q 与 σ_z 的影响，根据井壁混凝土材料参数的可能取值大小和井筒的几何参数可能取值范围(表 3-1)，取 $b=1.0$，拉压强度系数 $\alpha=0.166$，相对竖向荷载 $\xi=-4$、-6、-8 和 -10，根据式(3-26)在 $\eta \sim R_0/R$ 直角坐标系中绘出其函数曲线，如图 3-6 所示。

表 3-1　井筒几何参数的可能范围

R_0/R	井壁厚度 t/m($R_0=4$)	井壁厚度 t/m($R_0=3$)	井壁厚度 t/m($R_0=2.5$)
0.750	1.333	1.000	0.833
0.755	1.298	0.974	0.811
0.760	1.263	0.947	0.789
0.765	1.229	0.922	0.768
0.770	1.195	0.896	0.747
0.775	1.161	0.871	0.726
0.780	1.128	0.846	0.705
0.785	1.096	0.822	0.685
0.790	1.063	0.797	0.665
0.795	1.031	0.774	0.645
0.800	1.000	0.750	0.625
0.805	0.969	0.727	0.606
0.810	0.938	0.704	0.586
0.815	0.908	0.681	0.567
0.820	0.878	0.659	0.549
0.825	0.848	0.636	0.530
0.830	0.819	0.614	0.512
0.835	0.790	0.593	0.494
0.840	0.762	0.571	0.476
0.845	0.734	0.550	0.459
0.850	0.706	0.529	0.441
0.855	0.678	0.509	0.424
0.860	0.651	0.488	0.407
0.865	0.624	0.468	0.390
0.870	0.598	0.448	0.374
0.875	0.571	0.429	0.357
0.880	0.545	0.409	0.341

分析图 3-6 可知，随着 R_0/R 的减小，井壁厚度逐渐增大，塑性极限荷载非线性增大，曲线明显上移。说明在相同的相对竖向荷载条件下，随着壁厚的增加，需要更大的围压荷载，方能使井壁达到屈服状态。这与厚壁圆筒结构屈服的实际情况相吻合。

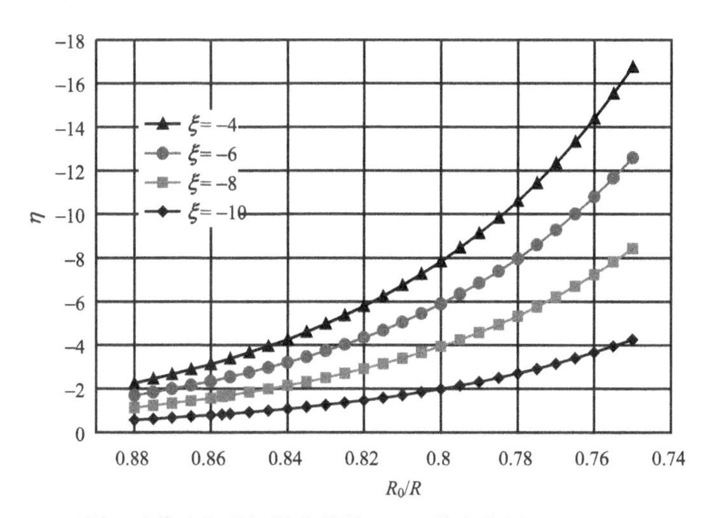

图 3-6　不同 ξ 时井壁塑性极限荷载随 R_0/R 的变化图($b=1.0$，$\alpha=0.166$)

图 3-6 可知，当 R_0/R 一定时，随着井壁竖向荷载的增加，极限塑性荷载(围压)逐渐减小，R_0/R 越小，减小的幅值越大。随着井筒深度的增加，竖向荷载在增加，围压也在增加，而围压的极限荷载却在减小，因此，这一规律对分析、判断、及时预报井壁是否达到塑性极限有重要意义。

3.5.3　中间主剪应力

为了研究中间主剪应力对井壁塑性极限荷载 q 与 σ_z 的影响，取井壁材料拉压强度系数 $\alpha=0.166$，抗拉极限 $\sigma_s=2.5\text{MPa}$，讨论当 $R_0/R=0.82\sim0.84$ 时，井壁塑性极限荷载 q、σ_z 与 b 的关系。

将 $\alpha=0.166$ 和 $\sigma_s=2.5\text{MPa}$ 代入式(3-25)，得：

$$q=\left(\frac{0.166}{-0.834b-1}\sigma_z+\frac{2.5(1+b)}{-0.834b-1}\right)\left[\left(\frac{R_0}{R}\right)^{\frac{-0.834b-1}{0.166b}}-1\right] \tag{3-28}$$

分别取 $\sigma_z=-10$、-12.5、-15 和 -17.5MPa，$R_0/R=0.88$ 时，得 $q\sim b$ 曲线如图 3-7 所示。

由图 3-7 可得，当 $R_0/R=0.88$，$\alpha=0.166$，$\sigma_s=2.5\text{MPa}$ 时，对 $0.6\leqslant b\leqslant1.0$，

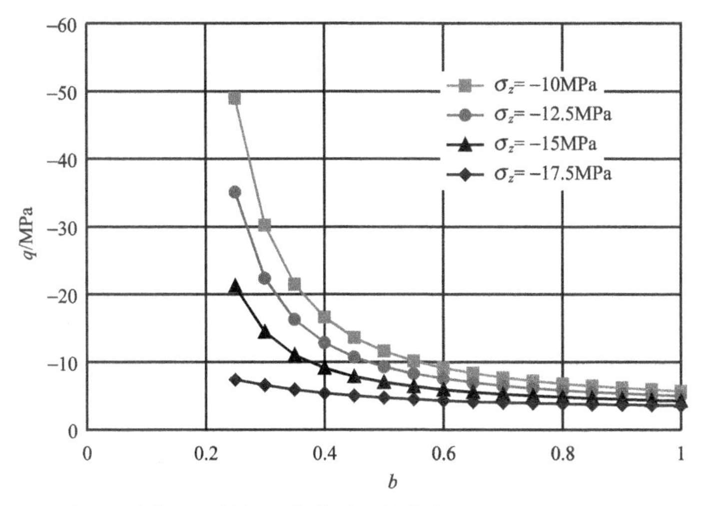

图 3-7　不同 σ_z 时井壁塑性极限荷载随 b 的变化图（R_0/R＝0.88，α＝0.166）

井壁的塑性极限荷载变化不大。对厚表土中的井壁混凝土材料，考虑其承受的荷载条件和材料特性，这也是分析其塑性极限荷载时，参数 b 的合理取值范围。

当 $0.6 \leqslant b \leqslant 1.0$ 时，随着竖向荷载的增大，塑性极限荷载围压略有减小。针对厚表土中的井筒，随着深度的增加，竖向荷载增加，围压也增加，而围压的极限荷载却略有减小。

取 $\sigma_z = -15\text{MPa}$，R_0/R＝0.82、0.84、0.86、0.88 时，得 q-b 曲线如图 3-8 所示。分析结果表明，当 $0.6 \leqslant b \leqslant 1.0$ 的范围变化时，对井壁塑性极限荷载基本没有影响。

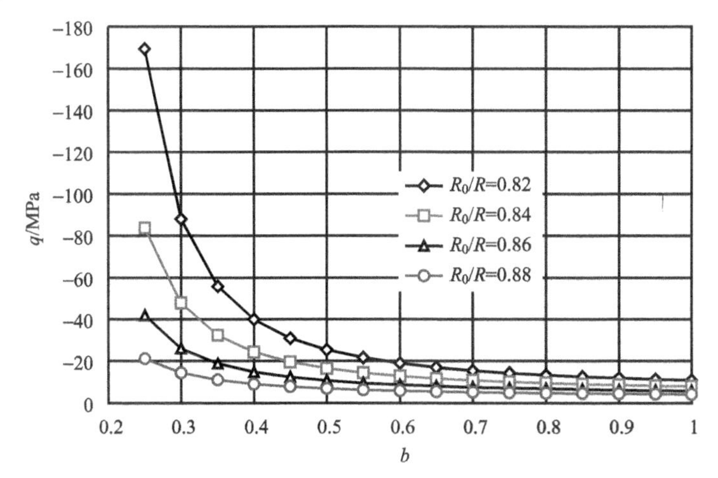

图 3-8　不同 R_0/R 时井壁塑性极限荷载随 b 的变化图（σ_z＝20MPa，α＝0.166）

3.6 小　　结

(1) 基于双剪统一强度理论，推导了厚表土立井井壁的塑性极限荷载计算公式，为分析、判断、预测井壁安全状态提供了理论依据。

(2) 获得了厚表土立井井壁塑性屈服时的极限荷载状态线。当荷载 η、ξ 所对应的坐标点位于塑性极限荷载状态线与原点构成的封闭区域内时，则表示井壁没有达到塑性极限应力状态；当荷载 η、ξ 所对应的坐标点位于状态线上或封闭区域以外时，则表示井壁已经达到塑性极限应力状态。

(3) 采用无量纲形式讨论了井壁的塑性极限荷载与井壁混凝土材料的拉压异性特性之间的关系。随着井壁材料拉压异性系数 α 的增大，极限荷载图与原点所包围的面积随之减小，井壁的承载能力逐渐降低。当竖向荷载一定，井壁材料的拉压异性系数 α 从 0.1 增大到 0.18 时，其塑性极限荷载(围压)呈非线性逐渐减小。对给定井筒内外半径比条件下，井壁拉压异性系数 α 从 0.1 增大到 0.18 时，其塑性极限荷载(围压)呈非线性逐渐减小，减小的速率逐渐变小。

(4) 分析了井壁的塑性极限荷载与井筒几何特性之间的关系。随着井壁厚度逐渐增大，井壁的塑性极限荷载非线性增大；当 R_0/R 一定时，随着井壁竖向荷载的增加，极限塑性荷载(围压)逐渐减小，R_0/R 越小，减小的幅值越大。这一规律对分析、判断、预报井壁是否达到塑性极限有重要意义。

(5) 分析了井壁的塑性极限荷载与和中间主剪应力之间的关系，获得了分析井壁塑性极限荷载时，参数 b 的合理取值范围。当 $0.6 \leqslant b \leqslant 1.0$ 时，在本书给定的条件下，对井壁塑性极限荷载基本没有影响。

第4章　井壁受力状态实测研究

4.1　井壁受力状态实测的部分应力解除法

4.1.1　概述

目前，岩体应力测量方法主要分为直接法和间接法两大类。直接法是指岩体应力由测量仪器所记录的补偿应力、平衡应力或其他应力量直接确定，无需知道岩石的物理力学性质和应力应变关系。如早期的扁千斤顶法、刚性圆柱应力计法及后来的水压致裂法、声发射法等均属于直接法，其中水压致裂法目前应用较广。在间接法中，测试仪器不是直接记录应力或应力变化值，而是测量某些与应力有关的间接物理量的变化，然后根据已知的公式，由测得的间接物理量的变化，计算出现场应力值。应力解除法、松弛应变测量法、地球物理方法等均属间接法，其中应力解除法是目前国内外应用最广泛的方法之一。它的基本原理是：当需要测定岩体中某点的应力状态时，人为地将该处的岩体单元与周围岩体分离，此时，岩体单元上所受的应力将被解除。同时，该单元体的几何尺寸也将产生弹性恢复。应用一定的仪器，测定这种弹性恢复的应变值或变形值，并且认为岩体是连续、均质和各向同性的弹性体，于是就可以借助弹性理论的解答来计算岩体单元所受的应力状态。

应力解除法的具体方法很多，按测试深度可以分为表面应力解除法、浅孔应力解除法及深孔应力解除法。按测试变形或应变的方法不同，又可以分为孔径变形测试、孔壁应变测试及钻孔应力解除法等。

在矿井建设、使用过程中，对井壁实际受力的测试极为重要。目前，多数矿井已服务多年，尽管近年来部分井筒建立了井壁受力监测系统，但是，我们只能通过该系统获取井壁某一时间段的应力增量。对于深厚表土层中、正常生产的井筒，由于工作环境限制，测试空间较小，连续测试的时间不允许过长，尤其是针对井筒内壁的测试钻孔不允许过深，不得穿过内层井壁，尽量不破坏井壁完整性等条件的限制，要实现井壁应力的原位测试，以获取井壁的实际受力情况，用常规的应力解除法是无法实现的。为了测得井壁应力状态和分析井壁结构的强度储备，从而为改善井壁受力状态和防治井壁破裂提供依据，必须研究能够满足立井井筒工况条件的井壁应力原位测试方法。

4.1.2 部分应力解除法原理

目前传统的应力解除方法对于厚表土层中、正常生产的井筒井壁受力状态实测的不适用性主要体现在以下几方面：

(1) 工作环境限制，测试空间较小；

(2) 连续测试的时间不允许过长；

(3) 测试钻孔不允许过深，以免破坏井壁的完整性等。

因此，要实现既有井筒井壁应力状态的原位测试，用常规的应力解除法是无法实现的。为了测得井壁应力状态和分析井壁结构的强度储备，为改善井壁受力状态和防治井壁破裂提供依据，必须研究能够满足立井井筒工况条件的井壁应力原位测试方法，故本文提出了基于应力解除法的“部分应力解除法”测试井壁应力状态的新思路。

部分应力解除法的原理是：在井筒井壁内表面钻直径尽可能小、深度尽可能浅的孔，通过测试开孔前后孔周围的应力应变的变化，利用研究获得的应力应变的衰减规律，计算获得井筒井壁当前应力的大小。

本文首先采用数值模拟分析和室内物理模拟试验的方法研究证明该方法的可靠性和可行性。

(1) 首先开展部分应力解除法测试井壁既有应力的数值模拟研究

利用正交试验设计方法，选取合适的因素和水平，规划有限元数值模拟试验方案；根据设计的试验方案，利用 ANSYS 软件，研究各种因素和水平条件下的应力解除效果；确定各因素和水平的最佳组合。

(2) 开展部分应力解除法测试井壁既有应力的试验研究

根据有限元模拟试验研究结果，设计室内试验，验证部分应力解除的效果及可操作性和稳定性。

(3) 根据数值模拟和室内试验研究的结论，开展现场实测研究。

4.1.3 部分应力解除法的数值模拟

1) 基本参数模拟

数值模拟根据正交试验设计方法，选取合适的因素和水平，利用 ANSYS 分析软件，研究各种因素和水平条件下的应力解除效果，确定各因素和水平的合理组合。

模型采用混凝土材料，考虑线弹性，$E = 22.5 \times 10^3$ MPa，$\mu = 0.144$，

$\rho=2500\mathrm{kg/m^3}$。混凝土块尺寸：1500mm×1500mm×4500mm。具体因素、水平的选取及结果处理见表 4-1 和表 4-2。

表 4-1　部分应力解除法第一组数值模拟因素、水平表

水平	孔数/个	孔径/mm	孔深/mm	孔间距/mm
1	2	30	60	60
2	3	60	90	90
3	4	90	120	120

表 4-2　部分应力解除法第一组数值模拟试验结果

试验号	孔数/个	孔径/mm	孔深/mm	孔间距/mm	衰减率/%
1	2	30	60	60	9
2	2	60	90	90	54
3	2	90	120	120	62
4	3	30	60	120	2
5	3	60	90	60	10
6	3	90	120	90	29.3
7	4	30	60	90	16
8	4	60	90	120	34
9	4	90	120	60	40
合计	125	27	72.3	59	总和 256.3
	41.3	98	96	99.3	
	90	131.3	88	98	
K_{1i}	41.7	9	24.1	19.7	
K_{2i}	13.8	32.7	32	33.1	
K_{3i}	30	43.8	29.3	32.1	
R	27.9	34.8	7.9	13.4	

注：表中：极差 $R=K_{i\max}-K_{i\min}$

定义应变衰减率 λ：

$$\lambda=\frac{\varepsilon_1-\varepsilon_2}{\varepsilon_1}\times 100\% \tag{4-1}$$

式中，λ 为应变衰减率；ε_1 为开孔前，孔中间区域的应变；ε_2 为开孔后，孔中间区域的应变。

通过对 9 组试验结果分析可知，

(1) 因素影响的主次顺序为：孔径、孔数、孔距、孔深；

(2) 取得最高衰减率的条件：两孔，直径 90mm，孔深 90mm，孔间净距 90mm。

(3) 表 4-1 安排的试验中没有这个条件，考虑到研究的目的要能够指导现场实测，为了便于现场操作，决定孔的个数确定为 2 个，开展第二组数值模拟试验，具体因素、水平的选取及结果处理见表 4-3 和表 4-4。

表 4-3　第二组正交试验因素、水平表

水平	孔径/mm	孔深/mm	孔间距/mm
1	30	20	30
2	45	40	45
3	60	60	60

表 4-4　第二组正交试验结果处理

试验号	孔径/mm	孔深/mm	孔间距/mm	衰减率/%
1	30	20	30	78
2	30	40	45	70.5
3	30	60	60	57
4	45	20	45	74.5
5	45	40	60	65
6	45	60	30	89.5
7	60	20	60	57
8	60	40	30	81
9	60	60	45	89
合计	205.5	209.5	248.5	总和 661.5
	229	216.5	234	
	227	235.5	179	
K_{1i}	68.5	69.8	82.8	
K_{2i}	76.3	72.2	78.0	
K_{3i}	75.7	78.5	59.7	
R	7.8	8.7	23.2	

通过对这9个试验结果分析，得到如下结论：

当孔数为2个时，取得最高衰减率的条件为直径45mm，孔深60mm，孔间净距30mm，此时，两孔中间(混凝土块表面中心)位置应变衰减率达89.5%。

2）实际工程模拟分析

计算参数

部分应力解除数值模拟按井筒垂深10、30、50、70、90、110、130和150m深度计算。竖向荷载为井壁自重($p=\gamma H$ 计算)、开孔层位以上竖直附加力合力(计算20年)、井塔重量(按5000t计算)。外壁水平荷载按公式 $q=0.013H$ 计算。详细荷载值如表4-5所示。

表4-5　疏排水20年井壁荷载

开孔层位	1	2	3	4	5	6	7	8
井筒垂深/m	10	30	50	70	90	110	130	150
自重/MPa	0.26	0.78	1.30	1.82	2.34	2.86	3.38	3.90
井塔压力/MPa	2.2	2.2	2.2	2.2	2.2	2.2	2.2	2.2
附加力/MPa	0.61	2.47	4.30	7.18	10.26	12.68	16.64	20.15
竖向总压力/MPa	3.07	5.45	7.80	11.20	14.80	17.74	22.22	26.25
水平地压/MPa	0.13	0.39	0.65	0.91	1.17	1.43	1.69	1.95

材料参数：井壁材料统一取C35钢筋混凝土。

几何尺寸：内径3m，外径4m；取30°井壁建模，高度2m的井壁；开孔的实际深度为50mm，孔边间距分别为50mm、80mm和100mm三种情况。

边界条件：底部位移约束，井壁侧壁对称约束。

单元选取：采用Solid65混凝土单元模拟井壁。

模拟计算主要研究开孔后孔间竖向应力衰减率变化规律，所以不考虑混凝土的破坏，数值模拟中关闭了混凝土压碎选项。

网格划分

采用自由划分方式划分井壁网格，在开孔部位加密，模型网格如图4-1所示。

结果与分析

(1) 疏排水20年不同孔边间距竖向应力衰减规律。开孔后靠近孔边部位衰减程度大，中间部位衰减程度相对较小。为了和实测以及实际井壁开孔数据相对应，本次计算取两孔中间部位数据进行分析。三种孔边间距为50、80和100mm情况下，开孔前后井壁竖向应力值及其衰减率如表4-6、表4-7和表4-8所示。

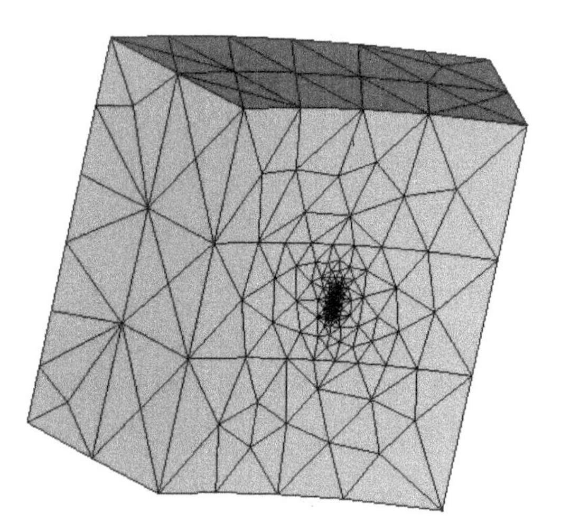

图 4-1 井壁模型网格

表 4-6 孔边间距为 50mm 时竖向应力衰减值和衰减率

井筒垂深/m	10	30	50	70	90	110	130	150
开孔前/MPa	−3.13	−5.56	−7.96	−11.43	−15.11	−18.18	−22.77	−26.80
开孔后/MPa	−1.36	−2.60	−3.84	−5.48	−7.21	−8.64	−10.45	−12.13
衰减率/%	56.5	53.2	51.8	52.1	52.3	52.5	54.1	54.7

表 4-7 孔边间距为 80mm 竖向应力衰减值和衰减率

井筒垂深/m	10	30	50	70	90	110	130	150
开孔前/MPa	−3.13	−5.56	−7.96	−11.43	−15.11	−18.18	−22.77	−26.80
开孔后/MPa	−1.79	−3.31	−4.83	−6.91	−9.10	−10.90	−13.30	−15.22
衰减率/%	42.8	40.5	39.3	39.5	39.8	40.0	41.6	43.2

表 4-8 孔边间距为 100mm 竖向应力衰减值和衰减率

井筒垂深/m	10	30	50	70	90	110	130	150
开孔前/MPa	−3.13	−5.56	−7.96	−11.43	−15.11	−18.18	−22.77	−26.80
开孔后/MPa	−2.23	−4.05	−5.85	−8.39	−11.07	−13.25	−16.34	−18.80
衰减率/%	28.7	27.1	26.5	26.6	26.7	27.1	27.8	29.9

各种孔边间距下，竖向应力衰减率随深度的变化规律如图 4-2 所示。

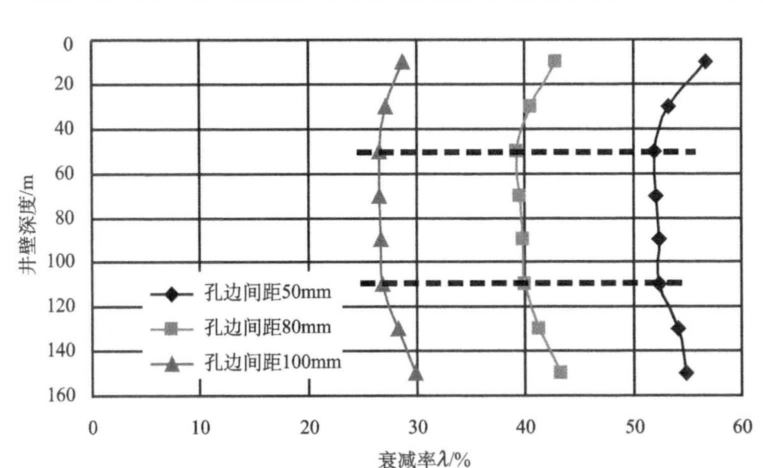

图 4-2　竖向应力衰减率随井壁深度变化图

不同孔间距条件下，竖向应力衰减率随井筒深度增加均呈减小——平稳——增大的规律(以图中的虚线作为分界线)。分析认为，由于井壁处于三向受力状态，其中地层围压不利于孔间竖向应力的衰减，而竖向荷载则有利于孔间应力衰减，随着井壁深度的增加，地层围压和竖向荷载均增大，但在某一深度处地层围压和竖向荷载必然有一种因素起主导作用。数值研究结果表明，地层疏排水 20 年后，井筒垂深 50m 以上井壁地层围压起主导作用，竖向应力衰减率随深度的增加而减小；井筒垂深 50～110m 范围内，地层围压和竖向荷载对开孔应力解除的影响作用相当，此时竖向应力衰减率基本保持不变；井筒垂深 110m 以下，竖向荷载起主导作用，竖向应力衰减率随深度增加而增加。另外，最大衰减率和最小衰减率差值较小，差值处于 5％内。衰减率与孔边间距有直接的关系，在同一疏排水时刻，两孔边间距大小决定了同一层位竖向应力衰减率的大小。

同一深度处，竖向应力衰减率与孔边间距的关系如图 4-3 所示，从图中可以看出，竖向应力衰减率随着孔边间距的增大呈非线性减小的趋势。这里对各个深度衰减曲线用二次函数进行拟合，拟合函数形式如式

$$\lambda = \alpha_1 D^2 + \alpha_2 D + \alpha_3 \tag{4-2}$$

式中，λ 为衰减率，D 为孔边间距，α_1、α_2 和 α_3 为拟合参数，拟合结果如表 4-9 所示。

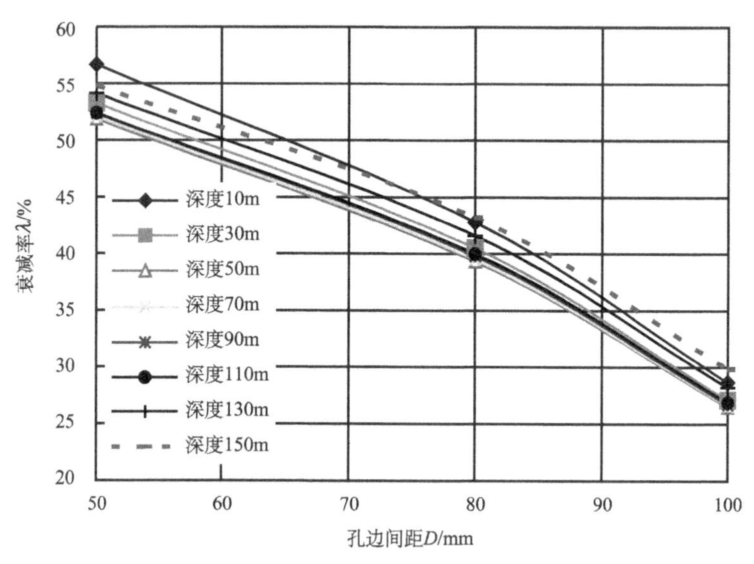

图 4-3　竖向应力衰减率与孔边间距的关系

表 4-9　各深度处衰减函数参数列表

深度/m	α_1	α_2	α_3
10	−0.0049	0.0168	0.604
30	−0.0049	0.0211	0.5491
50	−0.0044	0.016	0.5498
70	−0.0045	0.0166	0.5507
90	−0.0047	0.0193	0.5447
110	−0.0048	0.0217	0.5367
130	−0.005	0.0233	0.5499
150	−0.0056	0.0345	0.5158

(2) 孔边间距 80mm 不同疏排水时间竖向应力变化规律。为了验证上述不同深度处的地层围压和竖向荷载主导作用不同的理论，分别计算附加力增长 10 年和 30 年(关闭井壁混凝土破碎选项)时，孔边间距为 80mm 的情况，并与疏排水 20 年开孔的相应计算结果进行对比分析，其中各层位 10 年和 30 年附加力大小如表 4-10 所示，其他荷载如前所述。

表 4-10　10 年与 30 年井壁竖直附加力

开孔层位	1	2	3	4	5	6	7	8
井筒垂深/m	10	30	50	70	90	110	130	150
10 年附加力/MPa	0.30	1.23	2.15	3.69	5.13	6.34	8.32	10.07
30 年附加力/MPa	0.91	3.70	6.45	10.76	15.40	19.02	24.97	30.23

竖直附加力增长 10 年开孔后竖向应力衰减值和衰减率如表 4-11 所示，竖直附加力增长 30 年开孔后竖向应力衰减值和衰减率如表 4-12 所示，10 年、30 年沿深度竖向应力衰减率与 20 年情况对比示于图 4-4。

表 4-11　竖直附加力增长 10 年时竖向应力衰减值和衰减率

井壁深度/m	10	30	50	70	90	110	130	150
开孔前/MPa	−2.84	−4.32	−5.78	−7.77	−9.89	−11.66	−14.22	−16.54
开孔后/MPa	−1.65	−2.68	−3.70	−5.01	−6.38	−7.57	−9.18	−10.66
衰减率/%	41.9	38.0	36.0	35.6	35.5	35.1	35.4	35.5

表 4-12　竖直附加力增长 30 年时竖向应力衰减值和衰减率

井壁深度/m	10	30	50	70	90	110	130	150
开孔前/MPa	−3.45	−6.84	−10.233	−15.12	−20.44	−24.64	−31.18	−36.70
开孔后/MPa	−1.98	−4.04	−6.10	−8.98	−11.91	−14.02	−17.39	−19.90
衰减率/%	42.7	41.0	40.3	40.6	41.8	43.0	44.2	45.7

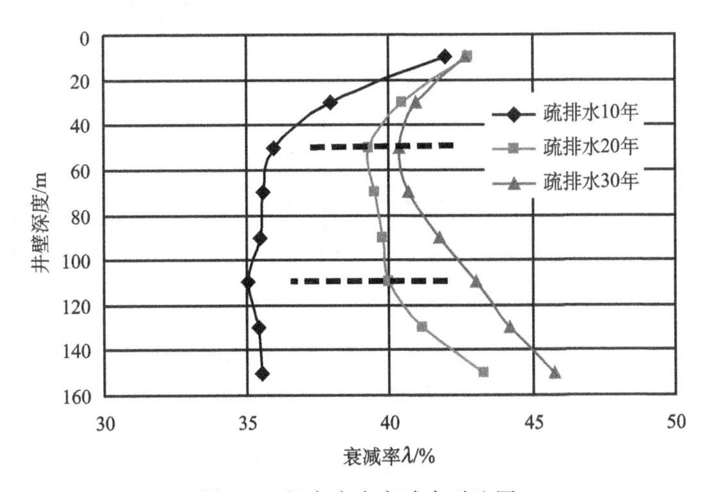

图 4-4　竖向应力衰减率对比图

从图 4-4 可以看出，附加力增长 10 年时，开孔后竖向应力衰减率随深度增加先减小后平稳，井筒垂深 70m 是其减小和平稳的分界点。附加力增长 30 年时，开孔竖向应力衰减率随深度增加先减小后直接增大，中间没有平稳阶段，并以 50m 作为减小和增加的分界点。附加力增长 20 年时开孔竖向应力衰减率随深度呈减少——平稳——增加的状态，其变化分界点分别为 50m 和 110m。由此可见，在疏排水初期，地层围压对开孔竖向应力衰减起主导作用，随着附加力的增加竖向荷载的主导作用明显。这也说明了，三向应力状态下井壁开孔竖向应力衰减由竖向荷载和地层围压共同作用决定。

同一层位处竖向应力衰减规律与疏排水时间的关系如图 4-5 所示。从图中可以看出，靠近地表的井壁(30m 以上)竖向应力衰减率随疏排水时间增长变化较小，这是由于井壁层位较浅，竖直附加力增长率较小，且竖直附加力作用面积少，导致该段井壁竖直附加力随疏排水时间增长的累积量相对较小，因此井壁竖向应力衰减率较小，表现为图中曲线(10m 和 30m 深度曲线)斜率较平缓。而井壁 30m 深度以下，随疏排水时间增长，井壁竖向应力衰减率显著增加，即图中曲线斜率变大。这是由于井壁深度较大时，竖直附加力增长率相对较大，井壁越深竖直附加力累积越大，开孔后竖向应力衰减率越大，这也直接说明了竖直附加力增大有利于开孔后竖向应力的衰减。

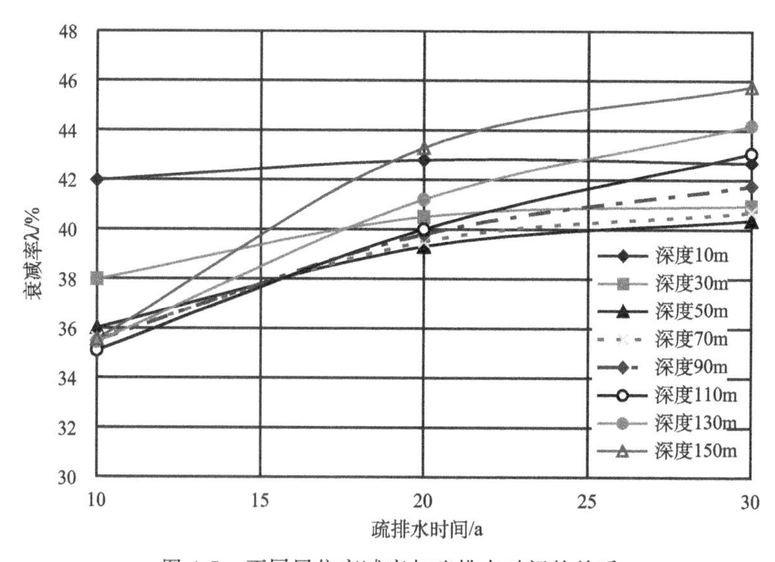

图 4-5 不同层位衰减率与疏排水时间的关系

综上所述，采用数值模拟方法研究了混凝土试块的单轴受压情况下，以及在井深的不同位置、不同孔边间距、不同疏排水时间下，开孔后竖直应力的衰减规律。

(1) 单轴压缩下混凝土试块开孔数值计算表明，竖向应力衰减率影响因素由主→次顺序分别为：孔径→孔数→孔距→孔深。孔边间距增加，两孔之间竖向应力衰减率减小；孔边间距减小，两孔之间竖向应力衰减率增加。两孔垂直于轴向压力的左右两侧，竖向应力会形成应力集中。

(2) 厚表土井壁疏排水 20 年期间，孔间竖向应力衰减率随深度增加呈减小——平稳——增大的趋势。竖向应力衰减率随着孔边间距的增大呈非线性减小的趋势，且符合二次函数变化规律。

(3) 厚表土井壁处于三向受压状态，孔间竖向应力衰减率受竖直附加力以及水平地压的影响，即受疏排水时间和井壁开孔层位的影响。竖直附加力的增加有利于竖向应力衰减率的增加，而水平地压的增加则不利于竖向应力衰减率的增加。疏排水早期，水平地压影响较竖直附加力大，而随着疏排水时间的增加，水平地压的影响减弱，竖直附加力的影响逐渐占主导地位。

(4) 靠近地表的井壁(30m 以上)，水平地压对竖向应力的衰减影响大于竖直附加力的影响；而 30m 以下井壁，竖直附加力对竖向应力衰减率影响大于水平地压的影响大。

数值模拟研究表明，采用双孔部分应力解除法测试结构物的既有应力是可行的，可根据钻孔设备条件，调整孔径等参数来获取理想的结果。对于有限元模拟结果，需要试验数据来验证，并结合试验结果进行综合分析。

4.1.4　部分应力解除法的试验验证

通过数值模拟研究可知，部分应力解除法用于测试井壁结构物的既有应力是可行的，并获得了一些定量结果。物理试验研究的目的是验证该方法的可操作性、稳定性与可靠性。

本书研究了单轴压缩条件下的部分应力解除法测试混凝土既有应力的规律，混凝土块体尺寸为 260mm×500mm×890mm，钻孔数为 2 个，孔间距 50mm，孔深 50mm，孔径 ϕ 为 50mm，如图 4-6 所示，典型试验结果如图 4-8 和图 4-9 所示；同时测试混凝土试块的抗压强度、弹模和泊松比，如图 4-7 所示。试验结果如表 4-13 和表 4-14 所示。

数值模拟和物理试验结果相互验证了部分应力解除方法的可行性。

综合考虑数值模拟分析和室内试验研究结果，根据广义胡克定律，选取衰减率 57%作为双孔部分应力解除法测试井壁混凝土既有应力大小的计算标准。

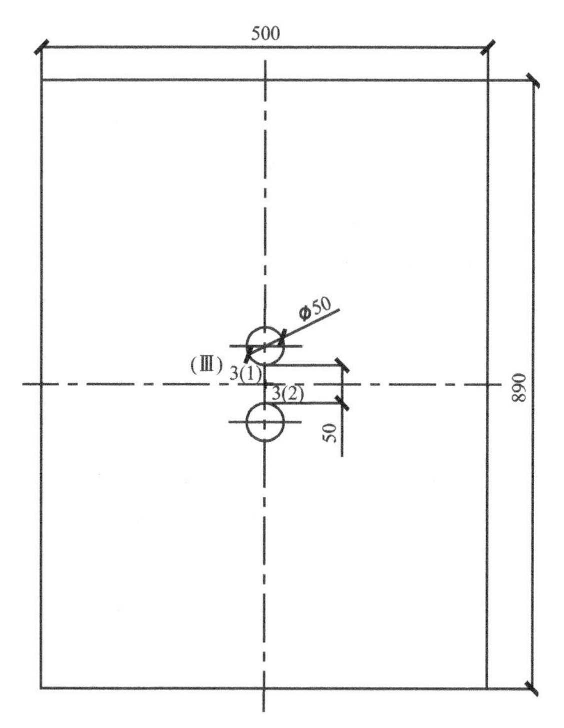

图 4-6　室内试验开孔位置示意图(单位：mm)

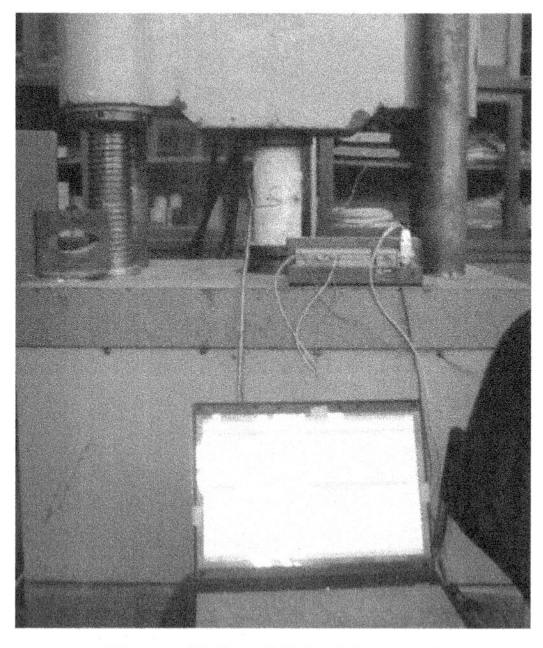

图 4-7　混凝土弹模与泊松比测试

表 4-13　混凝土试块泊松比计算表

竖向应变	横向应变1	泊松比μ_1	μ_1平均值	横向应变2	泊松比μ_2	μ_2平均值
−231	41	−0.18	0.22	33	−0.14	0.22
−257	21	−0.08		37	−0.14	
−282	22	−0.08		43	−0.15	
−301	24	−0.08		48	−0.16	
−320	52	−0.16		49	−0.15	
−338	43	−0.13		56	−0.17	
−357	49	−0.14		62	−0.17	
−374	87	−0.23		66	−0.18	
−391	65	−0.17		70	−0.18	
−407	74	−0.18		75	−0.18	
−424	87	−0.21		81	−0.19	
−441	95	−0.22		86	−0.20	
−454	109	−0.24		90	−0.20	
−469	98	−0.21		96	−0.20	
−484	100	−0.21		100	−0.21	
−501	112	−0.22		105	−0.21	
−516	111	−0.22		112	−0.22	
−533	131	−0.25		118	−0.22	
−551	156	−0.28		123	−0.22	
−566	151	−0.27		132	−0.23	
−583	139	−0.24		138	−0.24	
−601	167	−0.28		146	−0.24	
−621	154	−0.25		156	−0.25	
−652	186	−0.29		169	−0.26	
−659	192	−0.29		180	−0.27	
−678	173	−0.26		187	−0.28	
−702	202	−0.29		203	−0.29	
−728	192	−0.26		224	−0.31	
−753	213	−0.28		242	−0.32	
−774	217	−0.28		260	−0.34	

表 4-14　双孔部分应力解除法应变衰减率试验结果

试验编号	荷载/t	应变/με	开孔后应变增量/με	开孔后应变衰减率/%
1	35	73.1	45	61.6
2	70	146.2	93	63.6
3	105	219.3	134	61.1
4	40	83.5	51	61.1
5	80	167	110	65.9
平均				62.7

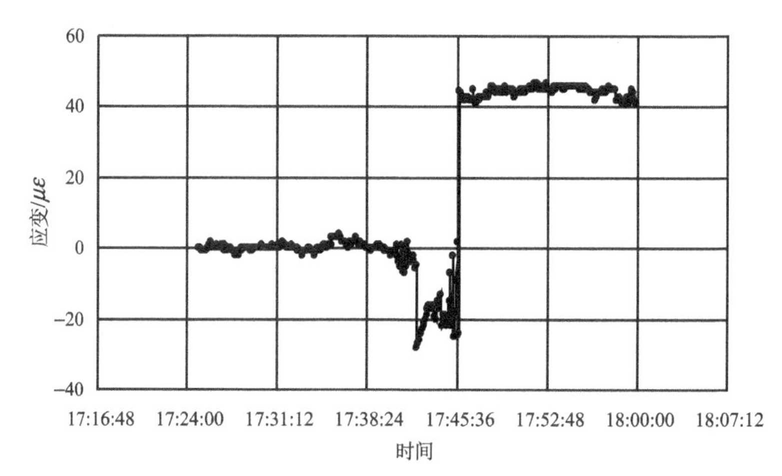

图 4-8　双孔部分应力解除试验中典型试验曲线(1)

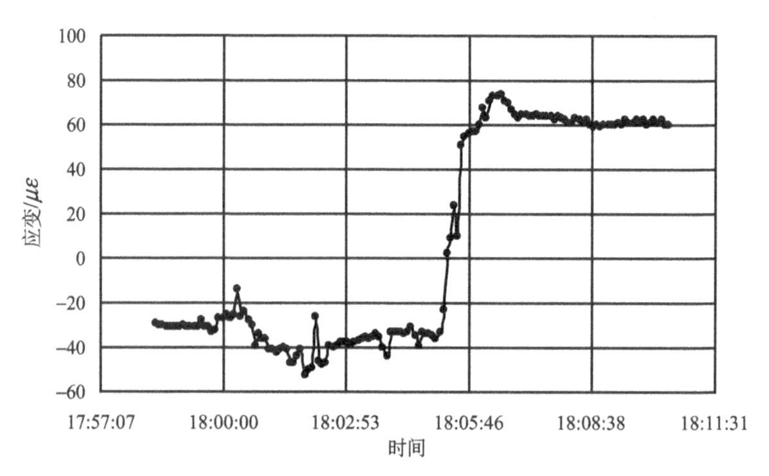

图 4-9　双孔部分应力解除试验中典型试验曲线(2)

4.2　井壁受力状态的双孔部分应力解除法实测

4.2.1　测试水平布置

在大屯矿区孔庄煤矿副井井筒，采用双孔部分应力解除法对井壁受力状态进行了现场实测研究。该方法针对处于弹性工作范围的井壁混凝土，在井壁内壁的设计位置按特定的孔径(50mm)、孔深(50mm)和孔间距(50mm)，钻两个孔，两孔上下排列，两孔中心连线为竖直方向，使两孔中间区域的应力得到部分解除，现场照片如图4-10所示。通过测取两孔中间位置的应变改变量，计算该处原有应力大小。

沿井筒竖直方向分别在垂深10m、30m、50m、70m、90m、110m、130m和150m位置布设了8个测试水平，现场测试井壁的应力大小。

4.2.2　测试仪器

(1) 开孔设备采用可调速混凝土空心钻，额定电压220V，额定频率50Hz，额定输入功率1350W，空载转速0～2300r/min，钻孔直径φ为50mm，净重6kg。

(2) 测试应变采用电阻应变片(应变花)；

(3) 数据采集由DATATAKER数采仪和笔记本电脑共同完成。

4.2.3　测试过程

(1) 准备好测试工具、材料测试、元件和DataTaker数采仪，并做好标记，保证下井贴片后各组件工作正常。

(2) 设计贴片及钻孔位置，在井壁表面绘出贴片及钻孔区域示意图。

(3) 搭建工作平台。

(4) 清洗井壁表面的测试区域。

(5) 贴片及钻孔位置定位。根据设计和现场条件，确定贴片及钻孔的位置。

(6) 涂硅胶。将硅胶涂抹于应变片及导线连接处，以防水和保护应变片。

(7) 采集初始数据。调试数据采集系统，测试2～3min的传感器初始数据。做好钻孔的准备。

(8) 钻孔与采集数据。按照选定的钻孔区域钻孔(孔深50mm；孔径50mm；孔间距50mm)，同时，间隔5s采集一次数据。

实施过程中需严格按定位区域钻孔，控制两孔之间的距离；严格控制打孔深度，保证在50mm左右，为此在钻头上做好标尺；钻孔时要保证钻头垂直于壁面(图4-10)。

两个钻孔结束后，持续采集数据约 5min，视数据稳定情况，结束本组测试。

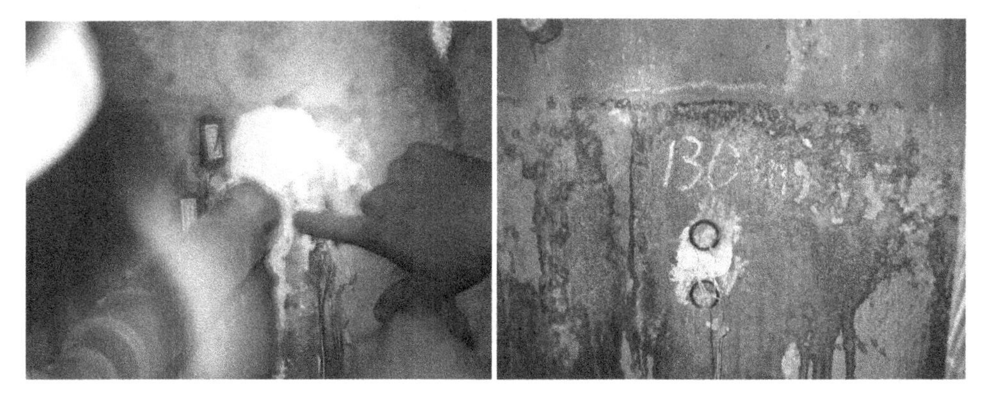

图 4-10 双孔部分应力解除现场实测井壁应力照片

4.2.4 实测结果及分析

采用部分应力解除法获得在开孔前后竖向和横向应变变化结果见图 4-11。

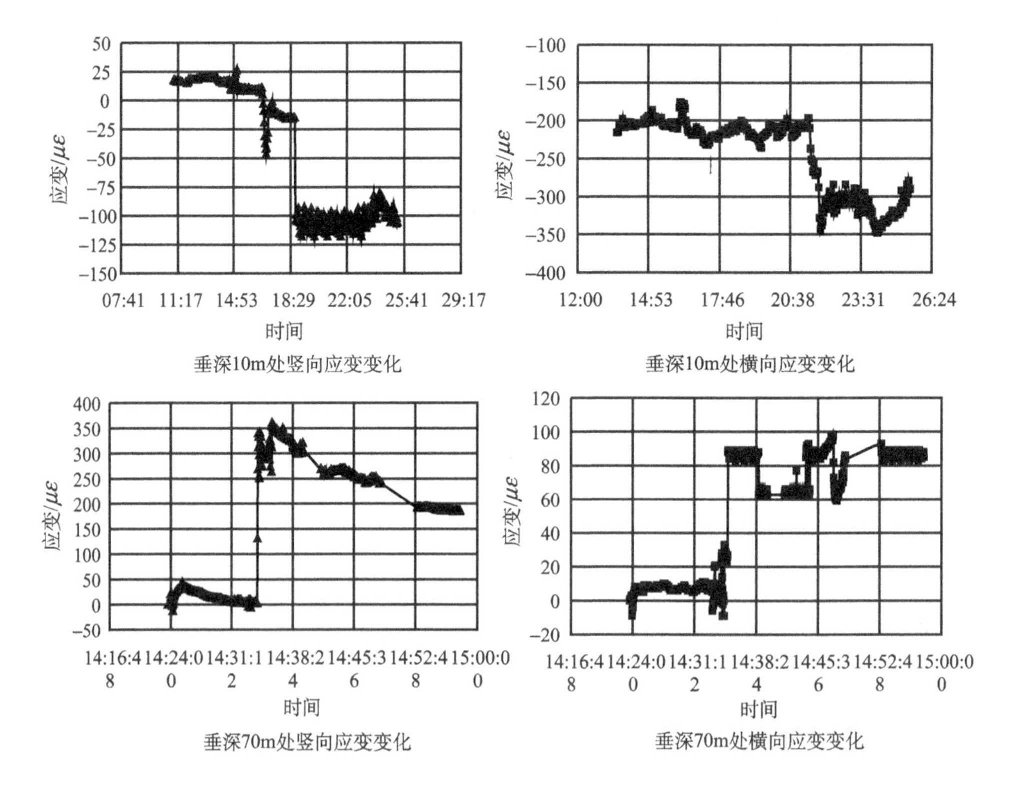

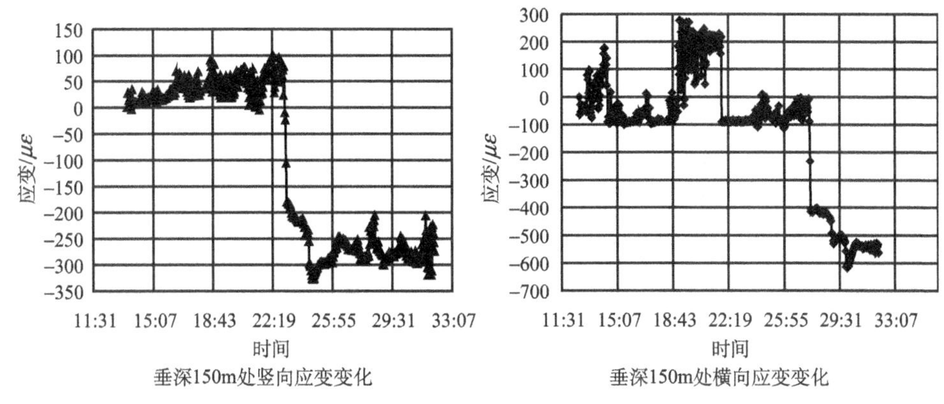

图 4-11　井筒垂深 10m、70m、150m 井壁开孔实测典型应变演化曲线

由图 4-11 获得井壁应变数据，根据部分应力解除法试验研究得到的应变衰减率，计算实际井壁竖向及横向应变如表 4-15 所示。根据前述已有研究成果得到井壁应变实测值，取 C30 混凝土弹模 3.3×10^4 MPa，井壁材料泊松比 $\mu=0.23$，按下式计算井壁内缘处的竖向及横向应力：

$$\sigma_z=\frac{E}{1-\mu^2}(\varepsilon_z+\mu\varepsilon_\theta)$$

$$\sigma_\theta=\frac{E}{1-\mu^2}(\varepsilon_\theta+\mu\varepsilon_z) \tag{4-3}$$

计算得井壁竖向及环向应力值见表 4-15，实测井壁内缘竖向和横向应力沿井筒深度的变化见图 4-12。

表 4-15　井壁应变现场测试结果

垂深/m	实测竖向应变/με	实际竖向应变/με	竖向应力计算/MPa	实测横向应变/με	实际横向应变/με	横向应力计算/MPa
10	113	199	8.21	91	159	7.13
30	110	193	7.43	50	88	4.61
50	163	287	11.27	91	159	7.83
70	200	351	13.25	73	128	7.27
90	222	389	14.77	87	153	8.44
110	147	258	9.88	64	112	5.96
130	142	249	10.82	153	268	11.33
150	323	566	25.47	410	719	29.58

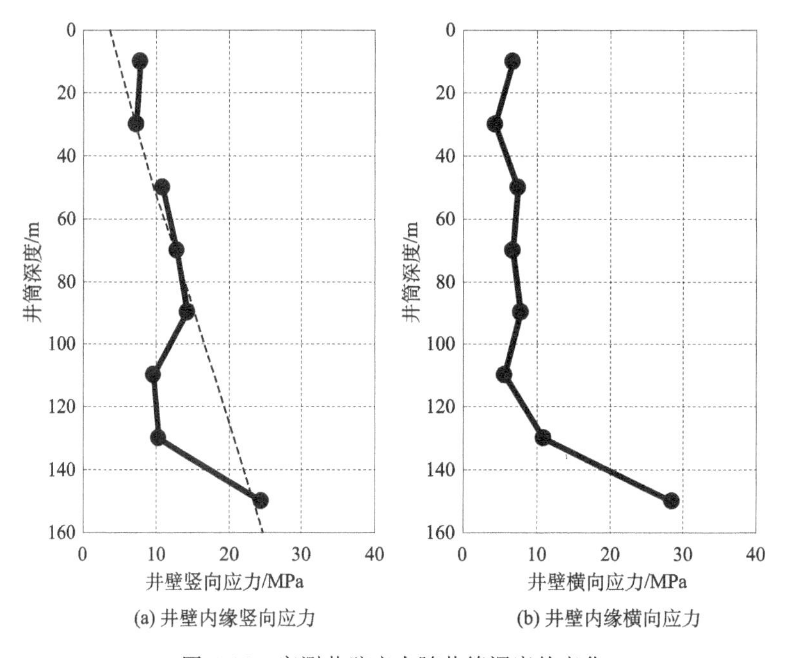

图 4-12　实测井壁应力随井筒深度的变化

分析图 4-12 可以看出，井壁内缘竖向应力总体上与井筒深度呈线性增加趋势，由于该井筒井壁在井深 140m 附近发生过井壁破裂，井壁承载能力明显下降，因此在相应深度位置的井壁竖向应力明显减小。与之相适应，井壁横向应力也在该部位发生了转折和变化。

从井壁内缘应力的大小分析，其受力组成主要包括井塔重量、井壁材料自重以及长期疏水造成的附加应力，即：

$$\sigma_z = \sigma_{zT} + \sigma_{zG} + \sigma_{zF} \tag{4-4}$$

式中，σ_z、σ_{zT}、σ_{zG} 和 σ_{zF} 分别为总的井壁竖向应力、由井塔重量、井壁自重以及井壁附加力造成的井壁竖向应力。

按井塔重量为 5000T 计算，$\sigma_{zT}=2.5\text{MPa}$，这与井壁竖向应力推演至地表附近的井壁竖向应力的实测值相吻合，如图 4-12(a)中的虚线所示。

按井壁材料重度 $\gamma=2.5\text{T/m}^3$ 计算，在井筒深度为 150m 处的竖向应力应为 $\sigma_{zG}=\gamma H=2.5\times150=375\text{T/m}^2$，即 $\sigma_{zG}=3.75\text{MPa}$。

根据大量模型试验和理论分析成果，结合孔庄矿副井穿过的地层特征，井壁附加力按 $f_n=90\text{kPa}$ 计算，假设附加力造成的井壁竖向应力在井筒横截面上均匀分布，则井壁附加力累加在 150m 深井壁处的竖向应力为：

$$\sigma_{zF}=\frac{f_n A_1}{A_2} \tag{4-5}$$

式中，A_1、A_2 分别为井筒外侧面积和横截面积。计算可得 $\sigma_{zF}=17.35\text{MPa}$。

计算可得 150m 深处总的井壁竖向应力应为：$\sigma_z=\sigma_{zT}+\sigma_{zG}+\sigma_{zF}=2.5+3.75+17.35=23.6\text{MPa}$，与采用双孔部分应力解除法获得的 25.47MPa 基本吻合。

从上述分析计算可以看出，井壁附加力造成的竖向应力为竖向总应力的主要组成部分。

4.3　井壁材料强度的回弹无损检测

4.3.1　概述

自 1948 年瑞士施米特(E. Schmidt)发明回弹仪，回弹法的应用已经有 61 年的历史，我国于 20 世纪 50 年代中期采用回弹法测定现场混凝土强度，目前回弹法已经成为我国应用最广泛的无损检测方法之一。

回弹法是用一弹簧驱动的重锤，通过弹击杆(传力杆)，单击混凝土表面，并测出重锤被反弹回来的距离，以回弹值(反弹距离与弹击锤冲击长度之比)作为与强度相关的指标，来推定混凝土强度的一种方法(图 4-13)。

混凝土的抗压强度和回弹值之间并不完全一致，回弹法检测混凝土的强度受水泥、骨料、外加剂等原材料，成型方法，养护方法及温度，以及碳化及龄期的影响。

4.3.2　测试水平布置

在孔庄副井井筒垂深 10m、30m、50m、70m、90m、110m、130m 和 150m 位置布设了 8 个测试水平，进行了井壁内壁混凝土的回弹测试工作，通过分析竖向不同测试水平井壁混凝土的回弹值大小及其变化情况，来了解与掌握井壁的工作状况及强度性能。

4.3.3　测试结果及分析

表 4-16 是孔庄副井井筒井壁回弹测试数据，依据规范处理数据，删除了最大三个数据和最小三个数据，考虑了混凝土碳化深度的影响，对于老井，没有考虑混凝土龄期的影响。

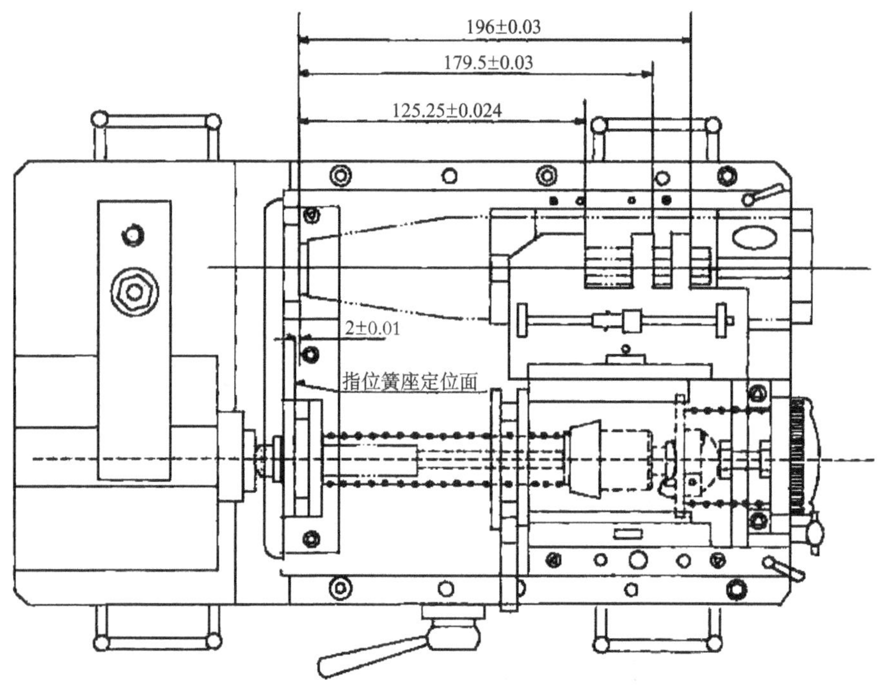

图 4-13　回弹法原理示意图

表 4-16　孔庄副井井筒井壁回弹测试数据

井筒垂深/m	回弹测量值								平均值	碳化深度/mm	混凝土强度/MPa
10	3	45	40	48	37	45	43	49	42.0	2	37.6
	51	36	34	40	41	50	45	42			
30	43	50	45	41	44	43	39	41	43.0	2	39.4
	40	42	43	40	51	47	40	43			
50	39	38	41	35	38	41	42	36	40.6	2	35.4
	45	40	44	42	45	40	47	39			
70	40	42	48	36	45	42	34	40	41.0	2.5	34.8
	39	40	37	43	41	40	43	45			
90	35	40	41	36	40	37	36	41	39.9	2.5	33.1
	33	42	38	50	43	41	44	48			
110	49	40	34	46	44	37	41	40	40.3	3	35.3
	35	39	44	41	38	40	43	35			

续表

井筒垂深/m	回弹测量值								平均值	碳化深度/mm	混凝土强度/MPa
130	36	38	42	39	38	42	40	32	38.5	3	29.9
	43	48	41	34	33	35	37	39			
150	41	37	40	36	34	38	37	36	36.7	3	27.3
	35	32	38	41	35	34	40	35			

图 4-14 是回弹法测得混凝土强度沿深度的变化规律。

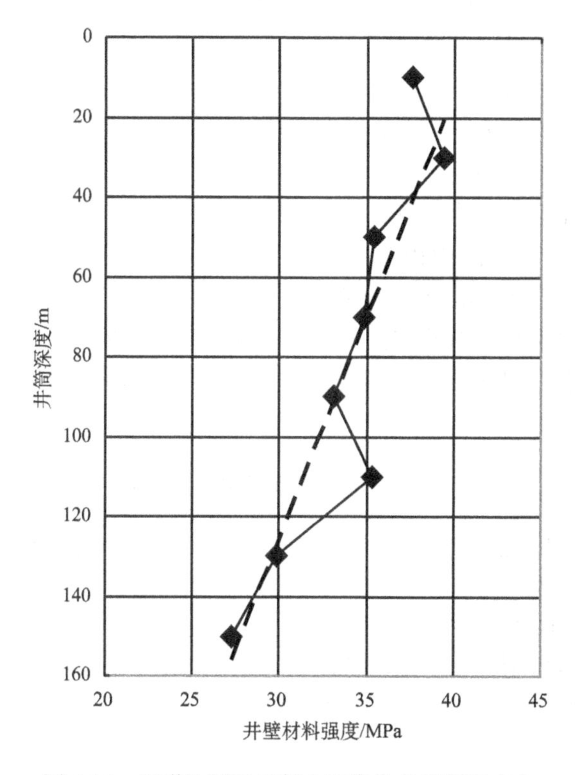

图 4-14 回弹法测得混凝土强度沿井筒深度变化

对实测结果进行线性回归，得到混凝土材料强度随深度的变化关系式：

$$\sigma_s = -0.0895H + 41.26 \tag{4-6}$$

回归相关系数为 0.809，为高度显著。

从图中可以看出，混凝土强度沿着深度的降低率为 0.0895MPa/m。

对于不同配比、不同原料、不同养护条件及强度等级的混凝土有所不同，但是井壁材料混凝土强度随深部的相对变化规律显示深部井壁材料的强度小于浅部，如果忽略深部与浅部井壁混凝土材料及施工工艺方面的差异，则测试结果表明深部井壁长期受有高水平压力和高附加竖向应力，造成井壁中可能存在微裂隙或微损伤，对材料强度起到了显著的弱化作用。基于此，在井壁安全评价、计算中必须考虑这一因素。

4.4 小　　结

本章针对厚表土井壁受力状态现场实测研究的问题，开展了以下主要工作：

（1）在应力解除法基础上，提出了适应于井筒工况条件的井壁应力原位测试新方法——“双孔部分应力解除法”，并进行了数值模拟和物理试验研究，证实了该方法的可行性和可靠性；

（2）采用双孔部分应力解除法在孔庄副井进行了井壁应力的现场实测研究。获得了井筒垂深 150m 范围内，井壁内缘应力的空间分布情况。实测获得的 25.47MPa 与计算值 23.6MPa 基本吻合；

（3）采用无损回弹法对孔庄副井井筒垂深 150m 范围进行了井壁混凝土强度的现场实测，获得了井壁强度沿井深的变化规律，混凝土强度沿着深度的降低率为 0.0895MPa/m。

主要参考文献

[1] 中国矿业大学，中煤集团大屯公司. 大屯矿区井筒井壁安全综合监测系统研究及应用项目鉴定材料[Z]，2005.

[2] 魏善斌等，套筒致裂井壁应力测试[J]. 建井技术，1997，2(2)：25-27.

[3] 李波. 超声回弹综合法检测混凝土强度试验研究[D]. 西安理工大学，2010.

[4] 孙林柱，郭义奎，邓欣. 立井井筒砼强度的超声回弹综合法测试[J]. 中州煤炭，1996，(3)：32-34.

[5] 中国建筑科学研究院. 普通混凝土力学性能试验方法标准(GB/T50081-2002)[S]. 北京：中国建筑工业出版社，2003.

[6] 国家建筑工程质量监督检验中心主编. 混凝土无损检测技术[M]. 北京：中国建材工业出版社，1996.

[7] 侯宝隆，蒋之峰编译. 混凝土的非破损检测[M]. 北京：地震出版社，1992

[8] A. K. H. Kwan. Y. B. cai，H. C. Chan. Development of Very High Strength Concrete for HongKong[J]. Hong Kong Transaction，vol. 1，No. 2.

[9] 罗兴盛. 混凝土无损检测技术开发及应用研究[D]. 重庆大学硕士学位论文，2008

[10] 中国建筑科学研究院. 超声回弹综合法检测混凝土强度技术规程(JGJ/T23-2011)[S]. 北京：中国建筑工业出版社，2011.

[11] 吴蓉. 商品混凝土回弹法测强曲线的研究[D]. 郑州大学，2004.

[12] Zhou Guoqing，Cui Guangxin，Lü Henglin，et al. Simulation study on reinforcing overburden to prevent and cure the ruptureof shaft lining[J]. Journal of China University of Mining & Technology，1999，9(1)：1-7.

第5章　井壁强度特征演变及可靠性分析

5.1　井壁回弹测强及可靠性分析原理

准确判断井壁现有强度状况，将井壁破裂指标定量化具有重要实践意义。本章将在回弹法测试井壁混凝土强度和可靠度分析基本原理基础上，给出在回弹测强基础上的井壁可靠性分析思路，为回弹法在井壁混凝土强度测试中的应用和井壁破裂预警提供参考依据。

5.1.1　回弹法的基本原理

回弹法是通过弹击混凝土表面来测试混凝土强度的一种方法，因此属于表面硬度法的一种。其原理主要是通过一弹簧驱动的重锤，使弹击杆(传力杆)弹击混凝土表面，并测出重锤被反弹回来的距离，以回弹值(反弹距离与弹簧初始长度之比)作为与强度相关的指标，来推算混凝土强度的一种方法。回弹值的大小主要取决于重锤在弹击混凝土表面后所获得的回弹能量，回弹值可通过刻度尺上的指针指示位置读出。回弹仪的关键部件是用来提供弹击能量的拉簧，拉簧技术指标应当符合规范要求，而且其长度应经常进行校正，以保证测试结果的准确性。

回弹法测定混凝土强度的前提基础是，回弹值与混凝土表面硬度以及混凝土表面硬度与其强度之间具有一定的相关性。即依据材料的回弹值与混凝土实测抗压强度建立的相关关系，或通过混凝土测强曲线推算混凝土的极限抗压强度。一般来讲，低强度等级的混凝土测得回弹值要小，高强度等级混凝土回弹值大。

当回弹仪重锤被拉到弹击前的初始状态时，若设重锤的质量等于1，则这时重锤所具有的势能 e 为

$$e=\frac{1}{2}nl^{2} \tag{5-1}$$

式中，n 为弹簧的弹性系数；l 为弹簧的起始拉伸长度。

混凝土受到回弹仪弹击后产生一定的应变或变形，但其会马上恢复，并将回弹仪弹回，当回弹仪的弹击杆被弹回时，若设其拉伸长度为 x，则此时回弹仪所具有的能量 e_x 为

$$e_x=\frac{1}{2}nx^{2} \tag{5-2}$$

式中，x 为重锤反弹位置或重锤弹回时弹簧的拉伸长度。

所以，回弹仪在弹击混凝土过程中，所消耗的能量 Δe 为

$$\Delta e = e - e_x = \frac{1}{2}nl^2 - \frac{1}{2}nx^2 = e\left[1 - \left(\frac{x}{l}\right)^2\right] \tag{5-3}$$

令 $R = x/l$，在回弹仪中 l 是固定不变的，而 x 是根据回弹能量的大小而不断变化的，所以与 R 成正比关系，并称 R 为回弹值。将 R 代入式(5-3)可得：

$$R = \sqrt{1 - \frac{\Delta e}{e}} = \sqrt{\frac{e_x}{e}} \tag{5-4}$$

从式(5-4)中可知，回弹值 R 等于重锤的回弹能量与弹击混凝土以前初始能量之比的平方根。因此，回弹值 R 直接体现的是回弹仪弹击混凝土前后的能量损失大小。

通过上述原理可知，回弹值与混凝土极限抗压强度 f_{cu} 之间有着密切相关的联系。在回弹法的应用中，目前均采用试验回归拟合的方法，建立混凝土强度 f_{cu} 与回弹值 R 之间的一元函数关系，或建立混凝土强度 f_{cu}、回弹值 R 和碳化深度 d_m 之间的二元函数公式。这些回归公式大都采用直线式、幂函数式和抛物线式等方程形式根据大量试验结果采用最小二乘法进行回归拟合，选择其中相关系数较大者作为实用经验公式。

5.1.2　结构可靠性分析的基本原理

在工程结构设计和评估过程中，需要计算结构的能力和对结构的要求，但工程结构包含固有的不确定性。这些不确定性一方面是，结构本身材料物理性质的不确定性和结构的几何尺寸由于制作技术水平的限制带来的随机误差；另一方面是，工程结构所面对的来自自然环境和人为施加的作用中含有的更强的不确定性。为保证结构的安全可靠，从结构的组成材料、使用条件和赋存环境、施工工艺等方面研究可能存在的各种随机不确定性，并利用适当的数学方法，将这些不确定性与结构的安全性和可靠性联系起来，即为结构的可靠性理论。

结构的负荷能力、适用性能、耐久性能等统称为结构功能。结构功能通常以极限状态为标志，结构到达它不能完成预定功能之前的一种特殊状态，即为临界状态，称为结构的极限状态。极限状态可用结构的功能函数予以精确表达。

设(x_1，x_2，…，x_n)为描述结构的功能的基本变量，则结构功能可用如下的功能函数表示：

$$Z = g(x_1, x_2, \cdots, x_n) \tag{5-5}$$

一般而言，描述结构状态的基本变量(x_1，x_2，…，x_n)按其属性，可归为

两个基本变量，即荷载效应(或应力)随机变量 S 和结构抗力(或强度)R，于是有

$$R = R(x_{R_1}, x_{R_2}, \cdots, x_{R_i}) \tag{5-6}$$

$$S = S(x_{S_1}, x_{S_2}, \cdots, x_{S_j}) \tag{5-7}$$

式中，x_{R_i} 为与结构抗力或强度有关的量，如结构尺寸、材料性质、裂纹等；x_{R_j} 为与荷载效应或应力有关的量，如力、力矩、温度等。

经过上述简化后，便将多个随机变量的问题变为两个综合随机变量的问题，则结构的功能函数可简写为

$$Z = g(R, S) = R - S \tag{5-8}$$

由式(5-8)可以看出，结构在使用期间可能出现三种情况：

$Z = R - S > 0$ 表明结构满足功能要求处于可靠状态；

$Z = R - S < 0$ 表明结构不满足功能要求，处于失效或破坏状态；

$Z = R - S = 0$ 表明结构处于极限状态。

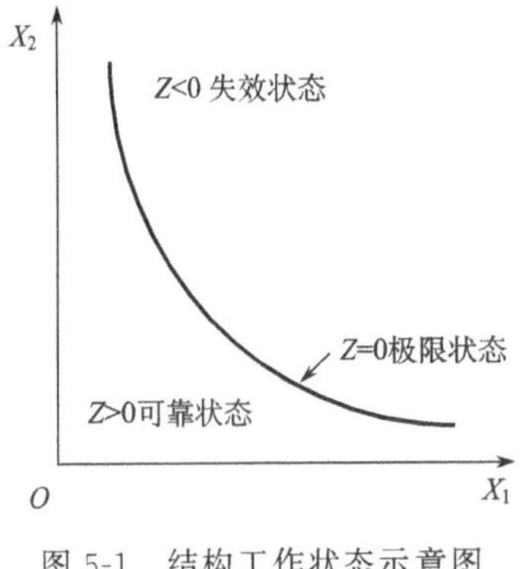

图 5-1　结构工作状态示意图

在直角坐标系中，结构在使用期间可能出现的状态可用图 5-1 表示。极限状态是判定结构可靠与否的界限，一般情况下，结构的极限状态又可分为承载能力极限状态、正常使用极限状态和条件极限状态。

结构的可靠度是评价结构可靠性的指标，定义为在规定的时间内和规定的条件下，结构完成预定功能的概率，用 P_r 表示。如果结构不能完成预定的功能，则称相应的概率为结构的失效概率，用 P_f 表示。

通常可以假设结构的抗力 R 和作用在结构上的荷载效应 S 是两个独立的随机变量，且服从某种分布形式。另设荷载 S 和抗力 R 为连续型随机变量，其概率密度函数分别为 $f_S(S)$ 和 $f_R(R)$，则如果结构构件的抗力 R 小于作用在其上的荷载效应 S 就认为该构件发生失效。结构构件的失效概率可表示为

$$P_f = \mathrm{G}(R - S) \leqslant 0 \tag{5-9}$$

式中，G(·)为结构的功能函数。

上述可靠度计算问题可归结为如下多元变量区域积分问题

$$P_f = \int_{G(\boldsymbol{X}) \leqslant 0} f_{\boldsymbol{X}}(\boldsymbol{x}) \mathrm{d}\boldsymbol{x} \tag{5-10}$$

式中，$\boldsymbol{X}$ 为基本变量向量，$f_{\boldsymbol{X}}(\boldsymbol{x})$为基本变量的联合分布密度函数。

可靠度计算式(5-10)的多元变量区域积分问题比较特殊，主要表现为功能函数 G($\boldsymbol{X}$)比较复杂，而且可能是显式的，也可能是隐式的，如果为隐式则难以用

应积分进行计算。因此，在工程中多采用近似方法进行计算，为此引入了结构可靠度指标的概念。

假设随机变量 R 和 S 都服从正态分布，如图 5-2(a)所示，其平均值和标准差分别为 μ_R、μ_S 和 σ_R、σ_S，且极限状态方程 $Z=R-S=0$。则由概率论知识可知，Z 也服从正态分布，其平均值和标准差分别为 $\mu_Z=\mu_R-\mu_S$ 和 $\sigma_Z=\sqrt{\sigma_R^2+\sigma_S^2}$。则可得结构的失效概率为

$$P_f=P(Z<0)=\int_{-\infty}^{0}\frac{1}{\sqrt{2\pi}\sigma_Z}\exp\left[-\frac{(z-\mu_Z)^2}{2\sigma_Z^2}\right]\mathrm{d}Z \tag{5-11}$$

如果将 Z 的正态分布 $N(\mu_Z, \sigma_Z)$ 转换为标准正态分布 $N(0, 1)$，引入标准化随机变量 $t(\mu_t=0, \sigma_t=1)$，如图 5-2(b)，则转化后结构的失效概率可表示为

$$P_f=\int_{-\infty}^{-\frac{\mu_Z}{\sigma_Z}}\frac{1}{\sqrt{2\pi}}\exp\left[-\frac{t^2}{2}\right]\mathrm{d}t=1-\Phi\left(\frac{\mu_Z}{\sigma_Z}\right)=\Phi\left(-\frac{\mu_Z}{\sigma_Z}\right) \tag{5-12}$$

现引入可靠度指标 β，并令

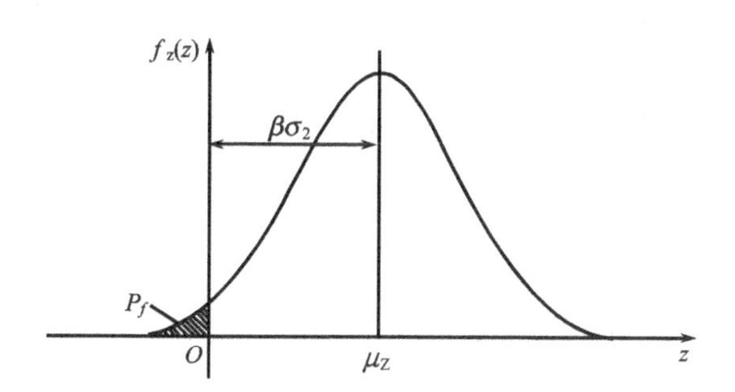

(a) 一般正态分布条件下可靠度指标

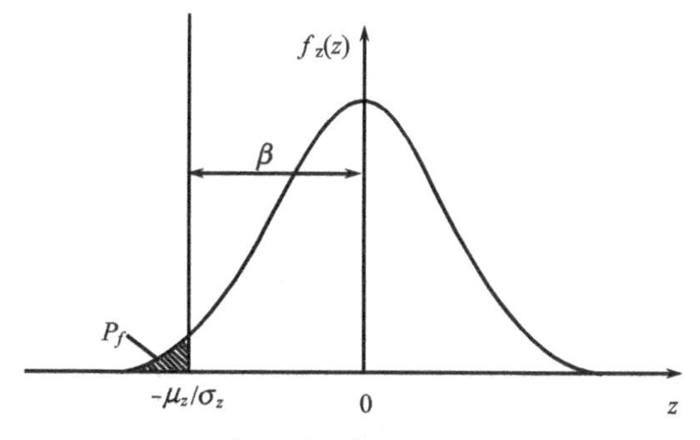

(b) 标准正态分布条件下可靠度指标

图 5-2　失效概率与可靠度指标的关系

$$\beta=\frac{\mu_Z}{\sigma_Z}=\frac{\mu_R-\mu_S}{\sqrt{\sigma_R^2+\sigma_S^2}} \tag{5-13}$$

则可得失效概率

$$P_f=\Phi(-\beta) \tag{5-14}$$

以上各式是在假定荷载效应和结构抗力两个随机变量相互独立的条件下得到的。若荷载与抗力是相关情况，则由式(5-13)表达的可靠度指标可取为如下形式：

$$\beta=\frac{\mu_R-\mu_S}{\sqrt{\sigma_R^2+\sigma_S^2-2\rho\sigma_R\sigma_S}} \tag{5-15}$$

从上述分析可以看出，由可靠度指标可以直接求出结构的失效概率，不需要复杂的积分计算，只要知道随机变量的均值和方差即可。由图5-2可以看出，β与P_f存在着一一对应关系。功能函数为某一概率密度函数$f_z(z)$时，由$\beta=\mu_Z/\sigma_Z$可知，当σ_Z为常量时，β只随均值μ_Z而变。当β增大时会使概率密度曲线由于μ_Z的增加而向右移动，即P_f将变小，结构可靠概率增大。

可靠度指标β是在随机变量为正态分布的条件下得出的，但在实际工程中结构参数并不都是正态随机变量，因此往往需要先采用一定的方法将非正态随机变量正态化，再依据上述原理进行结构可靠度分析。

5.1.3　可靠度计算方法

可靠度计算方法一定程度上决定着计算结果的精度和效率，尤其是对于大型复杂结构来说，采用不同的方法往往会对计算结果的精度和效率产生较大影响，因此进行结构可靠度分析时选用合适的方法是非常重要的。目前，在结构可靠度分析理论中，应用较多的主要有一次二阶矩中心点法、设计验算点法、蒙特卡罗法和响应面法等。一次二阶矩是可靠度理论计算的基础，设计验算点法又称JC法，是国际安全度联合委员会推荐使用的方法。

1) 中心点法

中心点法是结构可靠性理论研究初期提出的一种分析方法。该方法的基本思想是首相将功能函数线性化，即将功能函数$Z=g(X_1, X_2, \cdots, X_n)$展开成Taylor级数，并保留线性项，利用随机变量$X_i(i=1, 2, \cdots, n)$的一阶矩(均值)和二阶矩(方差)计算Z的均值μ_Z和标准差σ_Z，从而计算结构的可靠度指标，因此又称为一次二阶矩法。当基本变量为非独立和非正态变量时，需要作相应的处理。

设有 n 个随机变量 $X_i(i=1, 2, \cdots, n)$为结构某一功能函数的独立、正态随机变量，其功能函数为：

$$Z=g(X_1, X_2, \cdots, X_n) \tag{5-16}$$

将功能函数的基本变量 $X_i(i=1, 2, \cdots, n)$在其均值点 μ_{Xi} 处，展开成 Taylor 级数，保留线性项，则有

$$Z \approx g(\mu_{X_1}, \mu_{X_2}, \cdots, \mu_{X_n})+\sum_{i=1}^{n} \left.\frac{\partial g}{\partial X_i}\right|_{\mu Xi}(X_i-\mu_{X_i}) \tag{5-17}$$

根据式(5-17)计算功能函数 Z 的均值 μ_Z 和方差 σ_Z：

$$\mu_Z=g(\mu_{X_1}, \mu_{X_2}, \cdots, \mu_{X_n}) \tag{5-18}$$

$$\sigma_Z=\left[\sum_{i=1}^{n}\left(\left.\frac{\partial g}{\partial X_i}\right|_{\mu Xi}\sigma_{X_i}\right)^2\right]^{\frac{1}{2}} \tag{5-19}$$

则结构可靠度可表示为

$$\beta=\frac{\mu_Z}{\sigma_Z}=\frac{g(\mu_{X_1}, \mu_{X_2}, \cdots, \mu_{X_n})}{\left[\sum_{i=1}^{n}\left(\left.\frac{\partial g}{\partial X_i}\right|_{\mu Xi}\sigma_{X_i}\right)^2\right]^{\frac{1}{2}}} \tag{5-20}$$

中心点法概念清晰明确，计算步骤简明，分析问题方便灵活。当已知随机变量 $\boldsymbol{X}$ 的均值和方差时，可用此法方便的估计可靠度指标。但中心点法不能考虑随机变量的实际分布，对非线性极限状态函数，在均值出按泰勒级数展开和取线性项，计算误差可能会较大。而且此法对相同意义但不同形式的极限状态方程，可能会给出不同的可靠度指标。

2）验算点法(JC 法)

验算点法是在中心点法的基础上，通过改进选取线性化点的位置提出的。它将功能函数的线性化 Taylor 展开点选在失效面上，同时又能考虑基本随机变量的实际分布，从根本上解决了中心点法不能考虑随机变量实际分布的问题，故又称为改进的一次二阶矩法。

设结构的极限状态方程为：

$$Z=g(\boldsymbol{X})=0 \tag{5-21}$$

设 $\boldsymbol{x}^*=(x_1^*, x_2^*, \cdots, x_n^*)^{\mathrm{T}}$ 为极限状态面上一点，即 $g(\boldsymbol{x}^*)=0$，则在点 $\boldsymbol{x}^*$ 处将功能函数按 Taylor 级数展开并取至一次项，有

$$Z=g(\boldsymbol{x}^*)+\sum_{i=1}^{n}\left.\frac{\partial g}{\partial X_i}\right|_{x^*}(X_i-x^*) \tag{5-22}$$

在随机变量 $\boldsymbol{X}$ 空间，式(5-22)对应极限状态面为过 $\boldsymbol{x}^*$ 处的极限状态面的切平面。利用相互独立正态分布随机变量线性组合的性质，则 Z 的均值和标准差

分别为

$$\mu_Z = g(\boldsymbol{x}^*) + \sum_{i=1}^{n} \frac{\partial g}{\partial X_i}\bigg|_{x^*} (\mu_{xi} - x_i^*) \tag{5-23}$$

$$\sigma_Z = \sqrt{\sum_{i=1}^{n} \left(\frac{\partial g}{\partial X_i}\bigg|_{x^*} \sigma_{X_i} \right)^2} \tag{5-24}$$

将式(5-23)和式(5-24)代入式可靠度指标计算公式即可得正态分布随机变量的验算点法可靠度计算表达式为

$$\beta = \frac{\mu_Z}{\sigma_Z} = \frac{g(\boldsymbol{x}^*) + \sum_{i=1}^{n} \frac{\partial g}{\partial X_i}\Big|_{x^*} (\mu_{xi} - x_i^*)}{\sqrt{\sum_{i=1}^{n} \left(\frac{\partial g}{\partial X_i}\Big|_{x^*} \sigma_{X_i} \right)^2}} \tag{5-25}$$

令 Y_i 为 X_i 的标准化随机变量，即

$$Y_i = \frac{X_i - \mu_{xi}}{\sigma_{X_i}} \tag{5-26}$$

将式(5-22)对应的极限状态方程用 Y_i 改写，并用式(5-24)遍除后将可靠度指标 β 代入后整理可得到

$$-\beta - \frac{\sum_{i=1}^{n} \left(\frac{\partial g}{\partial X_i}\Big|_{x^*} \sigma_{X_i} \right)}{\sqrt{\sum_{i=1}^{n} \left(\frac{\partial g}{\partial X_i}\Big|_{x^*} \sigma_{X_i} \right)^2}} Y_i = 0 \tag{5-27}$$

定义变量 X_i 的灵敏度系数为

$$\alpha_{X_i} = -\frac{\frac{\partial g_X(x^*)}{\partial X_i} \sigma_{X_i}}{\sqrt{\sum_{i=1}^{n} \left[\frac{\partial g_X(x^*)}{\partial X_i} \sigma_{X_i} \right]^2}} \tag{5-28}$$

则式(5-27)可写成

$$\sum_{i=1}^{n} \alpha_{X_i} Y_i - \beta = 0 \tag{5-29}$$

在原 $\boldsymbol{X}$ 空间中的 x^* 对应标准正态随机变量 $\boldsymbol{Y}$ 空间中的点 y^*，称为验算点。式(5-29)表示在 $\boldsymbol{Y}$ 空间内极限状态面在 y^* 点处线性近似平面。以二维随机变量空间为例，如图 5-3 所示，式(5-29)表示通过 y^* 点的极限状态面。可以证明从原点 O 做极限状态面的法线，刚好通过 y^* 点。法线方向余弦为 $\cos\theta_{Yi}$ 等于灵敏度系数，即 $\cos\theta_{Yi} = \alpha_{Xi}$。计算可得，$y^*$ 到原点的距离为 β，因此，可靠度指标 β 就是标准化正态空间中坐标原点到极限状态面的最短距离。

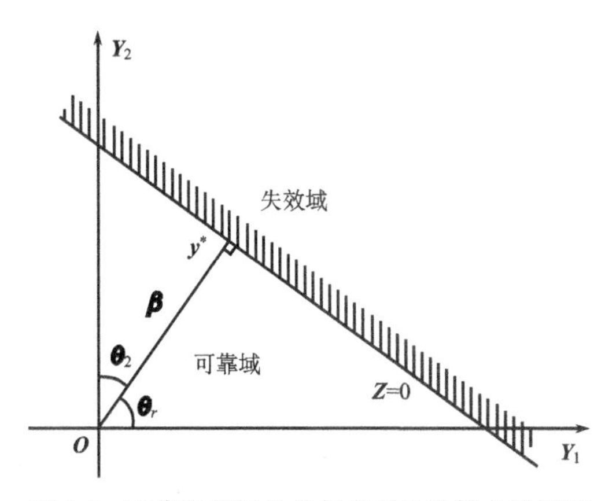

图 5-3　可靠度指标的几何意义及验算点示意图

由上图可看出验算点在 **Y** 空间中的坐标为：

$$y_i^* = \beta\cos\theta_{Y_i} = \beta\alpha_{X_i}(i=1,\ 2,\ \cdots,\ n) \tag{5-30}$$

则在原始 **X** 空间中的坐标为：

$$x_i^* = \mu_{X_i} + \beta\alpha_{X_i}\sigma_{X_i}(i=1,\ 2,\ \cdots,\ n) \tag{5-31}$$

通过上述验算点法的原理可以看出，当自变量为独立正态分布随机变量时，用验算点法求解 β 和 x^* 的计算步骤为：

(1) 假定初始验算点 $\boldsymbol{x}^*$，一般设 $\boldsymbol{x}^* = \boldsymbol{\mu}_X$；

(2) 采用式(5-28)计算灵敏度系数 α_{X_i}；

(3) 采用式(5-25)计算可靠度指标 β；

(4) 采用式(5-31)计算新的 $\boldsymbol{x}^*$；

(5) 以新的 $\boldsymbol{x}^*$ 重复步骤(2)至(4)，直至前后两次 $\|\boldsymbol{x}^*\|$ 之差小于允许误差 ε。

事实上，在实际工程应用中许多随机变量并不服从正态分布，而且变量之间是有相关性的。因此，当基本变量 **X** 中含有非正态随机变量和相关随机变量时，运用验算点法前须事先设法处理这些非正态相关随机变量。

(1) 非正态分布随机变量的当量正态化：设 **X** 中 X_i 为非正态分布变量，其均值为 μ_{X_i}，标准差为 σ_{X_i}，概率密度函数为 $f_{X_i}(x_i)$，累积分布函数为 $F_{X_i}(x_i)$。与 X_i 相应的当量正态化变量为 X_i'（X_i'满足正态分布），其均值为$\mu_{X_i'}$，标准差为 $\sigma_{X_i'}$，概率密度函数为 $f_{X_i'}(x_i')$，累积分布函数为 $F_{X_i'}(x_i')$。在验算点 $\boldsymbol{x}^*$ 处，当 X_i'和 X_i 的累积分布函数和概率密度函数分别对应相等时，则可根据以下两式得到当量正态化变量的均值和标准差：

$$\mu_{X_i'} = x_i^* - \Phi^{-1}[F_{X_i}(x_i^*)]\sigma_{X_i'} \tag{5-32}$$

$$\sigma_{X_i'} = \frac{\phi\{\Phi^{-1}[F_{X_i}(x_i^*)]\}}{f_{X_i}(x_i^*)} \tag{5-33}$$

对于如对数正态分布、极值Ⅰ型分布、Weibull 分布等常用的分布类型，均可由以上两式得到所需的正态变量的均值和标准差。

(2) 相关随机变量的正交变换，对于相关随机变量的可靠度分析，可利用正交线性变换将相关随机正态随机变量变为独立正态随机变量，然后再用前述验算点法计算可靠度。

设基本随机变量向量 $\boldsymbol{X}=(X_1, X_2, \cdots, X_n)^{\mathrm{T}}$ 的分量为相关正态分布随机变量，其协方差矩阵为 $\boldsymbol{C}_X=[C_{X_i}C_{X_j}]_{n\times n}$，其中非对角元素为变量的协方差，对角元素为方差 $\sigma_{X_i}^2$。C_X 为 n 阶实对称正定方阵，存在 n 个实特征值和 n 个线性无关且正交的特征向量。设矩阵 A 的各列由为 $\boldsymbol{C}_X$ 的正则化特征向量组成，变换 $A^{\mathrm{T}}A$ 可将 $\boldsymbol{C}_X$ 化成对角矩阵，对角元素为 $\boldsymbol{C}_X$ 的特征值。

作正交变换可将向量 $\boldsymbol{X}$ 化成线性无关的向量 $\boldsymbol{Y}$：

$$\boldsymbol{X}=\boldsymbol{A}\boldsymbol{Y} \tag{5-34}$$

因 $\boldsymbol{A}^{-1}=\boldsymbol{A}^{\mathrm{T}}$，因此上式又可写成

$$\boldsymbol{Y}=\boldsymbol{A}^{\mathrm{T}}\boldsymbol{X} \tag{5-35}$$

则线性无关向量 $\boldsymbol{Y}$ 的均值和方差可表示为：

$$\begin{cases}\boldsymbol{\mu}_Y=\boldsymbol{A}^{\mathrm{T}}\boldsymbol{\mu}_X\\ \boldsymbol{D}_Y=\boldsymbol{A}^{\mathrm{T}}\boldsymbol{C}_X\boldsymbol{A}\end{cases} \tag{5-36}$$

正态随机变量的线性组合仍为正态随机变量，正态随机变量不相关与独立等价，故 $\boldsymbol{Y}$ 为独立正态随机变量。至此，根据前述验算点法计算的基本步骤，可以得出相关非正态分布随机变量的设计验算点法计算步骤如图 5-4 所示。

验算点法将功能函数在积分域中离原点最近的一点线性展开，是一种合理的近似方法。和其他计算方法相比，该方法计算工作量相对较小，而且在大多数情况下能保证一定的计算精度，所以验算点已成为目前可靠度分析中的主要方法。

但该方法也存在一些缺点：验算点的搜索本质上是一个有约束优化问题，它面临所有优化算法均存在的问题，既不能保证收敛。此外，由于该方法是对功能函数进行线性展开，当功能函数在验算点非线性程度较高时，误差较大，而且这种误差无法由方法本身进行估计。

3) 蒙特卡罗法

蒙特卡罗方法(Monte-Carlo Method)是首先生成随机变量的样本，然后将随机变量的样本作为输入获得功能函数的样本，再统计失效区样本的数量，从而估

算失效概率的一种方法。这种方法的优点是概念明确，使用方便，在可靠度分析中应用很广，在一些情况下还是检验其他可靠度方法精度的唯一方法。随机变量的产生是实时蒙特卡罗法的基础，而且其失效概率的计算精度与随机变量的个数无关，而只于样本数量有关。蒙特卡洛法的最大优点是适用于任意分布的和非线性功能函数，变量的相关性与否并不影响计算工作量和精度，而计算工作量与失效概率和随机变量的离散程度有关。所有，对于具有高度非线性的功能函数和相关随机变量，且对可靠度要求较高的可靠度计算更为有效。

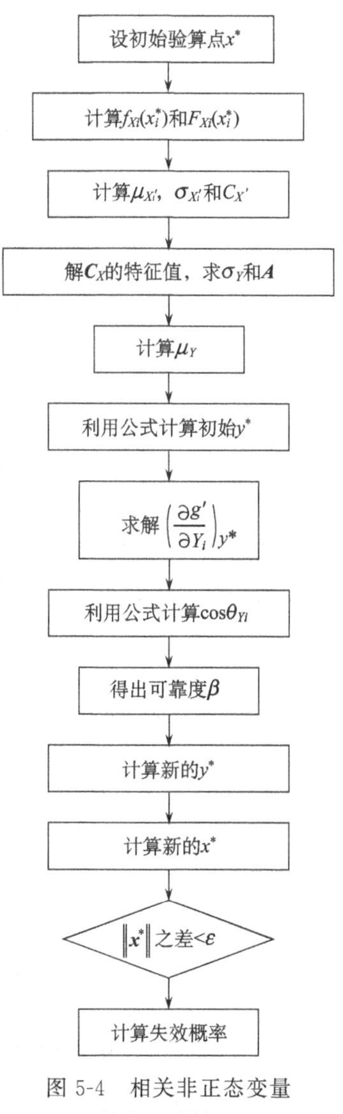

图 5-4　相关非正态变量验算点法计算步骤

该方法的主要缺点是为了精确估算结果失效概率，所取用的样本数必须足够大，由此导致所需的计算量也会很大，尤其是当功能函数没有显式解析式或失效概率比较小的情况下，其计算量巨大，往往需要借助大型计算软件或编制 C 语言程序进行求解，这对一般研究人员来讲是很难做到的。

4）响应面法

对于复杂岩土工程结构而言，常难以写出功能函数的显式表达式，而直接采用 Monte-Carlo Method 工作量太大，为此一些学者提出用响应面法来确定结构功能函数。该法通过设计一系列取样点，采用确定性的分析得到系统的安全响应，进而拟合一个响应面来逼近真实的极限状态曲面。其基本思想是假设一个包含一些未知参量的功能函数来代替实际中不能明确表达的功能函数来进行可靠度计算。这个近似的功能函数被称之为响应面函数。当用响应面法得到响应面函数之后就可以再运用前述三种可靠度计算方法来进行分析计算。

二次多项式是常用的响应面函数，它采用特勒展开原理对真实功能函数进行模拟，在取样点周围能够获得较高的精度。对于高次极限状态方程，二次多项式在取样点区域之外的模拟效果较差，因此有必要对响应面函数进行迭代求解，将取样点调整到设计验算点附近，从而使得近似功能函数能够对设计验算点附近的极限状态面获得较高的模拟精度。对于复杂岩土工程结构来说，使用迭代求解的响应面法进行可靠度计算是非常有效的。

5.1.4 基于回弹测强的井壁可靠性分析

自 1987 年徐州矿物集团张双楼煤矿发生第一例井壁破裂事故后，对立井井壁破裂机理的研究及强度状态评价成为煤矿安全工作者及科研学者的重要研究课题。对于井壁破裂机理的研究，目前各界人士都已普遍接受了中国矿业大学提出的“竖直附加力理论”，认为井壁破裂主要是由于厚表土层中含水层疏排水而使地层作用于井壁一个强大的竖直附加力，从而导致井壁的破裂。

而对于井壁混凝土材料强度状态的合理评价更是预警和治理井壁破裂事故的重要前提。井壁混凝土材料长期处于地下复杂环境条件中，受到温度、地下水等自然因素影响，而且长期处于高水平地压和高竖直附加力作用下，其强度会受到一定程度的损伤弱化。在经历若干年服务期后，混凝土材料的强度等级必然会有一定程度的下降。因此，如何简便而又准确的获得混凝土井壁目前的强度等级及可靠性对煤矿安全生产具有重要意义。

将回弹法测强应用于井壁混凝土材料的强度评价中，不但可以避免传统方法对井壁造成的损害，而且操作简便、占用井筒时间少，是测试井壁混凝土强度的一种理想方法。但井壁内表面处于两向应力状态下，受力工况复杂，而且由于存在材料方面的差异，难以应用统一测强曲线来推算其强度值。因此，需要通过室内试验对与井壁材料相同但不同强度等级不同应力状态下的混凝土试块进行回弹值标定，并通过拟合试验结果建立与井壁混凝土材料相同且符合其实际受力工况的专用测强曲线，以保证测试结果的准确性。

为此，首先通过室内试验制作与原型井壁材料相同的不同强度等级的标准立方体试块，并对试块进行不同应力状态下的回弹测试，得到不同强度等级、不同应力状态下混凝土试块的回弹值。而且通过回归拟合试验结果，建立了适用于井壁混凝土回弹测试的专用测强曲线。在此基础上，则可以将现场实测井壁回弹值与室内试验标定值进行对比，或应用由试验结果拟合得出的专用测强曲线来推算井壁混凝土的强度值，以确定井壁混凝土在经历若干年强度弱化后目前所处的强度等级。

通过现场回弹测试得到了井壁混凝土材料目前的强度等级，即获得了进行井壁可靠性分析的抗力参数。在此基础上，建立合适的可靠度计算功能函数，统计荷载参数，便可对井壁进行可靠度计算分析，得到其失效概率，从而便可定量化评价井壁的安全可靠程度。

5.2　不同应力状态下回弹测强的试验研究

通过对大屯矿区混凝土井筒的主要材料参数进行调研，并采用与现役井筒相同的混凝土材料，制作了不同强度等级的混凝土标准立方体试块，对其进行了在单向应力状态和两向应力状态下的回弹测试。通过试验表明，混凝土材料在不同应力状态下的回弹值是不同的，并应用试验数据建立了更加符合井筒工况的专用测强曲线，为现场测试井壁强度状态奠定了基础。

5.2.1　试验方案

本文以研究混凝土材料在不同应力状态下的回弹值变化规律为目的，拟在此基础上找到能够更准确应用回弹测强的方法，并以试验结果为依据，为回弹法在测试井壁混凝土强度中的应用提供依据，依据《普通混凝土力学性能试验方法标准 GB/T50081—2002》，结合本次试验目的制定试验方案。

1）试验原材料

通过调查大屯矿区数十个井筒资料得知，其混凝土井壁所用主要材料参数如下：

（1）水泥：目前井壁混凝土所用水泥主要是425、525、425R、525R硅酸盐水泥，即矿渣水泥，矿渣水泥在早期和低温环境下强度增长较慢，后期增长速度较快，水化热较低，抗腐蚀性、耐热性较好，但干缩变形大，析水性大，耐磨性差。矿渣水泥符合厚大体积混凝土和在高湿环境或永远处在水下的混凝土选用原则。

（2）细骨料：井壁混凝土所用细骨料为河砂中的中砂，对粒径大小要求较严格。细度模数在2.5以上，且颗粒在0.315mm以下的成分所占比例不小于15%，含泥量小于3.0%。

（3）粗骨料：选用20～40mm石灰岩碎石，含泥量<1%，针片状颗粒<15%，压碎指标为5%，石材强度>900kg/cm^2。

（4）水：普通自来水。

本次试验以上述材料参数为依据，结合影响回弹法测强的主要因素和本地条件，决定选用525水泥，河砂中砂、石灰岩碎石和普通自来水制作混凝土标准立方体试块进行回弹试验。

2）试验设备

本次试验所要用到的仪器设备主要有：

(1) 伺服压力机(如图 5-5 所示)：应用中国矿业大学深部岩土力学与地下工程国家重点试验室的 300T 伺服压力试验机对混凝土试块进行逐级加压并测试其极限抗压强度；

图 5-5　伺服压力试验机

图 5-6　混凝土试块侧面约束装置

(2) 混凝土搅拌机：用于混凝土的搅拌，不同强度等级的试块要分批次进行制作，同一组试块要由同一拌和物进行制作；

(3) 振动台：用于将试块震动均匀；

(4) 混凝土试块侧面约束装置：如图 5-6 所示，该装置由两块钢板和四个螺栓组成，用于对混凝土两个侧面施加侧向约束，以模拟混凝土试块的两向应力状态。试验中在四个螺栓上粘贴电阻应变片用于测量螺栓应变，以监测两个侧面所受约束力变化情况。

(5) 数据采集仪：dataTaker 数据采集仪支持所有的通用类型测量，包括电压、电流、电阻、温度、压力、应变等。所有的通道都能提供可调整的激励和触发。试验中用于采集螺栓所产生的应变(图 5-7)。

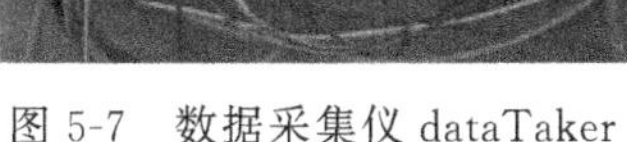
图 5-7　数据采集仪 dataTaker

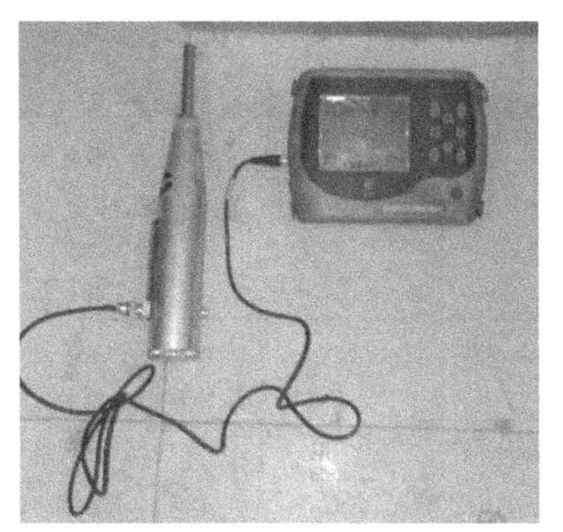
图 5-8　全自动数字式回弹仪

(6) HT225W 全自动数字式回弹仪(图 5-8)：该仪器可以在现场方便地进行混凝土抗压强度测试，而且可进行测试角度、测试面、泵送、碳化等修正，并可显示强度测试结果。其主要技术指标如下：

①回弹仪标称动能：2.207J；②弹击拉簧刚度：(785.0±40.0)N/m；③弹击杆冲击长度：(75.0±0.3)mm；④回弹值示值误差：≤±1；⑤回弹值钢砧率定平均值：80±2；⑥工作温度：(−4～+40)℃。

3) 混凝土配合比

混凝土配合比是指混凝土中各组成材料之间的比例关系。配合比设计就是指确定 1m^3 混凝土中各组成材料的最佳用量，使所制作的混凝土能够满足具体工程的需要。工程中所用的混凝土一般应满足以下四个基本要求：

(1) 拌和物应满足施工和易性要求；

(2) 在规定龄期硬化后能够达到设计强度要求；

(3) 满足工程条件下所要求的耐久性；

(4) 在保证前三点要求的前提下，尽量减少工程费用。

依据《普通混凝土配合比设计规程 JGJ/55—2000》规定，按照混凝土的强度等级，宜参照下式进行配合比计算：

$$f_{cu,o}=f_{cu,k}+1.645\sigma \tag{5-37}$$

式中，$f_{cu,o}$ 为混凝土配制强度(MPa)；$f_{cu,k}$ 为混凝土设计强度等级(MPa)；σ 为强度标准差(MPa)。

当混凝土强度等级小于 C60 时，混凝土水灰比宜按下式计算：

$$W/C = \frac{\alpha_a \cdot f_{ce}}{f_{cu,o} + \alpha_a \cdot \alpha_b \cdot f_{ce}} \tag{5-38}$$

式中，α_a、α_b 为回归系数；f_{ce} 为水泥 28d 抗压强度。

通过计算得到各强度混凝土的配合比如表 5-1 所示。在试块制作中应根据实际情况进行相应调整，以使其符合各方面要求。

表 5-1　混凝土配合比

强度等级	W/C	水 /(kg/m³)	水泥 /(kg/m³)	砂 /(kg/m³)	碎石 /(kg/m³)	砂率 /%	坍落度 /mm
C10	0.95	190	200	864	1146	43	80
C15	0.92	185	200	846	1169	42	70
C20	0.87	185	213	841	1161	42	70
C25	0.75	185	247	807	1161	41	70
C30	0.65	185	285	753	1177	39	70
C35	0.58	185	319	720	1176	38	70
C40	0.51	185	363	648	1207	35	70
C45	0.46	180	391	604	1225	33	65
C50	0.42	175	417	560	1247	31	60

4) 试件的制作与养护

试验中试块的制作严格按照国家规范《普通混凝土力学性能试验方法标准 GB/T50081—2002》，最大限度地避免了人为因素而有可能引起的试验误差，其主要制作步骤及注意事项如下：

(1) 由于混凝土中粗骨料的强度对其抗压强度有较大影响，因此，在配制混凝土拌和物前应把碎石中的不符合条件石子筛除，并应冲洗干净，晾干。砂子也应进行筛分，以除去其中的小石子等杂物。

(2) 检查试模尺寸及平整度是否满足规范要求，并在试模的内表面涂抹一层矿物质油，以起到润滑的作用，便于拆模。

(3) 以三个试块为一组进行浇筑，且应保证每一组所用的混凝土拌和物是由同一批次制作。

(4) 拌制拌和物时，各材料用量应以质量计，并严格控制精度，水泥和水的质量误差控制在±0.5%以内，粗细骨料控制在 1%以内。

(5) 试块浇筑时应将拌和物一次装入试模中，并使拌和物高出试模口。然后将试模放在振动台上，振动至拌和物表面出现水泥浆为止。振动时试模不得跳离振动台，不得过振。

（6）振动完成后将试块取下，用抹刀将试块上表面抹平。抹平时应注意，抹刀应沿同一个方向进行抹平。

试验中对试块进行了标准条件下的养护，并分7d和28d两个龄期进行养护，然后分别对其进行回弹值测试。

5）试验规划

本次试验中的回弹测试分两种情况进行，即试块在单向应力状态和两向应力状态下的测试。试验中所加荷载应控制在试块强度的50%以内，以保证试块处于弹性应力状态。

单向应力状态下的测试主要是对试块进行单向逐级加载，每加一级荷载后使其保持稳定，然后进行回弹值测试，每次测试16个点，并按规范要求计算平均值。两向应力状态下的测试主要是对试块的两个侧面施加约束后，竖向进行逐级加载，以近似模拟井壁内表面的受力状态，然后测试其不同竖向压力下的回弹值，侧向压力通过测量螺栓产生的应变来计算其大小。加载压力的大小按试块强度等级高低从1MPa到20MPa不等。

每个强度等级的试块分7d和28d两个龄期各一组，每3个试块为一组，每一试块都要进行回弹值测试。因此，每一龄期和每一种应力状态都对应不同强度等级的3个混凝土试块，共计108块。

5.2.2　试验过程

1）准备工作

（1）选择试块中两个较平整的侧面作为回弹测试面，并将测试面打磨干净。将每一组中的3个试块依次编号，逐个进行测试。

（2）在测试面上标示出回弹测点。在两个相对测试面上分别标记出相对应的8个测点，相邻两测点的间距及测点离试块边缘的距离一般不应小于30mm，回弹测点布置如图5-9所示。

（3）依据规范要求对回弹仪进行率定，保证测量精确。回弹仪应用洛氏硬度HRC＝60±2的钢砧进行率定。率定时，钢砧应稳固的平放在刚度较大的混凝土实体上。回弹仪向下探击时，弹击杆分四次旋转，每次旋转约90°，弹击3次，当连续3次读数稳定时取其平均值。弹击杆每旋转一次的率定平均值应符合R＝80±2。

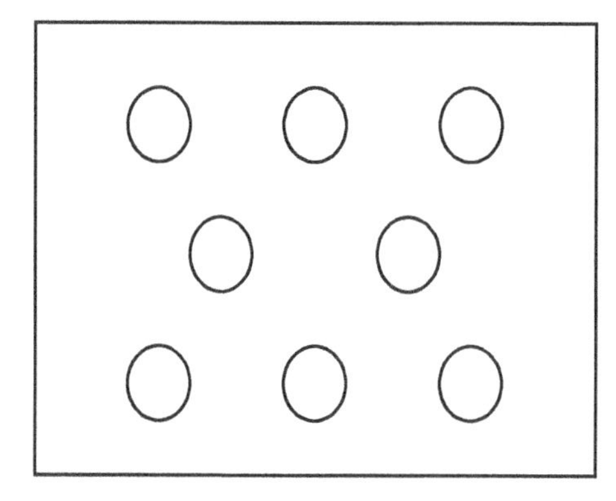

图 5-9　回弹测点布置示意图

2）回弹测试

将试块至于压力机下，首先加至 1MPa，起到固定试块的作用。按标定好的回弹测点进行回弹值测试，测试时回弹仪的轴线应与试块侧面保持垂直。在一级压力下测试完成后，再加载至下一级，使压力保持稳定并再次进行测试，直到加载至最后一级。在试块的一组对应测试面上各弹击 8 次，得到 16 个回弹值。将 16 个回弹值中剔除 3 个最大值和 3 个最小值余下的 10 个回弹值应按下式计算取平均值：

$$R_m = \frac{\sum_{i=1}^{10} R_i}{10} \tag{5-39}$$

式中，R_m 为测区平均回弹值，精确至 0.1；R_i 为第 i 个测点的回弹值。

3）抗压强度试验

回弹测试完毕后，将试块置于压力机承压板正中，按现行国家标准《普通混凝土力学性能试验方法标准 GB/T50081—2002》的规定速度连续均匀加荷至破坏[86]：强度等级小于 C30 的混凝土取 0.3～0.5MPa/s 的加荷速度；强度等级大于 C30 小于 C60 时，则取 0.5～0.8MPa/s 的加荷速度；记录混凝土试块破坏时的荷载，计算抗压强度，并精确到 0.1MPa。

5.2.3　试验结果分析

本次试验共采用了九个混凝土强度等级：C10、C15、C20、C25、C30、C35、C40、C45、C50，并采用与矿井井壁混凝土相同的原材料，根据《普通混凝土力学性能试验方法标准》制作了 150mm×150mm×150mm 混凝土标准立方体试块。每一试块都进行了回弹值和抗压强度测试，因此每一试块都对应多组数据，即不同压力下回弹值 R 和抗压强度实测值 f_{cu}。

回弹法测强是表面硬度法的一种，反映的是混凝土表面硬度与混凝土强度之间的关系，而混凝土在不同的应力状态下会对试块表面硬度产生一定的影响。试验中通过对每一试块在不同的压力下进行回弹值测试，表明同一试块在不同压力下的回弹值是不同的，而且随压力不同而呈一定规律的变化。

1）单向应力状态下回弹值分析

试验在保证试块处于弹性应力状态的条件下对试块进行了不同压力下的回弹值测试，所加荷载按照混凝土强度等级分别为 1MPa、3MPa、5MPa、7MPa、10MPa、15MPa、20MPa 不等。每一级压力下可测得 16 个回弹值，剔除 3 个最大值和 3 个最小值，将剩余 10 个有效回弹值取平均值作为该级压力下试块的最终回弹值。试验对同一强度等级同一批次制作相同养护条件下的一组三个试块进行了相同步骤的回弹值测试，图 5-10 所示为 28d 龄期的混凝土试块在单向加载时，不同应力状态下的回弹值变化趋势。

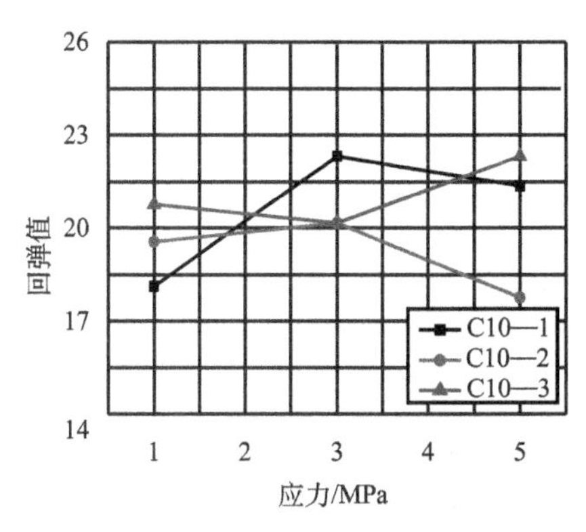

(a) C10混凝土试块在不同压力下的回弹值

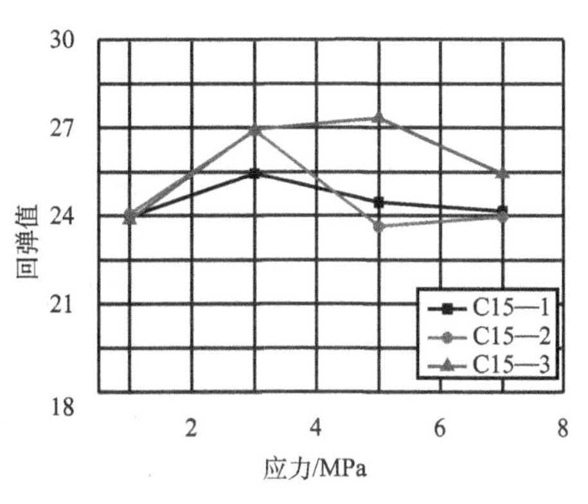

(b) C15混凝土试块在不同压力下的回弹值

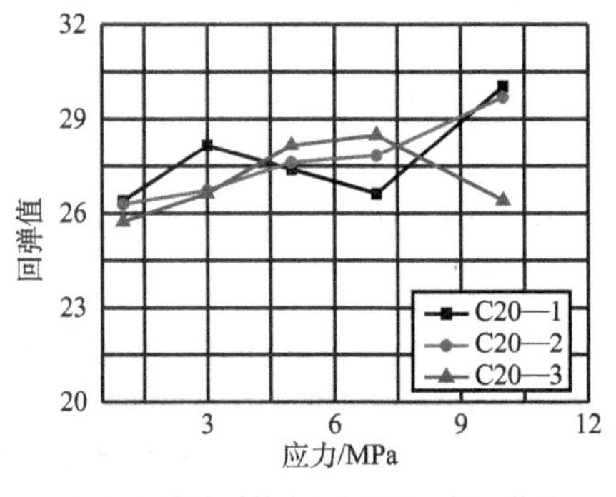

(c) C20混凝土试块在不同压力下的回弹值

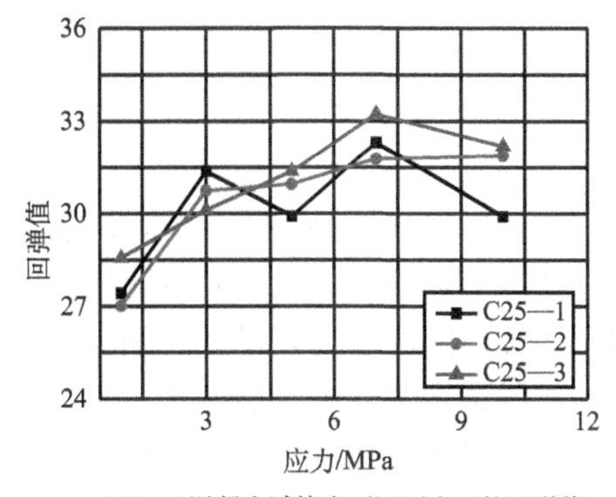

(d) C25混凝土试块在不同压力下的回弹值

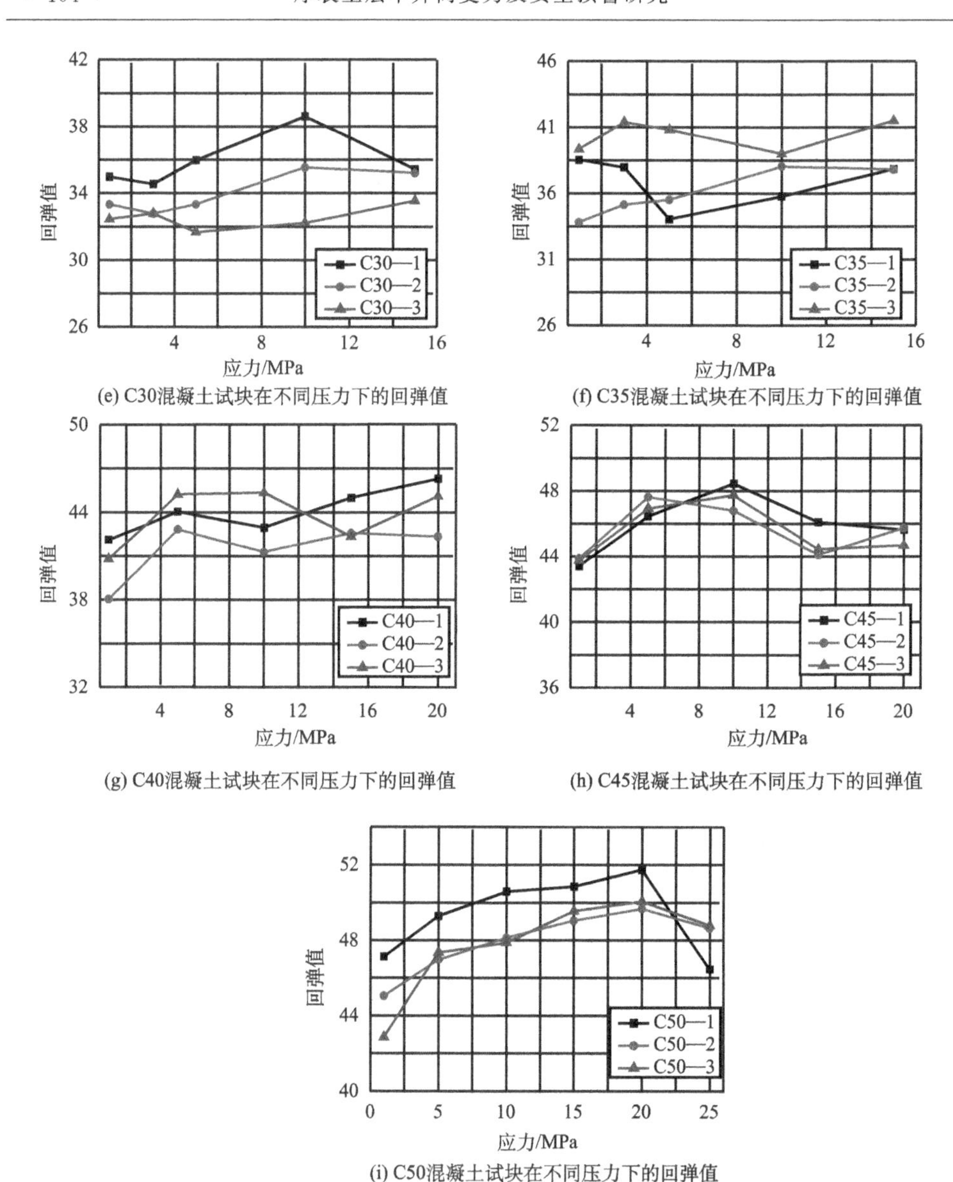

(e) C30混凝土试块在不同压力下的回弹值

(f) C35混凝土试块在不同压力下的回弹值

(g) C40混凝土试块在不同压力下的回弹值

(h) C45混凝土试块在不同压力下的回弹值

(i) C50混凝土试块在不同压力下的回弹值

图 5-10　混凝土试块在单向应力状态下的回弹值

对比图 5-10 中同一强度等级混凝土试块在不同压力下的回弹值可以看出：在弹性应力范围内，试块回弹值随着应力增大总体呈增大趋势。混凝土强度较低时，回弹值随压力逐渐增大，测得的数据离散性相对较大，随着混凝土强度提高，回弹值离散性也变小。

这是因为回弹值是通过回弹仪的重锤弹击混凝土表面前后的能量变化来反映其表面硬度的，直接体现的是混凝土表面一定厚度范围内的质量情况。试验中通过对混凝土试块进行逐级加载，随着压力的逐级增大，试块会产生弹性变形，其内部材料颗粒在压力作用下会相互挤压，颗粒间的距离减小，从而使其结构更加致密，表面硬度也相应变大，因此所测得的回弹值在理论上是不断变大的。图 5-10 中回弹值随应力增大虽然有一定程度波动，但这并不影响其总体增大趋势。

对于低强度等级试块来说，因其抗压强度较低，受压后易产生较大应变，而且易出现塑性变形，当重锤弹击试块表面时回弹能量的损失会有较大的变异性，因此低强度混凝土的回弹值离散性较大。

将每一组中三个试块在同一压力作用下对应的三个回弹值分别取算术平均值，作为这一强度等级试块在该级压力下的平均回弹值，以尽可能减小偶然因素而造成的测量误差。结果如图 5-11 所示。

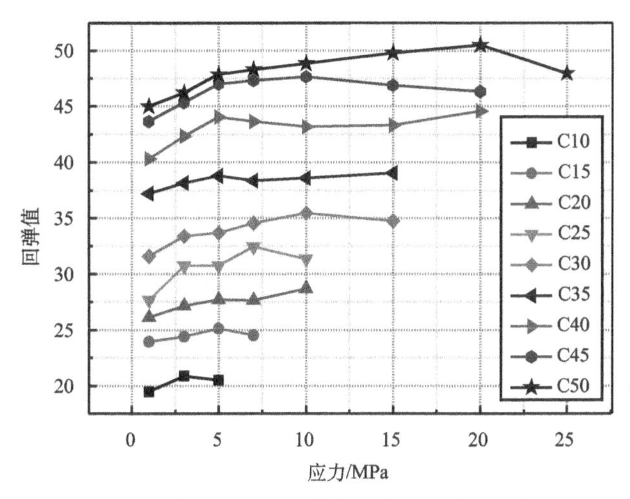

图 5-11　单向应力状态下不同强度等级混凝土试块回弹值

由图 5-11 可以看出，随混凝土强度等级的提高，对应回弹值相应增大，而回弹值与试块表面硬度直接相关，因比，试验再次证实了混凝土强度和表面硬度及回弹值之间有较好的相关性，可以根据回弹值大小来推算混凝土强度等级。在实际工程中，当混凝土龄期较短或无碳化现象，而且所用材料和受力工况与试验条件基本相同的混凝土结构来说，可以将现场测试回弹值结果对比图 5-11 中各强度等级回弹值范围，来估算现场混凝土结构的强度等级。

从回弹值随压力增大而增大的数值来看，各个强度等级相差不大，最大差值约为 4～5，但其所占该强度等级回弹平均值的百分比却相差较大。其中，C10 等级的混凝土回弹值随压力增大，其回弹值会比原来增加 20％左右，C50 等级回弹值增加 9％左右。这表明当利用回弹测强法测试混凝土强度时，混凝土所处应力状态不同会对测试结果产生较大影响，而强度等级越低影响越明显。应用全国统一回弹法测强曲线，将试验所得 28d 龄期的回弹值结果转化为对应的混凝土强度，计算结果如表 5-2 所示。

表 5-2 各强度等级试块的回弹测强结果

(a) C10 混凝土试块回弹测强结果 (单位：MPa)

应力＼编号 强度	C10—1	C10—2	C10—3
1	8.5	9.9	11.1
3	12.9	10.5	10.5
5	11.8	8.1	12.9

(b) C15 混凝土试块回弹测强结果 (单位：MPa)

应力＼编号 强度	C15—1	C15—2	C15—3
1	14.8	14.9	14.7
3	16.7	18.7	18.8
5	15.5	14.4	19.3
7	15.1	14.8	16.7

(c) C20 混凝土试块回弹测强结果 (单位：MPa)

应力＼编号 强度	C20—1	C20—2	C20—3
1	18.1	17.9	17.1
3	20.5	18.5	18.3
5	19.4	19.7	20.5
7	18.3	20.1	21.0
10	23.4	22.9	18.0

(d) C25 混凝土试块回弹测强结果 (单位：MPa)

应力＼编号 强度	C25—1	C25—2	C25—3
1	19.5	18.9	21.1
3	25.5	24.5	23.5
5	23.2	24.8	25.5
7	27.0	26.2	28.6
10	23.2	26.3	26.9

(e) C30 混凝土试块回弹测强结果　　(单位：MPa)

应力强度＼编号	C30—1	C30—2	C30—3
1	31.7	28.8	27.3
3	30.9	27.8	27.8
5	33.5	28.8	26.0
10	38.7	32.7	26.9
15	32.5	32.1	29.2

(f) C35 混凝土试块回弹测强结果　　(单位：MPa)

应力强度＼编号	C35—1	C35—2	C35—3
1	38.5	29.7	40.2
3	37.4	32.0	44.5
5	30.1	32.7	43.3
10	33.2	37.6	39.5
15	37.2	37.1	44.8

(g) C40 混凝土试块回弹测强结果　　(单位：MPa)

应力强度＼编号	C40—1	C40—2	C40—3
1	46.1	37.5	43.3
5	50.5	47.7	53.3
10	48.0	44.3	53.5
15	52.7	47.2	46.6
20	55.8	46.6	52.9

(h) C45 混凝土试块回弹测强结果　　(单位：MPa)

应力强度＼编号	C45—1	C45—2	C45—3
1	48.9	50.1	49.7
5	56.2	59.1	57.3
10	61.1	57.0	59.3
15	55.3	50.6	51.4
20	54.2	54.4	51.9

(i) C50 混凝土试块回弹测强结果　　(单位：MPa)

应力＼编号＼强度	C50—1	C50—2	C50—3
1	57.8	52.8	47.8
5	63.3	57.4	58.4
10	66.6	60.3	59.7
15	67.3	62.6	63.9
20	69.7	64.3	65.3
25	56.2	61.6	61.9

从表格中计算结果可以看出，混凝土试块在不同应力状态下测得的强度差异较大，而且强度等级越高，差值越大。强度等级为 C10 的试块因应力状态不同而导致的强度测试结果最大差值为 2～3MPa，而 C50 试块的测试结果最大差值约为 12MPa。

此外，将推算结果与试块的实测抗压强度(表 5-3)对比可以发现，对于低强度等级的混凝土试块，应用全国统一测强曲线计算所得结果较实际值偏低，而对于高强度等级的试块计算结果又偏高。因此，在应用回弹法测试混凝土强度时应注意选用适合本地区材料特性的测强曲线或专用测强曲线，以保证测试结果的准确性。

表 5-3　各强度等级试块的实测强度值

强度等级＼强度/MPa＼编号	C10	C15	C20	C25	C30	C35	C40	C45	C50
1	12.0	17.1	21.9	26.0	36.8	38.7	45.5	49.6	57.1
2	10.4	17.3	21.7	26.5	33.1	37.1	40.1	48.8	53.8
3	12.6	19.1	20.9	27.6	30.2	38.2	44.9	48.5	53.4

《回弹法检测混凝土抗压强度技术规程 JGJ/T23—2001》中规定测量混凝土试块的回弹值时只需在试块上预加 30～50kN 的压力，起到固定试块的作用。但在混凝土结构工程中，由于其自身重量以及外部荷载等原因，作用与其上的荷载复杂多变，混凝土的应力状态也会随之发生变化。而通过试验结果可以看出，混凝土在不同应力状态下会对回弹测强结果产生较大影响。因此，应用回弹法测强时，不应单纯地依靠回弹值去评价混凝土材料的强度状态，而应把其所处的应力状态考虑在内，综合评价混凝土的强度状态。制定回弹法专用测强曲线时也应考

虑试块在不同应力状态下的回弹值变化情况，以使制定的测强曲线更加符合工程结构实际受力工况。

对于煤矿立井井壁混凝土结构，特别是华东地区矿井井筒，处于地下深厚表土层中，受到水平地压、竖直附加力、自重等荷载作用，井壁内部混凝土处于三向应力状态，井壁内表面混凝土处于两向应力状态，受力工况复杂。因此如果仅通过规范中的测强曲线或单向应力状态下的回弹试验结果去评价混凝土井壁的强度状态是不合理的，也是不准确的。

基于上述原因，本次试验还进行了混凝土试块在两向应力状态下的回弹测试，以期望得到更适合井壁受力工况的回弹值变化规律，为回弹法在井壁混凝土强度测试中的应用提供可靠依据。试验中通过钢板加螺栓的方法给试块两个侧面施加约束，并在螺栓上粘贴应变片，用数据采集仪 Datataker800 进行数据采集来监测施加在两个侧面的力的大小(见图 5-12)。

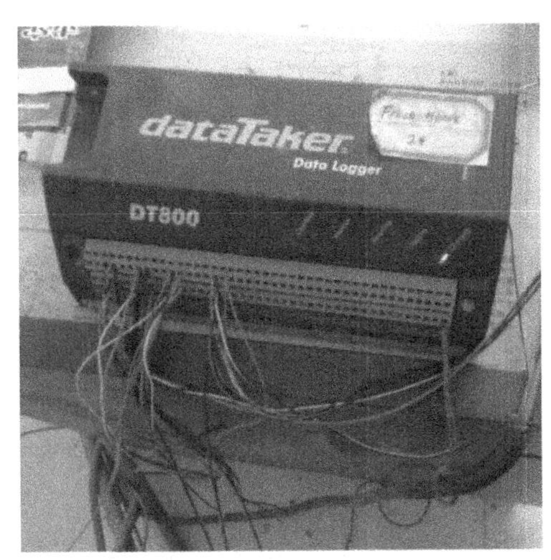

图 5-12　两向应力状态下的回弹试验现场照片

2) 两向应力状态下回弹值分析

试验中还通过对试块的两个侧面施加约束，竖向逐级加压的方式模拟了立井井壁内表面的应力状态，并分别对 9 个强度等级的混凝土试块进行了回弹测试，得到了大量回弹值试验数据。图 5-14 示出了 28d 龄期的混凝土试块在两向应力状态下随竖向压力增大的回弹值变化情况。

根据图 5-13，并对比单向应力状态下的回弹值变化趋势，可以看出二者变化趋势相似，两向应力状态下回弹值随竖向压力增大同样呈增大趋势。但后者在竖向压力逐渐增大的作用下回弹值增加量要大于前者，而且随着混凝土强度等级的提高，回弹值增加量相应增大。C10 的混凝土试块在不同压力下其回弹值之间

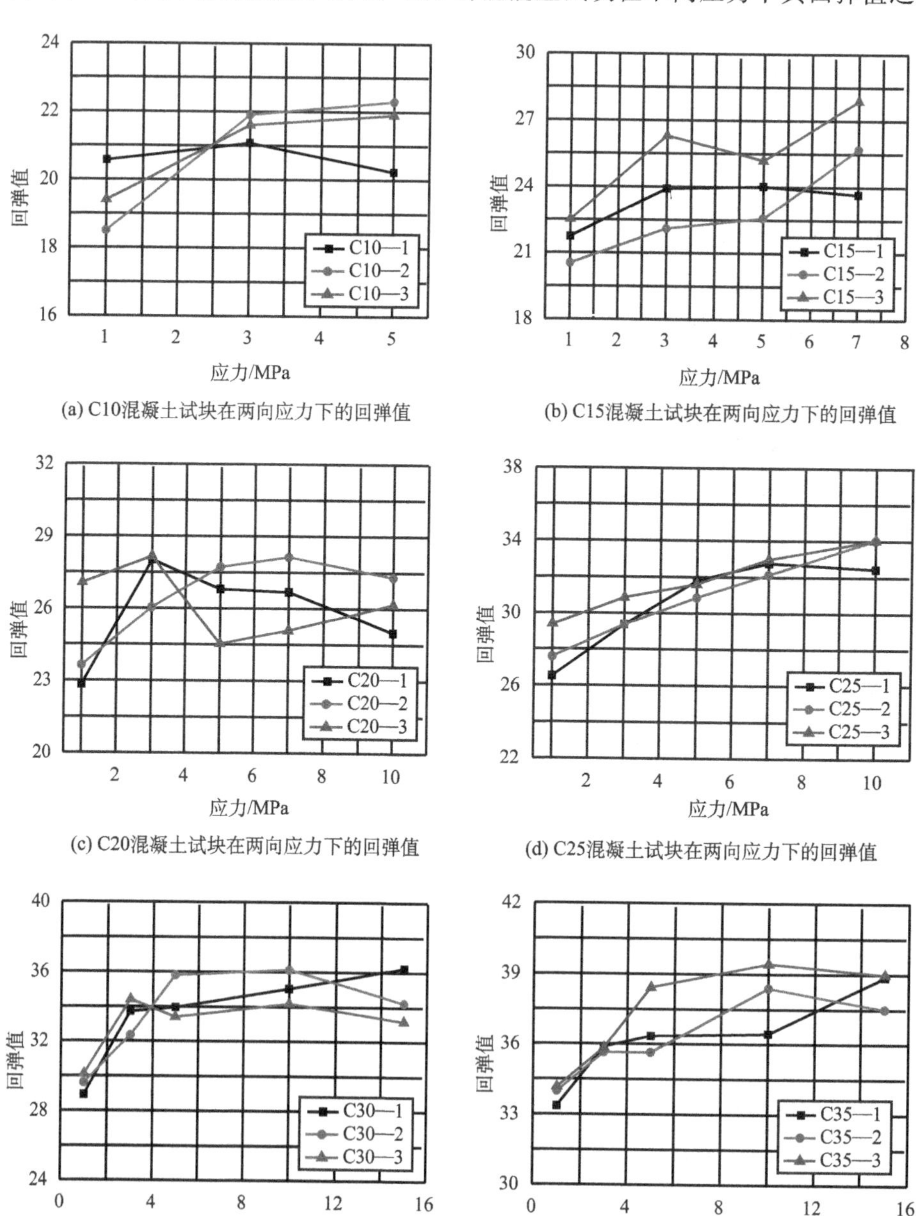

(a) C10混凝土试块在两向应力下的回弹值

(b) C15混凝土试块在两向应力下的回弹值

(c) C20混凝土试块在两向应力下的回弹值

(d) C25混凝土试块在两向应力下的回弹值

(e) C30混凝土试块在两向应力下的回弹值

(f) C35混凝土试块在两向应力下的回弹值

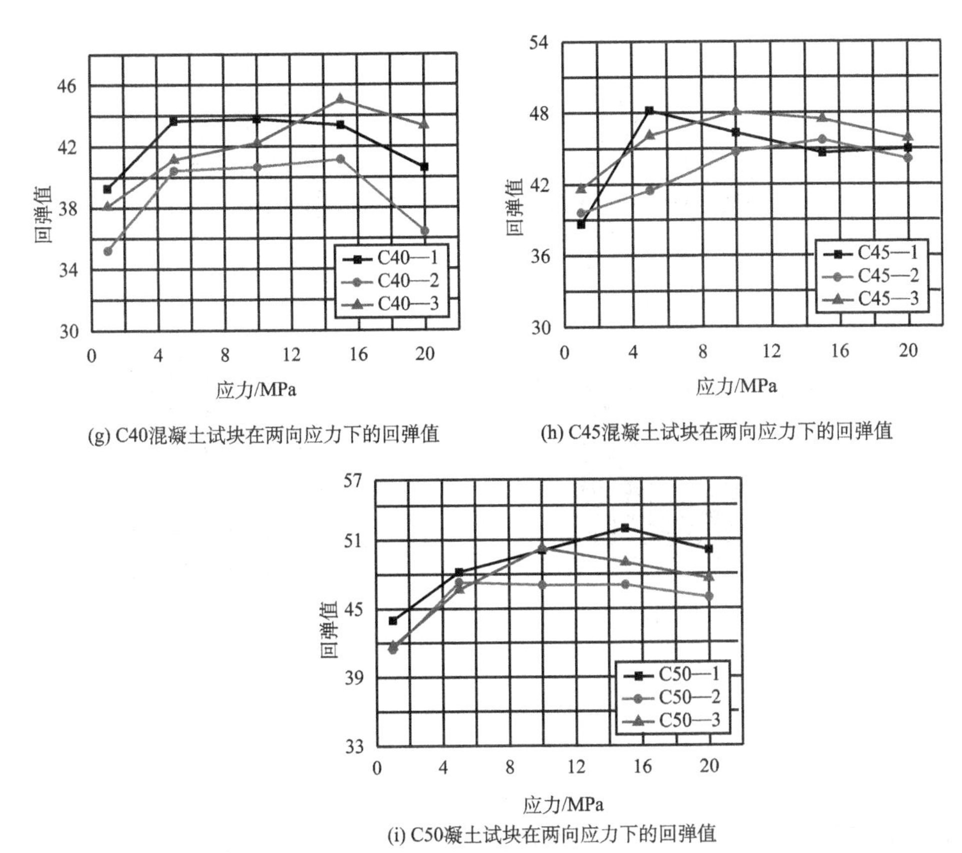

(g) C40混凝土试块在两向应力下的回弹值

(h) C45混凝土试块在两向应力下的回弹值

(i) C50凝土试块在两向应力下的回弹值

图 5-13　混凝土试块在两向应力状态下的回弹值

的最大差值约为 3，而 C50 试块的回弹值最大差值约为 8，都占到了对应强度等级试块平均回弹值的 15%左右。由此表明，混凝土材料处于两向应力状态时，对回弹测值影响更大。当应用统一测强曲线处理回弹值数据时，必然会导致回弹测强的结果不够准确。

试验中为模拟井壁内表面的受力工况，还对试块其余两个侧面施加了侧向约束，并对螺栓产生的应变进行了监测，现选取强度等级为 C40 的混凝土试块试验过程中四根螺栓的应变情况示于图 5-14。

由图 5-14 可以看出，施加于试块的侧向应力随试验过程中竖向压力的不断增大而增大。四个螺栓的平均应变在 120$\mu\varepsilon$ 左右，螺栓的弹模约为 200GPa，由此可以得出，作用于试块两个侧面的最大合力约为 9.6MPa，而作用于 C40 试块的最大竖向应力为 20MPa。这表明，试块处于两向应力状态时，虽然侧向应力随竖向应力增大而增大，但试块的最大主应力仍是竖向应力。

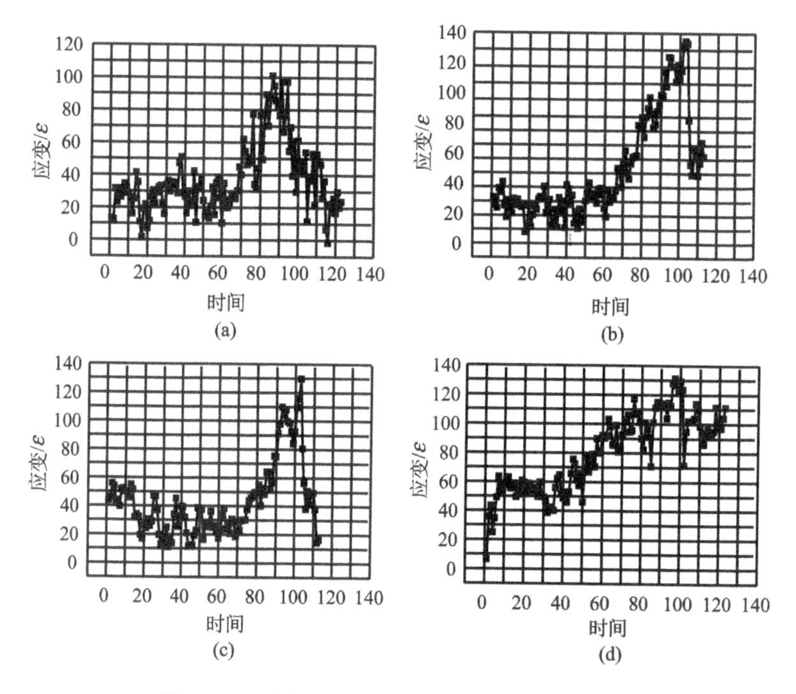

图 5-14　试验过程中螺栓应变随时间变化情况

试验中试块的两向应力状态与立井井壁内表面的应力状态是相似的。试块内表面处于竖向应力和环向应力两向应力状态下，而且竖向应力为第一主应力，环向应力会随着竖向应力增大而增大。试验中制作试块所用材料与大屯矿区井壁混凝土材料基本相同，因此可以将试验结果应用于井壁混凝土回弹测强中，以避免统一测强曲线中所存在的应力状态及材料性质不同而导致的测试结果不准确。

同样将每一组中三个试块在同一应力状态下的回弹值分别取算术平均值，绘于图 5-15 中。当工程结构中混凝土材料无碳化现象存在时，将现场实测回弹值数据与之进行对比，即可估算出实际工程结构中混凝土目前所处强度等级。

3）单向与两向应力状态下回弹值对比分析

试验对每一强度等级的 3 个混凝土试块都进行了两种应力状态下的回弹测试，现将每一组中三个试块在同一应力状态下的回弹值分别取算术平均值，对比分析两种应力状态下的回弹平均值，如图 5-16 所示。

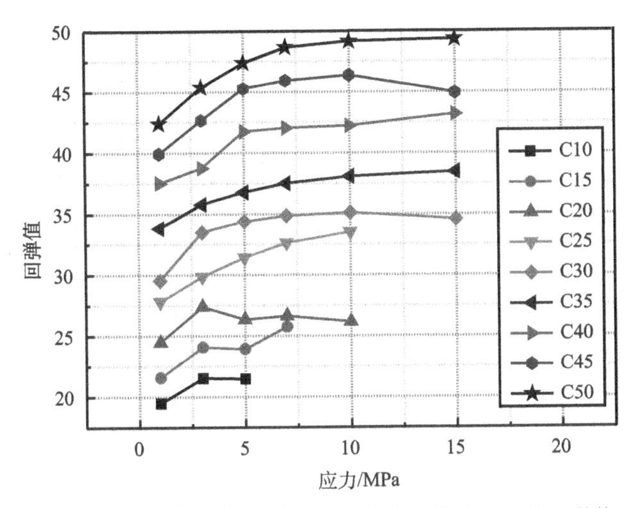

图 5-15　两向应力状态下不同强度等级混凝土试块回弹值

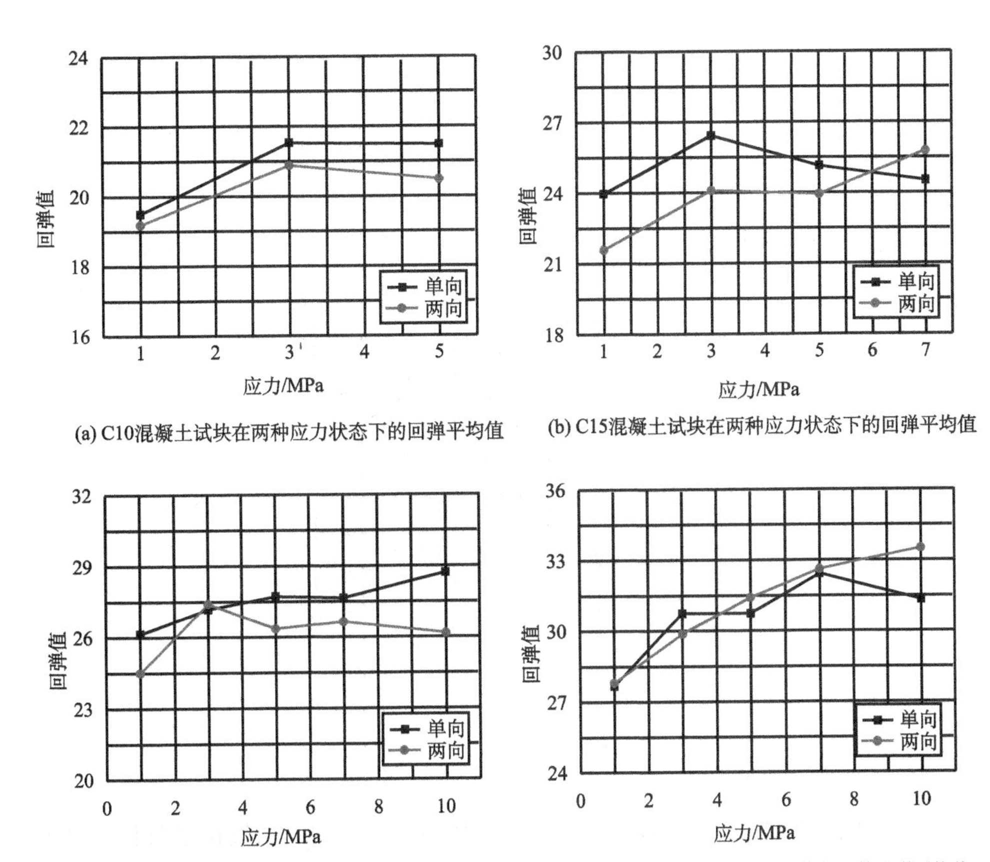

(a) C10混凝土试块在两种应力状态下的回弹平均值

(b) C15混凝土试块在两种应力状态下的回弹平均值

(c) C20混凝土试块在两种应力状态下的回弹平均值

(d) C25混凝土试块在两种应力状态下的回弹平均值

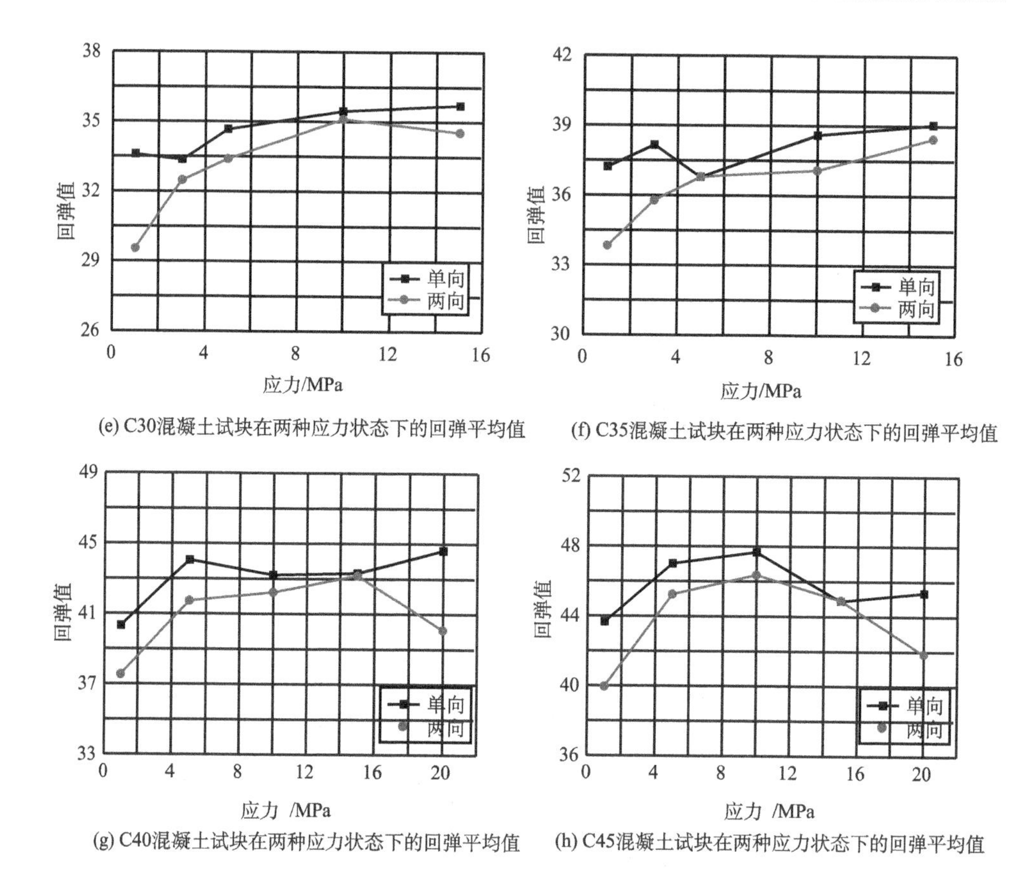

(e) C30混凝土试块在两种应力状态下的回弹平均值

(f) C35混凝土试块在两种应力状态下的回弹平均值

(g) C40混凝土试块在两种应力状态下的回弹平均值

(h) C45混凝土试块在两种应力状态下的回弹平均值

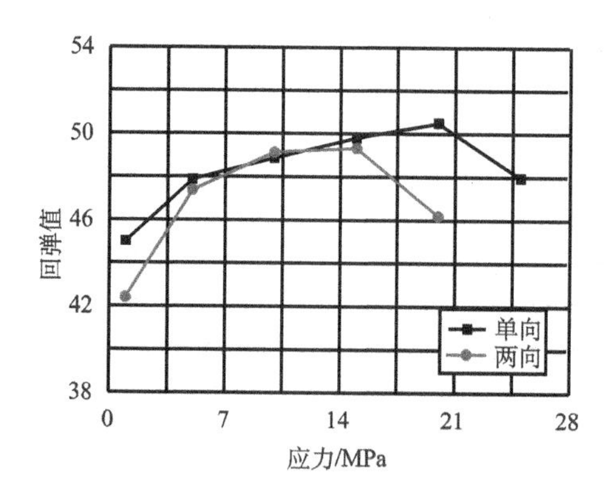

(i) C50混凝土试块在两种应力状态下的回弹平均值

图 5-16　混凝土试块在两种应力状态下的回弹平均值

通过以上数据图表可以看出，随着施加压力逐渐增大，试块在单向和两向应力状态下的回弹值变化趋势基本相同。但从整体来看，在相同应力作用下后者回弹值比前者要稍小。而对比两种应力状态下试块的极限抗压强度又会发现后者要高于前者。

这是因为试块在两向应力状态下，两个侧面受到约束作用，导致其自由面减少，由材料强度理论可以知道，一个六面单元体上的应力应变关系如下式：

$$\left.\begin{aligned}\varepsilon_x &= \frac{1}{E}[\sigma_x - \mu(\sigma_y + \sigma_z)] \\ \varepsilon_y &= \frac{1}{E}[\sigma_y - \mu(\sigma_z + \sigma_x)] \\ \varepsilon_z &= \frac{1}{E}[\sigma_z - \mu(\sigma_x + \sigma_y)]\end{aligned}\right\} \tag{5-40}$$

对于试块来说，由于对其上下面和两个侧面施加了荷载和约束后，应变只能发生在剩余的两个回弹测试面上，没有了其余两个方向应变的分担，因此在自由面上的应变会增大，其表面硬度随之降低。当回弹仪弹击试块表面时，会吸收重锤部分能量，致使回弹值减小。

由混凝土材料的力学性能知道，混凝土极限抗压强度在三向受压时最大，两向受压时次之，单向受压最小。试验结果也表明，试块在单向应力状态和两向应力状态下的测试结果是不同的，后者比前者回弹值稍小，但抗压强度有所提高。

5.2.4　测强曲线的制定

1）测强曲线的概念

混凝土无损检测方法测试混凝土强度并不是直接测得混凝土强度，而是通过测得一些与混凝土强度相关的物理量，然后通过混凝土抗压强度值与这些物理量之间的关系去推定混凝土的强度。强度与物理量之间的关系通常用相关曲线来表示，即通常所说的测强曲线。

测强曲线通常用回归方程式来表示。《回弹法检测混凝土抗压强度技术规程JGJ/T23—2011》中规定了它的制定方法：首先在试验室中制作一定数量、不同强度、不同材料的标准立方体试块，利用回弹仪测定混凝土表面硬度即回弹值 R 和碳化深度 d，然后选择相应的数学模型，采用最小二乘法来拟合它们之间的相关关系，即建立测强曲线来推定混凝土强度。

2）测强曲线概述

回弹法测试混凝土强度的基础是，回弹值与混凝土表面硬度以及混凝土表面硬度与其强度之间具有一定的相关性。也就是说随着混凝土强度的增加，回弹值也相应增大，这种相关性可用“f_{cu}—R”形式的测强曲线或公式来表示。测强曲线应在满足测量精度的要求下，尽量保证回归方程的方便简单，而且能够在较大范围内应用。我国地域辽阔，且存在区域差异，混凝土所用原材料也因地域不同而有较大差异，因此，在应用回弹法测强时应注意根据实际条件选择合适的测强曲线。

测强曲线一般可用回归方程式来表示，而且根据实际条件可以选择不同形式的曲线方程。对于龄期较短或使用特殊施工工艺不存在碳化现象的混凝土，可用以下回归方程式表示：

$$f_{cu}^{c}=f(R) \tag{5-41}$$

式中，f_{cu}^{c} 为回弹法测区混凝土强度值。

对于已经碳化的混凝土或龄期较长的混凝土，则可由下列函数关系表示：

$$f_{\mathrm{cu}}^{\mathrm{c}}=f(R, d) \tag{5-42}$$

$$f_{\mathrm{cu}}^{\mathrm{c}}=f(R, d, l) \tag{5-43}$$

式中，d 为混凝土碳化深度，mm；l 为混凝土龄期。

如果要考虑含水率对回弹测强的影响，而且混凝土含水率容易测得时，也可采用下列函数式：

$$f_{\mathrm{cu}}^{\mathrm{c}}=f(R, d, l, W) \tag{5-44}$$

式中，W 为混凝土的含水率。

目前我国的回弹法测强曲线，根据曲线制定的条件及使用范围分可为三类（表 5-4）。

表 5-4　回弹法测强曲线分类

名称	统一曲线	地区曲线	专用曲线
定义	由全国有代表性的材料，成型、养护工艺配制的混凝土试块，通过大量的破损与非破损试验所建立的曲线	由本地区常用的材料，成型、养护工艺配制的混凝土试块，通过较多的破损与非破损试验所建立的曲线	由与结构或构件混凝土相同的材料，成型、养护工艺配制的混凝土试块，通过一定数量的破损与非破损试验所建立的曲线
适用范围	适用于无地区曲线或专用曲线时检测符合规定条件的构件或结构混凝土强度	适用于无专用测强曲线时检测符合规定条件的构件或结构混凝土强度	适用于检测与该结构或构件相同条件的混凝土强度
误差	测强曲线的平均相对误差≤±15%，相对标准差≤18%	测强曲线的平均相对误差≤±14%，相对标准差≤17%	测强曲线的平均相对误差≤±12%，相对标准差≤14%

1）全国统一测强曲线

全国统一测强曲线是由国家建设部组织实施制定的，并将其写入到了《回弹法检测混凝土抗压强度技术规程 JGJ/T23—2011》中，为没有地区测强曲线或专用测强曲线的地方在应用回弹法时提供参考。

统一测强曲线是在规定了回弹仪的标准状态和回弹值测试方法后，采集了全国各个地方近千余组回弹试验数据，经统计分析得到了数百个回归方程，综合考虑了测试精度、应用的简便性及适应性强的基础上而选定的。统一测强曲线的回归方程为

$$f_{cu}^{c}=0.02497R^{2.0108}\times 10^{-0.0358d} \tag{5-45}$$

公式的平均相对误差 $\delta=\pm 14.0\%$，相对标准差 $e_r=18.0\%$，基本满足了实际工程中对混凝土强度测试的允许误差要求，而且，经研究表明应用该公示的相对测试误差基本呈正态分布。

统一测强曲与地区测强曲线和专用测强曲线相比，在测试精度上要略低一些，但其能在全国范围内应用，而且对于普通工程结构来说其测试精度一定程度上能够满足工程要求。我国大部分地区尚未建立本地区的测强曲线，因此集中力量建立一条统一测强曲线也是需要的。

统一测强曲线可以不按材料品种分别计算成多条曲线，亦即材料品种的差别对回弹测强影响不大。在回归统一测强曲线时曾对同批数据用何种回归方程形式，分别按材料品种(主要是卵石、碎石)分类及全部组合计算，结果是各类公式精度相差不多，并未发现因按材料品种分类而使精度有较大幅度提高的情况。这也说明了材料品种对回弹法测试结果影响并不显著。

统一测强曲线的制定与目前国外采用的曲线方程形式有较大差异。它选择了回弹值 R 和碳化深度 d 两个参数作为方程的自变量，依据材料的实测极限抗压强度通过回归拟合得到。实践证明，将碳化深度 d 引入到曲线回归方程中是正确的。通过对同一构件进行回弹测试表明，当应用含有 R，d 两个自变量的回归方程推算其强度值时要比应用只有 R 一个自变量的回归方程推算结果更接近实际强度值。d 不但反映了混凝土材料由于所处环境条件差异及龄期等因素对回弹测强结果的影响，而且一定程度上减小了因水泥品种不同而导致的对碳化速率的影响。我国地域辽阔，各地区气候环境差异大，欲以一条统一测强曲线作为回弹法的测强曲线，考虑采用 R，d 两个自变量是较合适的。

为对不同条件下、不同龄期混凝土碳化深度对测强结果的影响进行修正，我国统一测强曲线选用的回归方程形式为

$$f_{cu}^{c}=AR^{B}\times 10^{Cd} \tag{5-46}$$

可以看出，该公式由两部分组成。当混凝土龄期较短无碳化影响时，$d=0$，回归方程可直接表示为幂函数形式：$f_{cu}^{c}=AR^{B}$；当要考虑碳化深度对测试结果的影响时，则可以采用公式中后半部分 $K=10^{Cd}$ 对测试结果进行修正，以消除 d 对测试结果的影响，保证测试的准确性。

2）专用测强曲线

专用测强曲线的回归方程式，应采用一定数量的试块中每一试块成对的回弹值 R 和抗压强度值 f_{cu} 数据，按最小二乘法的原理求得。目前，使用较多的回归方程式主要有：

$$f_{cu}^{c}=A+BR \quad \text{（直线式）} \tag{5-47}$$

$$f_{cu}^{c}=AR^{B} \quad \text{（幂函数式）} \tag{5-48}$$

$$f_{cu}^{c}=A+BR+CR^{2} \quad \text{（抛物线式）} \tag{5-49}$$

用同一批次的试块按不同形式的回归方程式进行试算比较，取其中平均相对误差 δ 和相对标准差 e_r 均符合要求且其值较小的一个回归方程式作为专用测强曲线和推算构件测区强度的依据。平均相对误差 δ 和相对标准差 e_r 的计算公式为：

$$\delta=\pm\frac{1}{n}\sum_{i=1}^{n}\left|\frac{f_{cu,i}}{f_{cu,i}^{c}}-1\right|\times 100 \tag{5-50}$$

$$e_r=\sqrt{\frac{1}{n-1}\sum_{i=1}^{n}\left(\frac{f_{cu,i}}{f_{cu,i}^{c}}-1\right)^{2}}\times 100 \tag{5-51}$$

式中，δ 为回归方程的强度平均相对误差（%）；e_r 为回归方程的强度相对标准差（%）；$f_{cu,i}$ 为由第 i 个试块抗压实验得出的混凝土抗压强度值，精确至 0.1MPa；$f_{cu,i}^{c}$ 为由同一试块的回弹值按回归方程计算出的抗压强度值，精确至 0.1MPa。

3）测强曲线的拟合

试验中基于矿井井壁混凝土原型材料制作了不同龄期、不同强度等级的混凝土立方体试块，并测试了其在单向应力和两向应力状态下的回弹值。试验结果表明，混凝土材料处于不同应力状态时会对回弹测试结果产生较大影响。因此，本书力图通过试验结果的拟合，建立一条更符合矿井井壁混凝土受力工况的测强曲线，从而更好将回弹法测强应用于混凝土井壁的强度测试和评价中，并将测试结果应用于井壁可靠度计算分析中。

（1）单向应力状态下测强曲线拟合：根据《回弹法检测混凝土抗压强度技术规程 JGJ/T23—2011》中规定，采用幂函数曲线进行多元回归分析和误差分析。回归方程的形式为

$$f_{cu}^{c}=AR^{B}\times 10^{Cd} \tag{5-52}$$

当不考虑碳化深度影响时，回归方程形式为

$$f_{cu}^{c}=AR^{B} \tag{5-53}$$

式(5-52)中包含了两个自变量，即回弹值 R 和自变量 d。但试验中为避免环境因素而影响试块的强度发展采用了标准养护，实践证明在标养室内养护 28d，试块几乎不发生碳化现象，因此试验中只对试块进行了回弹值和抗压强度的测试。对试验数据运用最小二乘法进行回归分析，只能得到式(5-53)的幂函数形式。对于(5-52)式中后半部分 10^{Cd}，是为避免较长龄期混凝土的表面碳化现象而导致测试误差的修正，因此本次测强曲线拟合中，前半部分通过对试验结果进行拟合得到，后半部分沿用全国统一测强曲线对碳化深度的修正，将二者组合便可得到考虑了混凝土应力状态和碳化深度影响的测强曲线。

对于形如(5-52)式的非线性曲线方程，难以直接应用最小二乘法作回归统计拟合，须对其进行回归线性化处理。即要确定方程中的未知参数，需采用适当的转换方法，把曲线回归方程化为线性方程，再用线性回归方程的最小二乘法原理来确定这些未知参数。对式(5-53)在等式两边取对数，则方程转化为

$$\log f_{cu}^{c}=\log A+B\log R \tag{5-54}$$

令 $Y=\log f_{\mathrm{cu}}^{\mathrm{c}}$，$b=\log A$，$b_{1}=B$，$x=\log R$，原式可化为直线方程形式

$$Y=b+b_{1}x \tag{5-55}$$

用最小二乘法原理对取得的试验数据作统计分析可以得到式(5-54)中系数 A 和 B，代入原式得到

$$\log f_{cu}^{c}=-1.33792+1.8315\log R \tag{5-56}$$

在上式两边取反对数后便可得曲线方程最终为

$$f_{cu}^{c}=0.04593R^{1.8315} \tag{5-57}$$

上式即为在不考虑碳化修正条件下的测强曲线，当考虑对长龄期混凝土的碳化修正时，将式(5-57)与式(5-45)全国统一测强曲线中对碳化深度的修正部分进行组合便可得到

$$f_{cu}^{c}=0.04593R^{1.8315}\times 10^{-0.0358d} \tag{5-58}$$

其平均相对误差 δ 和相对标准差 e_{r} 分别为

$$\delta=\pm\frac{1}{n}\sum_{i=1}^{n}\left|\frac{f_{cu,i}}{f_{cu,i}^{c}}-1\right|\times 100\%=5.47\% \tag{5-59}$$

$$e_{r}=\sqrt{\frac{1}{n-1}\sum_{i=1}^{n}\left(\frac{f_{cu,i}}{f_{cu,i}^{c}}-1\right)^{2}}\times 100\%=6.67\% \tag{5-60}$$

可以看出，该回归曲线相关性较好，其平均相对误差 $\delta=5.47\%$ 小于规范中对专用测强曲线平均相对误差不得大于 12%的要求；相对标准差 $e_{r}=6.67\%<$

14%，均满足专用测强曲线的要求。因此当被测构件为单向受力状态时，式(5-58)可以作为现场回弹测试的测强曲线应用。

(2) 两向应力状态下测强曲线的拟合：单向应力状态下的测强曲线通过拟合混凝土试块在单向不同压力下的回弹值数据，力求使测强曲线更符合现场构件的受力工况，从而减小因应力状态不同引起的测试误差。可以看出，曲线的强度平均相对误差 δ 和相对标准差 e_r 均符合规范对要求，在一定程度上较统一测强曲线取得了一定进步。但对于井筒混凝土井壁来说，仅通过单向加载试验进行回弹测试与井筒实际受力工况仍存在较大差距。试验结果也表明，当混凝土材料处于两向应力状态时对回弹测试结果影响更大。而通过对试验过程中应力应变进行监测表明，本次两向应力状态下的回弹试验与井壁内表面实际受力状态相似，因此，能够得到混凝土材料在两向应力状态下的测强曲线无疑会大大提高回弹测试结果的精度。本文通过对混凝土试块进行两向受力状态下的回弹数据进行统计分析，得到了两向受力状态下的测强曲线。

与单向应力状态下的曲线回归方程相似，首先对回弹值 R 和实测抗压强度 f^c_{cu} 进行拟合，然后将拟合结果与统一测强曲线中对碳化深度的修正部分进行组合，便可得到两向应力状态下的专用测强曲线。

当不考虑碳化深度影响时，应用与单向应力状态时曲线方程回归相同的方法进行拟合可得到无碳化深度变量的拟合结果

$$f^c_{cu}=0.03229R^{1.9468} \tag{5-61}$$

将上式与碳化深度修正部分进行组合得到

$$f^c_{cu}=0.03229R^{1.9468}\times 10^{-0.0358d} \tag{5-62}$$

式(5-62)即为混凝土材料在两向应力状态下的最终回归曲线方程，其强度平均相对误差 δ 和相对标准差 e_r 为

$$\delta=\pm\frac{1}{n}\sum_{i=1}^{n}\left|\frac{f_{cu,i}}{f^c_{cu,i}}-1\right|\times 100\%=5.30\% \tag{5-63}$$

$$e_r=\sqrt{\frac{1}{n-1}\sum_{i=1}^{n}\left(\frac{f_{cu,i}}{f^c_{cu,i}}-1\right)^2}\times 100\%=6.55\% \tag{5-64}$$

由以上两式可以看出，其强度平均相对误差 $\delta=5.3\%<12\%$，相对标准差 $e_r=6.55\%<14\%$，均满足规范要求。与单向应力状态下的回归曲线方程相比其强度平均相对误差 δ 和相对标准差 e_r 相近，但两向应力状态下的回弹值与混凝土强度之间的相关性与立井井筒的受力工况更为相近，因此该测强曲线能够更好的应用于煤矿立井井壁的现场回弹测试中。

5.3　回弹法测试井壁强度的实测分析

本章将在前述试验的基础上，应用由试验测得的回弹标定值和对试验结果回归拟合得到的测强曲线来测试立井井壁的现有强度状态，并通过分析其强度演变规律，为合理评价井壁安全状况和可靠性分析提供依据。

5.3.1　井筒概况

姚桥煤矿2#主井1990年12月1日开工，1993年6月30日竣工。井筒深度693.54m，净直径5.50m，采用冻结法施工。井筒穿过的第四系表土层总厚164.36m，主要由黏土、砂质黏土及中细砂层组成；表土以下为侏罗系地层，主要由粉砂岩、砾岩、粉砂质泥岩组成，砂岩多泥质胶结或钙质胶结，整个矿区断层比较多，局部裂隙发育，上下水的垂直联系比较紧密。

主井表土层冻结段井壁为内外双层钢筋混凝土复合井壁结构，内壁厚500mm，外壁厚450mm；基岩段为单层素混凝土结构，井壁厚度400mm，井壁施工质量较好。其中，表土段套砌内壁，从永久锁口盘底口到1#大壁座上口，总深为192m。表土段内壁，设计壁厚500mm，为现浇钢筋砼结构，钢筋规格为φ18～φ22，钢筋排列在强基岩风化带段高30m，为内外双层钢筋，其余均为单层钢筋，内环外竖，靠内侧布置。钢筋保护层为70mm，间排距为250～280mm；砼标号为400#。同时在内外层井壁之间设有两层$\delta=15$mm的聚氯乙烯塑料薄板夹层。

姚桥煤矿2#主井井筒自1993年竣工以来，服务近20年，长期受地下环境因素以及水平地压、竖直附加力等荷载作用影响井壁混凝土材料受到了一定程度的损伤和弱化，而且混凝土表面碳化现象严重。此次测试，目的就是要明确该井壁混凝土在经历若干年强度弱化后目前所处的强度等级，为合理评价井壁的安全状况提供依据，并为后续井壁的可靠度计算分析提供抗力参数。

5.3.2　测试方案

由于井筒破裂事故多发生在表土与基岩段交界面附近，因此本次回弹测试选择在表土段附近，易发生破裂的井筒部分进行。设计在井筒垂深130m、140m、150m、155m、160m和170m位置布设6个测试水平，进行井筒混凝土内壁的回弹测试工作，其中155m处有出水点，因此设置一测试水平。通过分析竖向不同测试水平井壁混凝土的回弹值大小及其变化情况，来了解并掌握井壁的强度状态。

每个测试水平选取东南、东北、西南、西北四个方位，每个方位选择一个测区，进行井壁混凝土的回弹测试工作，测区内测点如图 5-17 所示布置。测点间距为 100mm，共 16 个测点。六个测试水平共有测点 384 个。

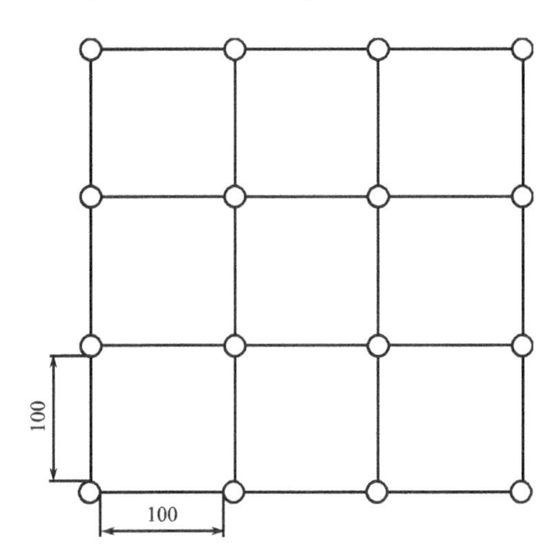

图 5-17　回弹测点布置示意图(单位：mm)

5.3.3　测试步骤

在煤矿工作人员陪同下，按如下步骤对混凝土井壁进行了回弹测试：

(1) 首先在设计水平选定测区，对测试面进行清洁、平整，使测试面不存在疏松层、浮浆油垢涂层以及蜂窝麻面等。

(2) 依照预先设定的测点，进行回弹值测试，测试时回弹仪的轴线应始终垂直于井壁混凝土测试面，做到缓慢施压准确读数快速复位。

(3) 回弹值测试完毕后在有代表性的位置上测量碳化深度值。碳化深度值测量时采用直径 15mm 的电钻在测区表面凿出孔洞，并使孔洞深度大于混凝土的碳化深度。将孔洞中的粉末和碎屑除净，而且不得用水冲洗。然后采用浓度为 1%的酚酞酒精溶液滴在孔洞内壁上，当酚酞溶液遇到已碳化的混凝土时会变成粉红色。待酚酞溶液变色完全后，用卡尺测量已碳化与未碳化混凝土交界面到井壁表面的垂直距离，测量 3 次，每次读数精确至 0.5mm，取三次读数的平均值作为该测区的碳化深度值。

5.3.4　测试结果分析

通过对六个测试水平，共 24 个测区，384 个测点进行现场回弹测试，每个测区测得 16 个回弹值，得到了大量回弹值数据。计算测区平均回弹值时应从该测区的 16 个回弹值中剔除 3 个最大值和 3 个最小值，剩余的 10 个回弹值按下式计算取平均值：

$$R_m = \frac{\sum_{i=1}^{10} R_i}{10} \tag{5-65}$$

式中，R_m 为测区平均回弹值，精确至 0.1，R_i 为第 i 个测点的回弹值。

通过对测得数据进行计算整理，得到了各个测区的回弹平均值和碳化深度值，见表 5-5。

表 5-5　各测区回弹平均值及碳化深度值

垂深/m	东南		东北		西南		西北	
	回弹值	碳化深度/mm	回弹值	碳化深度/mm	回弹值	碳化深度/mm	回弹值	碳化深度/mm
130	43	3	43.3	3	42.1	2.5	41.1	2.5
140	41.7	3.5	42.1	3	42.6	3	42.8	3
150	41.8	3.3	40.7	2.5	43.4	3	43.7	3.5
155	40.6	3	41.9	3.5	41.7	3	41	2.5
160	40.5	3.5	39.7	2	41	3	41.5	3
170	40	2.5	41	3	40.3	2	40.6	2.5

将表 5-5 中回弹值与图 3-11 进行对比可知，井壁混凝土实测回弹值基本上处于强度等级为 C40 的混凝土回弹值范围内，依此可以认为井壁目前强度等级相当于 C40 的水平。但井壁已运营近 20 年，其表面碳化现象严重，实测值是在井壁表面有碳化层的情况下测得，碳化层会提高井壁表面硬度而使测试结果偏大。因此，可以估计井壁目前强度等级已低于其原设计强度 C40 的水平。

以上将实测值和图 3-11 进行对比初步估计了井壁混凝土在经历若干年强度弱化后目前的强度等级，下面分别应用统一测强曲线、单向应力状态和两向应力状态下的拟合曲线对测区混凝土强度进行换算。计算结果如表 5-6～表 5-8 所示。

表 5-6 全国统一测强曲线推算测区强度结果 (单位：MPa)

垂深/m	东南	东北	西南	西北
130	37.6	38.1	37.5	35.8
140	33.9	36.0	36.8	37.1
150	34.6	35.0	38.2	37.3
155	33.4	34.1	35.3	35.6
160	31.9	34.7	34.2	34.9
170	33.8	34.0	35.8	34.8

表 5-7 单向应力状态测强曲线推算测区强度结果 (单位：MPa)

垂深/m	东南	东北	西南	西北
130	35.2	35.6	35.3	33.8
140	32.0	33.9	34.6	34.8
150	32.6	33.1	35.8	34.8
155	31.6	32.1	33.2	33.6
160	30.2	33.0	32.3	32.9
170	32.1	32.2	34.0	33.0

表 5-8 两向应力状态测强曲线推算测区强度结果 (单位：MPa)

垂深/m	东南	东北	西南	西北
130	38.2	38.7	38.2	36.5
140	34.6	36.6	37.4	37.7
150	35.3	35.7	38.8	37.9
155	34.0	34.7	35.9	36.3
160	32.5	35.5	34.9	35.6
170	34.5	34.7	36.6	35.5

由以上计算结果可以看出，应用统一测强曲线得出的计算结果居中，由两向测强曲线得出的计算结果大于单向测强曲线计算结果，这与实际相符。由混凝土构件在不同受力状态下的抗压性能知道，混凝土在三向受压时的抗压强度最大，两向受压时抗压强度居中，单向受压时抗压强度最小。测试结果与实际相符，更

加验证了回归曲线的适用性。可以说，两向应力状态下的回弹测强曲线，更能够反映井壁混凝土的实际受力工况，用其推算混凝土强度值会更接近井壁混凝土的实际抗压强度。

为便于观察井壁混凝土强度的演变规律，将由两向测强曲线得出的各测区混凝土强度随深度变化情况示于图 5-18 中。由图中混凝土强度在四个方位上沿垂深的变化趋势可以看出，井壁混凝土强度随垂深增大强度有一定程度的波动，但总体呈现出减小的趋势，其中东南、西南方位的强度衰减较快。造成这种现象的原因是多方面的，但主要有以下三个原因。一是井壁混凝土由于施工工艺问题而造成的井筒深部混凝土材料强度达不到规定要求。二是由于深部井壁长期受到高水平地压和高附加应力作用，而且越往深部这种作用越强，对井壁造成了一定程度的损伤，对混凝土强度起到了显著的弱化作用。三是由于井壁处于地下环境中，受到地下水腐蚀，温度应力的循环作用造成其强度弱化。

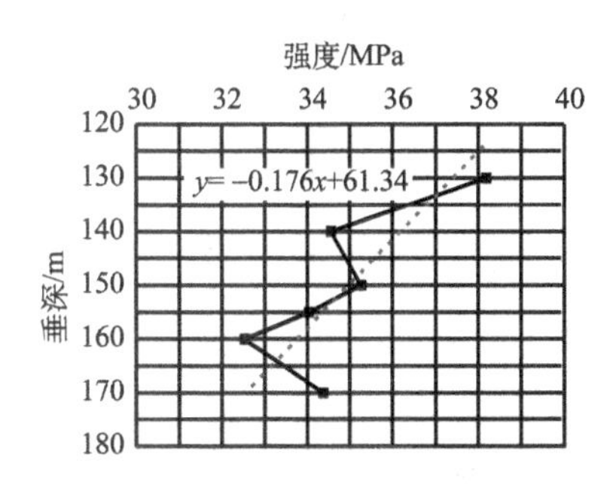

(a) 东南方位井壁混凝土强度沿垂深的变化

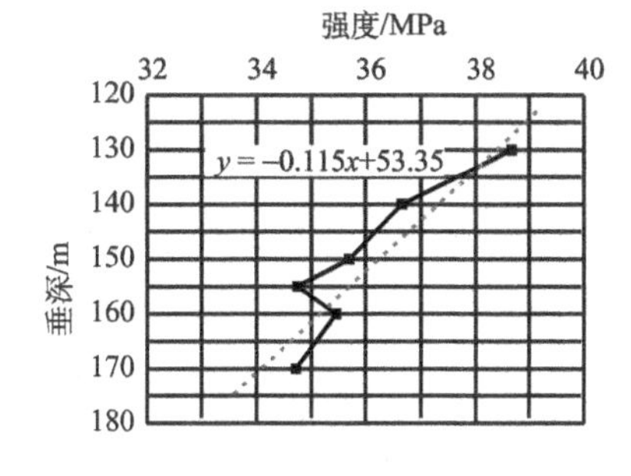

(b) 东北方位井壁混凝土强度沿垂深的变化

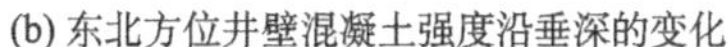

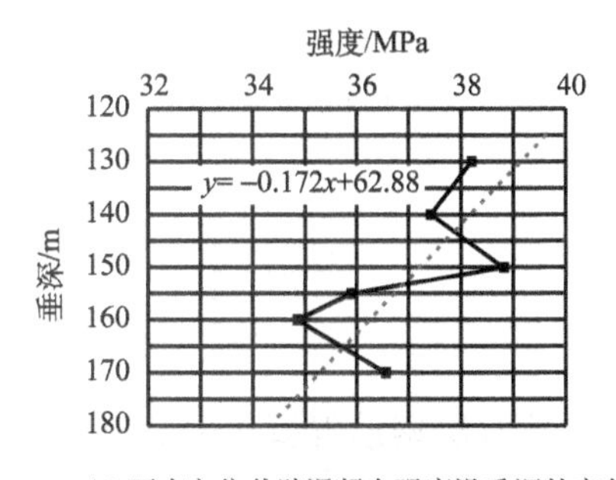

(c) 西南方位井壁混凝土强度沿垂深的变化

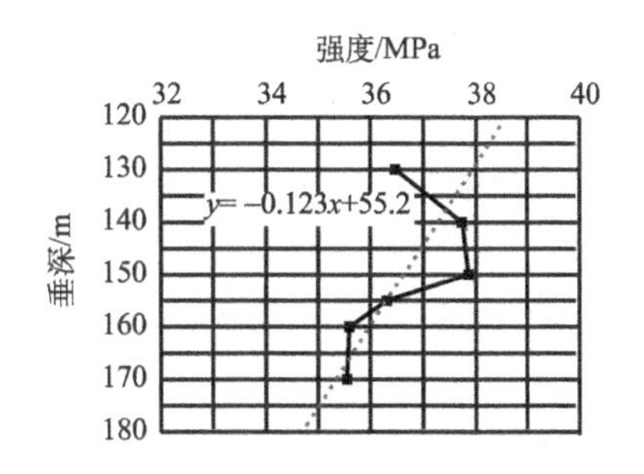

(d) 西北方位井壁混凝土强度沿垂深的变化

图 5-18　各测区混凝土强度随深度变化情况

根据《回弹法检测混凝土抗压强度技术规程 JGJ/T23-2011》规定，构件混凝土强度平均值应由各测区混凝土强度换算值计算得出，当测区数等于或大于 10 时，还应计算标准差。平均值及标准差应按下列公式计算

$$m_{f_{cu}^c}=\frac{\sum_{i=1}^{n} f_{cu,i}^c}{n} \tag{5-66}$$

$$S_{f_{cu}^c}=\sqrt{\frac{\sum_{i=1}^{n}(f_{cu,i}^c)^2-n(m_{f_{cu}^c})^2}{n-1}} \tag{5-67}$$

式中，$m_{f_{cu}^c}$为构件混凝土强度平均值(MPa)，精确至0.1MPa；$S_{f_{cu}^c}$为构件混凝土强度标准差(MPa)；$f_{cu,i}^c$为测区混凝土强度换算值(MPa)。

根据以上公式对各测区混凝土强度进行计算，可以得出在井筒垂深130～170m段其强度平均值和标准差为

$$m_{f_{cu}^c}=\frac{\sum_{i=1}^{n} f_{cu,i}^c}{n}=\frac{866.35}{24}=36.1\text{MPa} \tag{5-68}$$

$$S_{f_{cu}^c}=\sqrt{\frac{31333.63-31273.34}{23}}=1.62\text{MPa} \tag{5-69}$$

本次测试共有6个测试水平，24个测区。当测区数大于10个时，应按下式计算该混凝土构件的最终强度推定值：

$$f_{cu,e}=m_{f_{cu}^c}-1.645S_{f_{cu}^c} \tag{5-70}$$

应用上式可以计算出在井筒垂深130～170m段，混凝土井壁的最终强度推定值为31.8MPa，与该段强度平均值对比可知该强度值是偏于安全的。从各个测区强度推定值来看，该段井壁混凝土平均强度为36.1MPa，这与由图3-11推测的结果一致，因此可以认为井壁混凝土在经历若干年后的强度损伤弱化后，其强度等级已经由原来的C40下降到了C35的水平。

5.3.5 井壁强度状态的评价

姚桥煤矿2号主井表土层冻结段井壁为内外双层钢筋混凝土复合井壁结构，内壁厚500mm，外壁厚450mm，混凝土强度等级为C40。从以上测试数据可以看出，该段混凝土井壁现有强度大都在32～38MPa之间，已经低于其原有强度标准，可以认为，混凝土井壁经历近二十年的服务期后，其强度有了一定程度的弱化。目前，其强度等级已经下降到了C35的水平。

由表5-9中不同垂深处井壁混凝土的平均强度值和标准差可以看出，各个测试水平强度推定值虽然有一定程度的波动，但从各水平强度标准差来看，可以认为其波动仍处在较小的水平，井壁均质性较好。在垂深155～170m段，三个测

试水平的平均强度推定值较整体强度平均值 36.1MPa 要小，而且此处在出水点下方，说明该水平是井壁结构中的薄弱部分。

表 5-9　不同垂深处井壁混凝土的平均强度值

垂深/m	平均强度/MPa	标准差/MPa
130	37.88	0.97
140	36.60	1.43
150	36.92	1.71
155	35.25	1.05
160	34.61	1.42
170	35.32	0.98

垂深 160～170m 段处于表土与基岩交界面范围内，而据统计，华东地区井壁破裂部位大都处于此范围内。因此，该段是井壁破裂事故多发段。由井壁混凝土强度沿垂深的演变规律来看，越往深部，混凝土材料强度呈衰减趋势，而且随垂深增大，井壁所受附加总力也逐渐增大，这更加剧了该段井壁的破裂风险。因此，该段范围的井壁是分析研究的重点。

5.3.6　总结

本章对姚桥煤矿 2＃主井混凝土井壁进行了现场回弹测试，并应用全国统一测强曲线和单向、两向应力状态下回弹试验得出的回归曲线进行了井壁强度值推算，得到了以下主要结论：

(1) 对于受力工况复杂的混凝土井壁，应用回弹法测试其强度时，采用本文中由回弹试验结果拟合得出的两向应力状态下的回归测强曲线来推算其强度值，结果更符合实际情况。

(2) 测试结果表明，井壁混凝土材料在经历若干年服务期限后，其自身强度会因受到的荷载及环境等因素而遭到一定程度弱化，因此在评价井壁安全状况时应考虑到材料的强度衰减。姚桥煤矿 2＃主井井壁混凝土的强度等级已由原来的 C40 衰减到了 C35 的水平。

(3) 井壁混凝土材料的强度在空间上并不是各处都相等，而是随井筒垂深增大，强度呈逐渐衰减趋势。而且各个方位强度衰减率并不相同，易导致井壁中出现薄弱部位，尤其是表土与基岩交界面范围内井壁是研究的重点。

5.4 井壁的可靠性分析

本节将在现场测试混凝土井壁强度基础上，以大屯矿区姚桥煤矿 2# 主井井壁为例，应用可靠度分析理论，计算分析井壁目前的可靠度和失效概率，定量评价井壁的安全状况，并对影响井壁可靠性的主要因素进行了探讨，为井壁破裂事故的预测和及时治理提供参考依据。

5.4.1 可靠度基本概念

结构在规定的时间内，规定的条件下，若其安全性、适用性和耐久性均得到保证，就说明该结构是可靠的。通常将结构在规定的时间和条件下，完成预定功能的概率称为可靠度，并用 P_f 表示。

与其他建筑工程结构中的抗力参数和荷载参数一样，立井井壁的混凝土材料强度及其周围地层中的围岩(土)力学性能都具有一定的随机变异性，这些参数的不确定性都会对井壁破裂灾害的发生产生一定程度的影响。在对井壁强度状态进行评价及预测井壁破裂时，通常只对所涉及的参数的变异性做简单的算术平均处理，或取具有一定保证率的安全系数，以增大安全储备。这些传统方法虽然在一定程度上可以抵消由材料及荷载参数的变异性带来的安全隐患，但显然这种做法是比较粗糙的。因为它既不能保证这种处理的合理性，也不能将由于参数的不确定性带来的安全隐患定量化，因此在依据传统方法进行预警及治理井壁破裂灾害时，常常会造成经济上的浪费，而且工程效果也不佳。

将可靠性理论引入到对矿井井壁破裂灾害的预警及安全评价中，就可以克服传统方法的缺陷。可靠性分析方法虽然以定值分析模型为基础，但其考虑了井壁相关抗力参数及荷载参数的不确定性，并以建筑规范中对不同等级建筑物的可靠度要求为依据，把可靠度或失效概率小于某一限值作为评价指标，把各项参数的变异性纳入到可靠性理论中来，用量化的可靠度和失效概率来评价其实际的安全状况。因此，利用可靠性理论对井壁进行安全评价和破裂灾害的预警，其结果会更加准确可靠，也更加符合实际。

此外，华东地区厚表土层中立井井壁受到竖直附加力作用，而且附加力是随时间而逐渐累积的。由于在井筒设计时未考虑到该力的作用，因此现役井壁存在着巨大的安全隐患。在引入附加力作用下应用可靠度理论对井壁进行可靠性分析，能够对井壁的安全状况给出更合理的评价，对预警井壁破裂和及时治理具有重要的社会意义。

5.4.2　井壁可靠性的影响因素

立井井壁的可靠性分析功能函数的建立，依赖于对井壁破裂机理的认识、破坏模式的识别及其计算。影响立井井壁变形破坏机理和破坏模式的因素很多，但主要有围岩(土)的力学特性(如土性、土体力学性质等)、井壁混凝土强度、井壁的几何特性以及井壁所受荷载等。

1) 围岩(土)特性

在我国华东地区覆盖有厚度较大的厚表土层，其对井壁受力状态影响巨大，甚至决定着井壁的安全状态。对于围土的水平地压大多采用重液公式进行计算，一定程度上满足了工程需要。但厚表土层中因疏排水而产生的巨大竖直附加力，对井壁安全有着巨大威胁。近些年来，华东地区发生的立井井壁破裂事故，经研究发现大都是由于竖直附加力的作用而导致。而不同的土性、不同的疏排水速度 v 也将产生不同的附加力增长率 b(见表 5-10)，从而对井壁可靠性产生一定程度影响。

表 5-10　附加力增长率 b 与疏排水速率 v 的关系

b 值土性 / v 值/(MPa/y)	黏土	砂质黏土	黏土质砂	砂土
0.060	0.020141	0.130877	0.295366	0.884164
0.114	0.257981	0.552454	1.07570	1.40156
0.168	0.359439	0.965294	1.90204	1.45531

2) 立井井壁混凝土强度

井壁混凝土材料的强度等级是直接关系到井壁极限承载力的关键因素，也是进行井壁可靠度分析的主要因素。目前混凝土强度等级的确定由标准立方体抗压强度的标准值确定，即指按标准方法制作、养护的边长为 150mm 的立方体试件，在 28d 或标准设计龄期以标准试验方法测得的具有 95%保证率的抗压强度值。立井井壁处于地下复杂的荷载条件下，受到围岩(土)的高水平地压、高附加力、自重及地下水等的作用，受力状况复杂，加上复杂的地下环境都会对井壁混凝土材料的强度起到一定程度的弱化作用。而且通过第四章现场测试也证实了井壁强度已经有了一定程度的下降，而且越往深部，井壁强度越低，这些混凝土强度的不确定性，都极大的影响着井壁的可靠性。

3）井壁几何特征

在现有的立井井壁设计及解析计算中，所采用的计算模型大都将井壁简化为轴对称的等厚理论筒，但井筒在地下土层中，受地下水以及温度等因素差异的影响，会造成井壁截面的不规则，施工工艺也会导致与设计尺寸存在一定程度的偏差，这都对井壁可靠性产生一定影响。据文献[87]通过对多个样本的统计分析，得到井壁结构几何尺寸的不定性服从对数正态分布。

4）井壁荷载

井壁的荷载一般指井壁自重、水平地压、上部井塔及井筒装备和竖直附加力作用。对于这些荷载的计算目前多采用经验公式或通过模拟试验拟合结果来推算其大小，得到的结果是近似的，有时甚至偏差较大。井壁荷载的这些不确定性都会使井筒可靠性存在一定隐患。

5.4.3　井壁可靠性分析的判别准则

在井壁的可靠性分析中，井壁是否发生破裂，需要用一个判别准则进行判别。对于建造井壁所采用的混凝土材料而言，其破坏机理和破坏模式取决于多种因素。而在研究材料的破坏方面，研究者提出了众多的强度理论来判别材料的危险状态，其中应用较多是古典强度理论中的四个强度理论。对于判断材料破坏的准则，归纳起来主要有以下几类破坏准则。

1）应力准则

古典强度理论中第一强度理论——最大主应力理论和第三强度理论——最大剪应理论均属于该准则范畴。两个理论分别认为材料所受的最大主应力和最大剪应力是使材料发生破坏的决定性因素，当材料中某一点超过其应力极限时即发生破坏。基于该准则，当井壁在外荷载作用下井壁内一点的最大主应力等于或超过材料极限应力值时即认为达到极限破裂状态。

2）应变准则

最大应变强度理论是马利奥脱(E. Mariotto)于1682年提出，森文南于十九世纪中叶最后使这一理论定型。该理论将材料发生的最大应变作为极限状态的决定性因素，即以ε_{max}作为判别准则。基于该准则，当井壁的竖向总应变等于或超过材料的极限应变允许值时，即认为井壁达到极限破坏状态。

3）能量准则

该理论是从物理现象发现的事实出发而提出的，即要使物体破裂，必须克服保证物体固有形状和物体强度的分子力，这必然要消耗能量，就把产生能量所做的功作为判别准则。

文献[13]中通过对井壁承载能力的塑性极限分析，推导出了基于双剪统一强度理论的塑性极限荷载表达式(式5-71)，并较准确的判断了大屯矿区徐庄煤矿副井井壁的破裂。因此本文基于上述塑性极限承载力的分析，采用应力准则作为井壁可靠度计算的判断准则来构造功能函数，进行井壁可靠度计算。

$$\begin{cases} q=\left(\dfrac{1}{Mb\pi(R^2-r^2)}P+\dfrac{1+b}{\alpha bM}\sigma_s\right)\left[\left(\dfrac{r}{R}\right)^M-1\right],\ \sigma_\theta\leqslant\dfrac{\sigma_r+\alpha\sigma_z}{1+\alpha} \\ q'=-\dfrac{1}{Mb}\left[(b+1)\sigma_s+\dfrac{\alpha(b+1)}{\pi(R^2-r^2)}P\right]\left[\left(\dfrac{r}{R}\right)^M-1\right],\ \sigma_\theta\geqslant\dfrac{\sigma_r+\alpha\sigma_z}{1+\alpha} \end{cases} \tag{5-71}$$

5.4.4　功能函数的建立

对工程结构进行可靠性分析时功能函数的一般形式为

$$Z=g(R,\ S)=R-S \tag{5-72}$$

本书基于上节中应力判别准则和式(5-71)井壁塑性极限荷载表达式建立井壁可靠性分析的功能函数，其极限状态方程可表示为

$$Z=g(\sigma_{max},\ \sigma_0)=\sigma_{max}-\sigma_0 \tag{5-73}$$

式中，σ_{max}为井壁极限承载力，MPa；σ_0为现阶段在荷载作用下井壁内的最大应力，MPa；

函数$g(\sigma)$是反映立井井壁所受应力状态的函数，称为状态函数或功能函数，σ为基本状态变量。根据可靠性基本原理可知，井壁的应力状态可以分为三种情况，即：

(1) $Z=g(\sigma_{max},\ \sigma_0)=\sigma_{max}-\sigma_0>0$，此时井壁在荷载作用下的最大应力小于井壁混凝土材料的极限承载力，因此井壁处于安全状态；

(2) $Z=g(\sigma_{max},\ \sigma_0)=\sigma_{max}-\sigma_0=0$，此时井壁在荷载作用下的最大应力等于井壁混凝土材料的极限承载力，因此井壁处于极限状态，或已发生破裂；

(3) $Z=g(\sigma_{max},\ \sigma_0)=\sigma_{max}-\sigma_0<0$，此时井壁在荷载作用下的最大应力大于井壁混凝土材料的极限承载力，事实上这种状态是不存在的，井壁此时已发生破裂；

自1987年以来，通过对华东地区深厚表土层井壁破裂灾害的机理进行研究以来，大多数学者都已认可在深厚表土层中井壁所受竖直附加力作用是造成井壁破裂的主要原因。井壁受力计算已不再是平面力学问题，而是三维空间的力学问题，而且竖直附加力已成为设计井壁强度和稳定性的控制因素。因此，本文在选定功能函数控制因素时与以往井壁可靠度计算的功能函数不同，选择井壁竖向作用力 σ_z 作为控制因素，认为当 σ_z 大于极限承载力时井壁破裂，并以此为根据来计算井壁可靠度和失效概率。

式(5-71)是在双剪统一强度理论基础上得出的井壁塑性极限承载力 p 与 q 的关系，将该式进行转换便可得到井壁在双剪统一强度理论下的竖向极限承载力 σ_z 的表达式为：

$$\sigma_z = \frac{q(\alpha b - b - 1)}{\alpha\left[\left(\frac{r}{R}\right)^{\frac{\alpha b - b - 1}{\alpha b}} - 1\right]} - \frac{1+b}{\alpha}\sigma_s \tag{5-74}$$

式中，R、r 分别为井筒外径与内径；σ_s 为混凝土极限抗拉强度，MPa；q 为作用于井壁的水平压力；α 为混凝土拉伸极限强度与压缩极限强度之比；b 为中间主剪应力以及相应面上的正应力对材料破坏影响程度的系数。

将上式极限承载力 σ_z 做为功能函数中的 $\sigma_{\max}$，则功能函数可表示为：

$$g(\sigma_{\max}, \sigma_0) = \frac{q(\alpha b - b - 1)}{\alpha\left[\left(\frac{r}{R}\right)^{\frac{\alpha b - b - 1}{\alpha b}} - 1\right]} - \frac{1+b}{\alpha}\sigma_s - \sigma_0 \tag{5-75}$$

确定了功能函数中的抗力表达式后，下面再对作用于井壁上的荷载因素进行统计分析。对于厚表土层中井壁而言，作用于井壁上的现有荷载一般主要有水平地压、井壁自重、井筒装备和部分井塔重以及竖直附加力组成。

(1) 水平地压。水平地压是指水与土体对井壁的侧向压力。计算水平地压的公式很多，如普氏公式、秦氏公式、别列赞采夫公式等，但计算表土水平地压最常用的是重液公式(李世平，1986)：

$$q = \gamma H \tag{5-76}$$

式中，q 为水平地压，MPa；H 为计算深度，m；γ 为计算参数，一般取0.012～0.013。

(2) 井壁自重。井壁自重是指在计算深度处，作用于该点的井壁累积重量，一般采用式(5-77)计算井壁某一深度处自重应力

$$\sigma_G = \gamma_G H \tag{5-77}$$

式中，σ_G 为自重应力，MPa；γ_G 为井壁的平均重力密度，一般取 $2.4\sim2.6\times10^4\,\mathrm{N/m^3}$；

(3) 井塔及井筒装备重。该部分主要包括井筒装备和部分井塔重量，是可确知量。通过参考统计资料知道，一般取井筒装备和井塔重约 3000～5000T，则由该部分引起的井壁内某点的应力为：

$$\sigma_T = \frac{T}{\pi(R^2 - r^2)} \tag{5-78}$$

式中，σ_T 为由井筒装备及井塔作用于井壁上产生的应力，MPa；T 为井筒装备和井塔重，kN；

(4) 竖直附加力。竖直附加力应按照地层的土性取值。杨维好[5]在相似理论基础上通过大量模型试验表明：当含水层水压随时间线性下降时，附加力是线性增长的，而当含水层水压不再下降时，附加力也很快趋于稳定，附加力的增长率与含水层降压速率近似成正比关系。而且不同土性，附加力增长率是不同的，其中黏土、砂质黏土、黏土质砂和砂土层对应的平均增长率分别为 0.22358kPa/mo.、0.4723kPa/mo.、0.94657kPa/mo.、1.3717kPa/mo.。

假设井壁所受附加力的总平均值为 f，则表土层井壁内一定深度处某点由附加力引起的应力为

$$\sigma_f = \frac{2RfH}{R^2 - r^2} \tag{5-79}$$

通过以上对井壁主要荷载的统计分析可以得到，井壁混凝土现阶段的最大竖向应力 σ_0 可表示为

$$\sigma_0 = rH + \frac{T}{\pi(R^2 - r^2)} + \frac{2RfH}{R^2 - r^2} \tag{5-80}$$

将式(5-80)代入式(5-75)中便可得到井壁可靠度计算的功能函数。

5.4.5　井壁统计参数的随机性

建立了求解井筒可靠度的功能函数后，需要进一步确定各随机变量的统计分布规律，依据随机变量的统计参数和它们各自的概率分布函数进行可靠度指标 β 和失效概率的计算。

经统计资料表明，目前在工程中应用较多的统计分布规律主要有以下几种类型：

(1) 均匀分布。设连续型随机变量 X 的分布函数为

$$F(x) = \frac{x - a}{b - a},\ a \leqslant x \leqslant b \tag{5-81}$$

则称随机变量 X 服从$[a，b]$上的均匀分布，并记为 $X \sim U[a，b]$。若$[x_1，x_2]$是区间$[a，b]$上的任一子区间，则

$$P\{x_1 \leqslant x \leqslant x_2\} = \frac{x_2 - x_1}{b - a} \tag{5-82}$$

这表明 X 落在$[a, b]$的子区间内的概率与其位置无关，而只与其长度有关，因此当子区间$[a, b]$的长度相等时，随机变量 X 落在各区间的可能性是相等的，这种等可能性即是所谓的均匀性。当实际工程中无法确定随机变量 X 在子区间内取不同值的可能性有何不同时，就可以假定 X 服从该区间上的均匀分布。

(2) 正态分布。如果连续型随机变量 X 的密度函数为

$$f(x) = \frac{1}{\sqrt{2\pi}} e^{-\frac{(x-\mu)2}{2\sigma 2}} \quad (-\infty < x < +\infty) \tag{5-83}$$

其中，$-\infty < \mu < +\infty$，$\sigma > 0$，则称随机变量 X 服从参数为(μ, σ^2)的正态分布，记作 $X \sim N(\mu, \sigma^2)$。若 $\mu = 0$，$\sigma = 1$，则称 N(0, 1)为标准正态分布。标准正态分布的概率密度函数如图 5-19 所示。

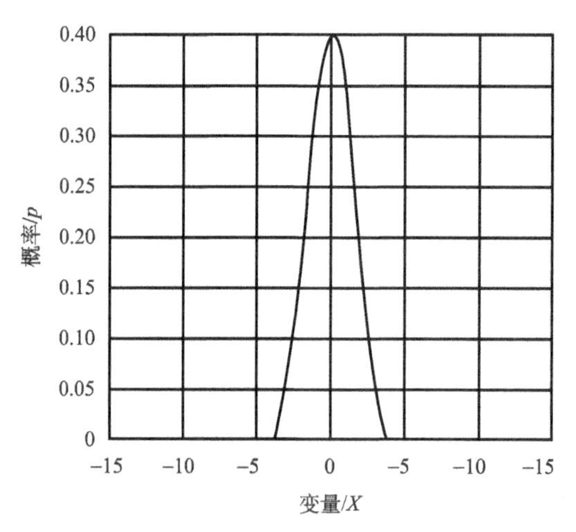

图 5-19　标准正态分布概率密度函数

对于标准正态分布，当 σ 固定，改变均值 μ 的值时，其概率密度曲线 $f(x)$ 会沿着 x 轴平行移动，但不会改变其形状。因此，$y = f(x)$的图形的位置完全由均值 μ 所确定。当固定 μ，改变其标准差 σ 的值时，则当 σ 越小时，图形 $y = f(x)$会越陡，因而 X 落在 μ 附近的概率会相应增大；反之，图形 $y = f(x)$会越平坦，表明 X 的取值越分散。经统计资料表明，目前工程结构中大多数统计参数都服从正态分布规律。

(3) 对数正态分布。对数正态分布是对数为正态分布的任意随机变量的概率分布。如果 X 是正态分布的随机变量，则 $\exp(X)$为对数分布；同样，如果 Y 是对数正态分布，则 $\ln(Y)$为正态分布。对数正态分布是一种偏态分布，它很早

就用于疲劳试验，至今仍是材料或零件寿命分布的一种主要模型。对于 $X>0$，对数正态分布的概率密度函数为

$$f(x)=\frac{1}{\sqrt{2\pi}x\xi}e^{-(\ln x-\lambda)^2/2\xi^2} \tag{5-84}$$

其中，λ 与 ξ 分别是 $\ln X$ 的均值与标准差，即 $\lambda=E(\ln X)$，$\xi=\sqrt{\mathrm{Var}(\ln X)}$。$\lambda$、$\xi$ 与 X 的均值 μ 和标准差 σ 具有如下关系

$$\begin{cases}\lambda=\ln\mu-\dfrac{1}{2}\xi^2\\ \xi^2=\ln\left(1+\dfrac{\sigma^2}{\mu^2}\right)\end{cases} \tag{5-85}$$

对数正态分布的概率密度函数图如图 5-20 所示。

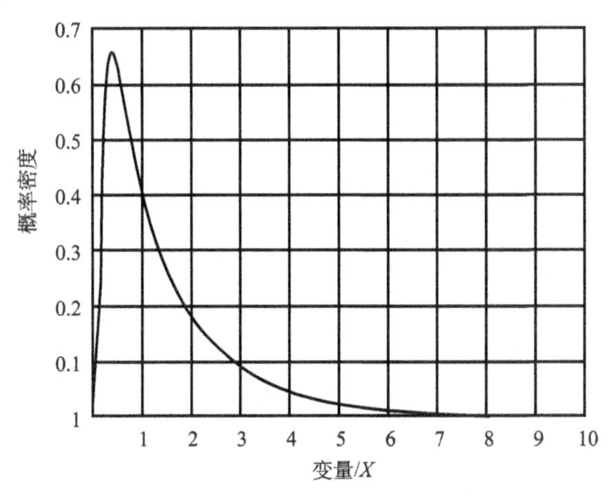

图 5-20　对数正态分布概率密度函数

从建立的功能函数可知，立井井壁结构可靠性分析所涉及的抗力参数主要有混凝土强度相关参数和井壁几何尺寸，荷载参数主要包括竖直附加力、水平地压和井筒装备及部分井塔重。对于以上参数的统计值，本文参照文献[87][88]和《建筑结构可靠度设计统一标准 GB50068-2001》，并结合姚桥煤矿 2＃主井井筒实际情况，对本次井壁结构可靠度计算所涉及的统计参数取值见表 5-11 所示。

表 5-11　井壁可靠度计算的统计参数值

项目	平均值	标准差	变异系数
参数 α	0.1	0.0318	0.318
参数 γ	0.013	0.003	0.2307

续表

项目	平均值	标准差	变异系数
井壁内径 r	2.75	0.0619	0.0225
井壁壁厚 B	0.95	0.0179	0.0188
抗拉强度 σ_s	2.39	0.3824	0.16
平均附加力 f	92	18.4	0.2
砼平均重度 γ_G	2.5×10^4	2500	0.1
井塔重 σ_T	4×10^4	8000	0.2

对于表中数据混凝土抗拉强度的取值是在不考虑井壁混凝土材料发生弱化损伤的条件下，按井壁混凝土强度等级 C40 取得。平均竖直附加力取值是根据大量模型试验结果和理论分析成果，鉴于大屯矿区井筒实际穿过的地层特征，井壁附加力增长率按 0.383kPa/月计算。姚桥煤矿 2# 主井自 1993 年建井以来，至今已服务近 20 年，因此井壁平均附加力 f 取为 92kPa。在以上参数中，井壁内径 r 和井壁厚度 B 服从对数正态分布，而且两者具有相关性，相关系数取为 0.4，其余参数均服从正态分布，且相互独立。

5.4.6 井壁可靠度的计算方法

前述介绍了计算可靠度的几种常用方法：一次二阶矩中心点法、验算点法(JC)法、蒙特卡洛法以及响应面法。中心点法概念清楚，计算简便，分析问题方便灵活，但当中心点法不在极限状态面上时，在中心点处作 Taylor 级数展开后的对应曲面可能会明显偏离原极限状态面。而且该方法没有考虑有关随机变量概率分布，只是利用了随机变量前两阶矩，这也是它的不足之处。蒙特卡罗法概念明确，在可靠度分析中应用较广，在一些情况下还是检验其他可靠度方法精度的唯一方法。但该方法主要缺点是为精确估算失效概率所取用的样本数必须足够大，尤其是在功能函数没有解析式和失效概率比较小的情况下，导致的计算量巨大，而且计算复杂，往往需要借助一些大型计算软件，对于研究人员来说不方便实用。响应面法常用于难以写出功能函数的显示表达式的复杂工程结构，通过设计一系列极限状态曲面，采用确定性的分析得到系统的安全响应，进而拟合一个响应面来逼近真实的极限状态曲面。对于立井井壁而言，可以建立井壁可靠度分析的功能函数，因此本文选择改进的中心点法，即设计验算点法进行井壁可靠度分析。

由相关非正态随机变量的计算步骤图 5-4 可以看出，验算点法考虑了随机变量的实际分布，且在展开点处满足极限状态方程，是对可靠度指标进行较高精度的近似计算。但其计算步骤烦琐，需要多次迭代，特别是在随机变量中存在相关非正态分布时，计算工作量巨大。因此，本文在一次二阶矩验算点法的基础上，应用数据表法进行井壁可靠度的计算。

数据表法（spreadsheet method）由 Low 和 Tang 于 1997 年和 2004 年提出[85]，利用可靠度指标的图形意义，采用 Excel 中数据处理软件，不需要编制复杂的程序，就可实现相关非正态变量问题的可靠度计算。下面简单介绍数据表法的基本原理。

对于工程结构的可靠度指标除了可以用式(5-85)表示外，也可表示为如下的矩阵形式(Ditlevsen1981)：

$$\beta=\min_{x\in F}\sqrt{(\boldsymbol{x}-\boldsymbol{m})^{\mathrm{T}}\boldsymbol{C}^{-1}(\boldsymbol{x}-\boldsymbol{m})} \tag{5-86}$$

式中，$\boldsymbol{x}$ 为多元正态分布随机向量，$\boldsymbol{m}$ 为随机变量向量均值，$\boldsymbol{C}$ 为协方差矩阵，$\boldsymbol{F}$ 为失效域。当 $\boldsymbol{x}$ 为其他分布时，可通过前述当量正态化方法转化为正态分布后再按上式计算可靠度指标。

在随机变量空间内，下式的几何意义可表示为空间的一个椭球：

$$(\boldsymbol{x}-\boldsymbol{m})^{\mathrm{T}}\boldsymbol{C}^{-1}(\boldsymbol{x}-\boldsymbol{m})=1 \tag{5-87}$$

如果以二维随机变量空间为例，则式(5-87)的二次方程可表示为一个椭圆，如图 5-21 所示。椭圆中心在随机变量均值处。当随机变量相关系数 $\rho=0$ 时，椭圆的长短径分别为 σ_1 和 σ_2。随着相关系数 ρ 的变化，椭圆围绕中心倾斜旋转，形状也相应发生变化。

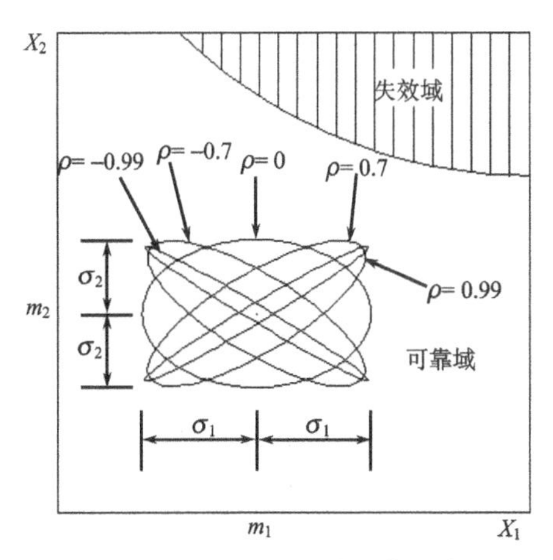

图 5-21　$1-\sigma$ 椭圆与相关系数 ρ 关系图

将式(5-87)的椭圆方程等号右边乘以 β^2 可得到

$$(\boldsymbol{x}-\boldsymbol{m})^{\mathrm{T}}\boldsymbol{C}^{-1}(\boldsymbol{x}-\boldsymbol{m})=\beta^2 \tag{5-88}$$

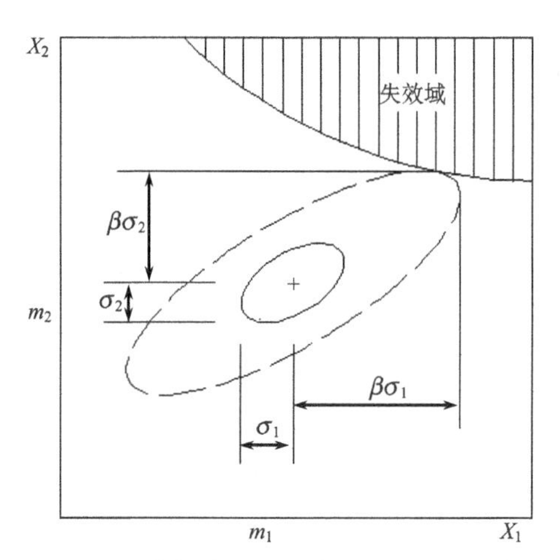

图 5-22 数据表法中可靠度指标 β 的确定

则椭圆的长短径相应增大 β 倍，如图 5-22 所示。当该椭圆与极限状态面相切时，则所得 β 值即为要求的可靠度指标。在数据表法中，向量的矩阵运算以及寻找符合精度要求的验算点的迭代均可以采用 Excel 软件自带的优化算法内置工具来求解，其原理易懂、计算方法简便，而且精度较高，是一种值得推广的可靠度计算方法。

5.4.7 井壁可靠度计算结果分析

根据上述数据表法基本原理，结合 5.5 节井壁基本参数统计值，可得到利用数据表法计算井壁可靠度的基本步骤如下：

(1) 设定初始 $\boldsymbol{x}^*$ 值，一般令初始值为各参数均值，即令

$$\boldsymbol{x}^* = (0.013, 0.1, 2.75, 0.95, 2.39, 92, 25000, 40000)^{\mathrm{T}} \tag{5-89}$$

(2) 利用式(5-30)、式(5-31)将井壁内径和井壁厚度两个变量当量正态化；

(3) 求解向量$(\boldsymbol{x}-\boldsymbol{m})$、$(\boldsymbol{x}-\boldsymbol{m})^{\mathrm{T}}$；

(4) 建立随机变量的协方差矩阵，并求解其逆矩阵；

(5) 输入可靠度指标 β 计算公式和功能函数 $g(x)$；

(6) 利用 Excel 内置优化求解工具，并设置求解精度和迭代次数，求解可靠度指标 β。

根据上述步骤，利用 Excel 内置优化求解工具——【规划求解】，设置求解精度 10^{-6}，迭代次数 100 次，在不考虑井壁混凝土材料的损伤弱化条件下，可求得在井筒垂深 150m 处，地层疏排水进行了 20 年时可靠度指标 β：

$$\beta=\sqrt{(\boldsymbol{x}-\boldsymbol{m})^{\mathrm{T}}\boldsymbol{C}^{-1}(\boldsymbol{x}-\boldsymbol{m})}=2.26 \tag{5-90}$$

其对应失效概率为

$$P_f=\Phi(-\beta)=1.18\times10^{-2} \tag{5-91}$$

通过对姚桥煤矿 2＃主井井壁进行现场回弹测试结果分析表明，井壁实际强度已经有了一定程度的弱化，井壁混凝土现有强度仅相当于强度等级为 C35 的水平。因此，对于井壁的可靠度计算仍沿用强度等级为 C40 的混凝土参数是不合适的，其结果不足以反映井壁的真实可靠度。因此，要获得井壁目前的真实可靠度指标，应采用基于现场回弹测试结果的混凝土强度参数进行计算。

基于现场回弹测试结果，代入井壁混凝土弱化后的强度参数重新计算，可得井壁目前的真实可靠度和失效概率为

$$\beta=2.00,\ P_f=2.25\times10^{-2} \tag{5-92}$$

我国《建筑结构可靠度设计统一标准 GB50068-2001》基于结构设计规范安全度的校核分析结果，同时综合考虑安全与经济等因素，根据建筑结构的安全等级(表 5-12)，规定了结构设计可靠度指标如表 5-13 所示：

表 5-12　建筑结构的安全等级

安全等级	破坏后果	建筑物类型
一级	很严重	重要的房屋
二级	严重	一般的房屋
三级	不严重	次要的房屋

表 5-13　《建筑结构可靠度设计统一标准》对 β 值的规定

破坏类型	安全等级		
	一级	二级	三级
延性破坏	3.7	3.2	2.7
脆性破坏	4.2	3.7	3.2

立井井筒是矿井安全生产的咽喉，其安全程度直接关系到人们生命财产安全，因此应将其安全等级归为一级，破坏后果很严重。对于低强度等级的混凝土井壁来说，其破坏类型为延性破坏，所以应将立井井壁可靠度指标 β 值定为 3.7 是合适的。从以上计算结果来看，当以井壁混凝土原有强度等级为参数进行井壁可靠度计算时，可得井壁可靠度指标为 2.26。如果现场回弹测试结果为基础，考虑了井筒混凝土服务近二十年来的强度损伤时，井壁目前可靠度为 2.0，失效概率为 2.25×10^{-2}，该结果已明显低于规范中对最低级建筑物的可靠指标要求，

说明井筒目前已存在安全隐患。

另外从计算结果看以看出，考虑井壁混凝土强度损伤后的实际井壁可靠度有了较大程度降低，降低了约 11.5%，对应失效概率也大大提高，约是原来的 2 倍。由此看来，要准确评价井壁可靠性应在现场测试的基础上，应用测试结果得到的抗力参数进行井壁可靠性分析。回弹法测试混凝土井壁的现有强度，方法简单、操作简便而且数据处理快捷，可以很好的应用于井壁强度测试并能够为井壁可靠度分析提供依据，具有重要的实践意义。

5.4.8 井壁可靠度影响因素分析

立井井壁的可靠度指标 β 与许多因素有关，从其功能函数式(5-75)可以看出主要有混凝土强度等级、井壁半径及厚度、反映中间主剪应力对材料破坏影响程度的系数 b、系数 α、井筒运营时间和井筒垂深等。基于此，本文以姚桥煤矿 2 ♯主井井壁为例，分别计算分析了各个参数对井壁可靠度的影响情况，下面将分别阐述。

1) 系数 α 对井壁可靠度的影响

工程中常用的材料多数拉压屈服强度是不同的，混凝土材料的拉伸屈服极限与压缩屈服极限之比 α 一般约为 1/8～1/12，脆性金属材料的 α 通常在 1/3～1/1.3 之间，韧性金属材料的 α 通常在 1/1.3～1 之间。井壁混凝土材料的 α 取不同值时，表明混凝土拉压性能发生变化，势必会对井壁可靠度计算结果产生影响。图 5-5 为在井筒 150m 垂深处，混凝土强度等级为 C40，地层疏排水 10 年时，固定抗拉强度不变，α 取不同数值时井壁可靠度变化趋势。

由图 5-23 可以看出，井壁可靠度计算结果随 α 数值增大逐渐减小，曲线形状近似成抛物线关系，对可靠度计算结果影响较大。混凝土材料的 α 取值范围一般在 0.125～0.833 之间，在此范围内 β 的取值由 3.23 增大到 4.15，这表明混凝土材料的拉压异性系数对井壁可靠度指标有较大影响。当固定混凝土抗拉强度不变时，增大拉压异性系数 α 的数值，则混凝土抗压强度降低，因此井壁极限承载力降低，从而导致其可靠度指标 β 减小。由此可见，对与井壁结构而言，α 越小，混凝土抗压强度越高，则可靠度越大。

2) 混凝土强度等级对井壁可靠度的影响

自矿井界认识到作用于井壁上的数值附加力以来，众多的矿井专家及科研学者开始研究高强度的井壁混凝土材料，以期能够抵抗住作用于其上的强大竖直附加力。王建中[89]更是进行了强度等级为 C80～C100 的混凝土井壁力学特性研

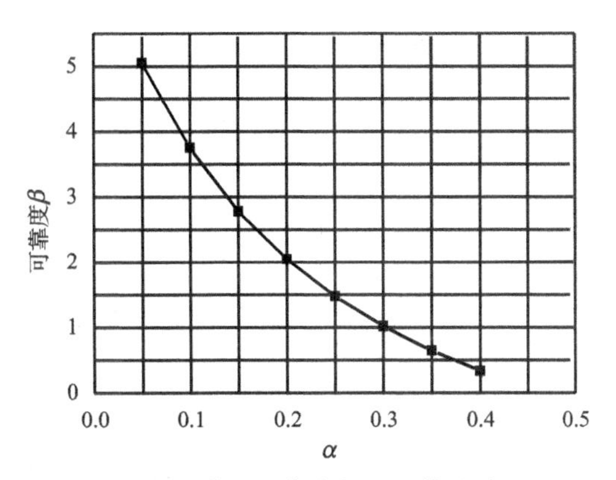

图 5-23　井壁可靠度与 α 取值的关系

究，并逐步应用于实践。可以说井壁混凝土材料的强度一定程度上左右着矿井井筒的安全度，本文为研究混凝土强度等级对井壁可靠度的影响情况，分别进行了不同强度等级的混凝土井壁材料的可靠度指标 β 的计算，β 随砼强度等级的增长规律如图 5-24。

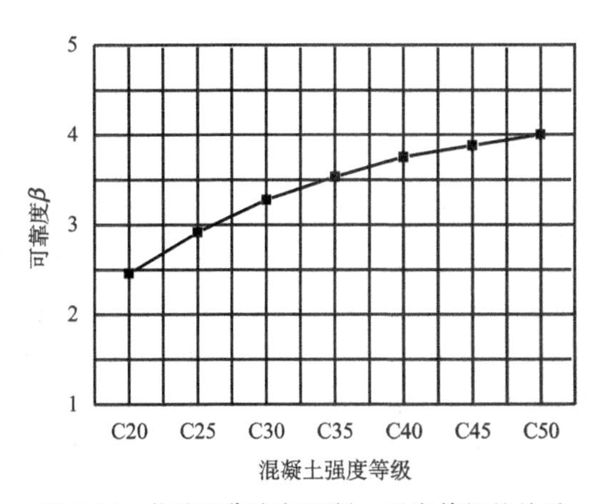

图 5-24　井壁可靠度与混凝土强度等级的关系

由上图可以看出，随混凝土强度等级的提高，井壁可靠度指标呈现逐渐增长趋势，但增长趋势较缓慢，较前述拉压异性系数 α 对可靠度影响的灵敏度要小。混凝土强度等级从 C20 增大到 C50，可靠度只提高了 1.5 左右。这表明，要增大立井井壁可靠度一味增大井壁混凝土材料的强度等级是不可取的，因为配制高强度等级的混凝土会大幅度增加经济费用，而且其对提高井壁可靠度的作用并不明显。

3) 井壁可靠度随垂深的变化规律

对于立井井壁的破裂，经统计研究表明，破裂位置多位于厚表土层与基岩交界面附近，这说明立井井壁的可靠度沿垂深是不断变化的，而不是自上而下一成不变的。因此，搞清楚井壁可靠度在空间上的变化规律，对预防井壁破裂事故的发生，具有重要意思。为此，分别计算了在井筒垂深 50m、100m、150m、200m、250m、300m 处的井壁可靠度，其在空间上的变化规律如图 5-25。

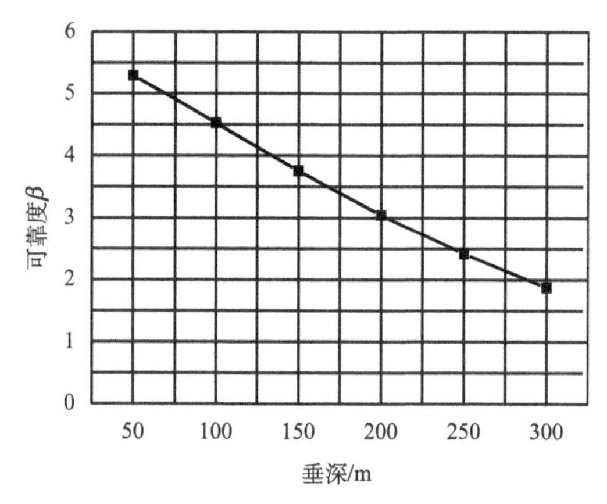

图 5-25　井壁可靠度随垂深的变化规律

由图 5-25 可以看出，立井井壁可靠度随垂深曾大而逐渐减小，并近似成线性关系。从垂深 50m 到 300m 处，可靠度约减小了 3.4。这表明，井壁垂深的曾大对可靠度指标影响的灵敏度较混凝土强度等级要大。这主要是因为随垂深增大，井壁所受荷载逐渐增大，从而导致井壁破裂概率增大，即失效概率增大。在厚表土层中，主要是地层疏排水而产生的竖直附加力在起作用。随垂深增大，地层与井壁外表面的接触面积逐渐增大，作用于井壁上的附加总力也会相应增大，但井壁横截面积并没有增大，因此井壁截面上由竖直附加力引起的井壁应力会逐渐增大，从而导致井壁可靠度降低，失效概率增大。

4) 井壁可靠度与时间的关系

图 5-25 表明，由于竖直附加力的作用，导致井壁可靠度指标沿井筒垂深逐渐减小，但附加力值也并不是一成不变的，而是随着地层疏排水的继续，而成一定速率增长。表 5-10 列出了含水层不同疏排水速率时竖直附加力的增长速率。结合大屯矿区井筒穿过的地层特征，附加力增长率按 0.383kPa/m 计算，分别计算在地层疏排水 5、10、15、20、25、30 年时的井壁可靠度指标，结果如图 5-26。

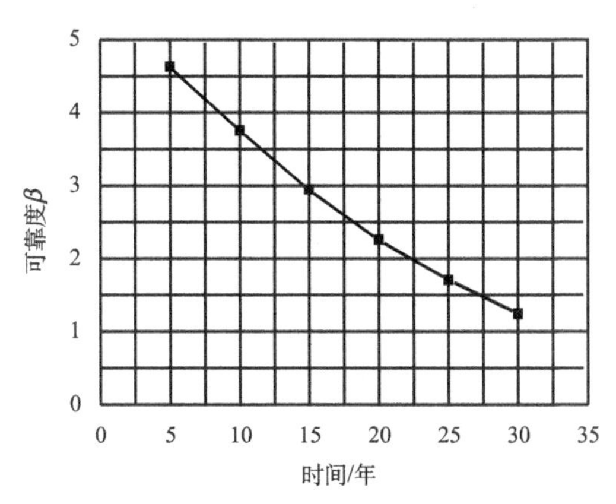

图 5-26　井壁可靠度随时间变化规律

从井壁可靠度随时间的变化规律可以发现，在厚表土层中的井壁可靠度并不是一成不变的，而是随时间延续逐渐衰减的。从曲线演变趋势来看，时间和空间对井壁可靠度的影响作用大致相同。从井筒运营第五年到第三十年，其可靠度指标降低了约 3.4。目前，井壁的失效概率已达 0.0118，到第三十年时失效概率将达到 0.106，而且这是在未考虑混凝土多年以来强度损伤弱化条件下的失效概率，是偏于保守的。

目前我国对建筑结构的失效概率还没有具体的规范进行统一的规定，而对岩土工程方面的失效概率研究更是少见。国外在结构失效概率方面有了一定的研究成果，通常将建筑结构的失效概率范围取为 10^{-3}～10^{-2}，基础工程的失效概率范围取为 10^{-4}～10^{-3}。对于井壁破裂的失效概率若取最大允许值 10^{-2} 作为评价指标，则井筒目前的失效概率已超出允许范围。因此，应尽早对井筒进行注浆加固等措施以缓解井壁所受附加力，保证井壁安全。

5）井壁厚度与可靠度的关系

在进行矿井井壁设计时，常常是先根据地层水平压力确定井壁厚度，再按空间三维问题对其进行强度校核。可见增大井壁厚度对提高井壁极限承载力有重要作用。为此，本书分别计算了井壁厚度为 0.55m、0.65m、0.75m、0.85m、0.95m、1.05m、1.15m、1.25m 时井壁可靠度，如图 5-27。

从计算结果来看，增大井壁厚度可以提高井壁可靠度指标，但从变化曲线来看其趋势平缓，对提高可靠度指标并不明显，其作用与提高混凝土强度等级相似。加大井壁厚度不但施工困难，而且混凝土用量会大增，不利于节约成本，因此通过增加井壁厚度来提高井壁可靠度并不是一种值得推崇的方法。

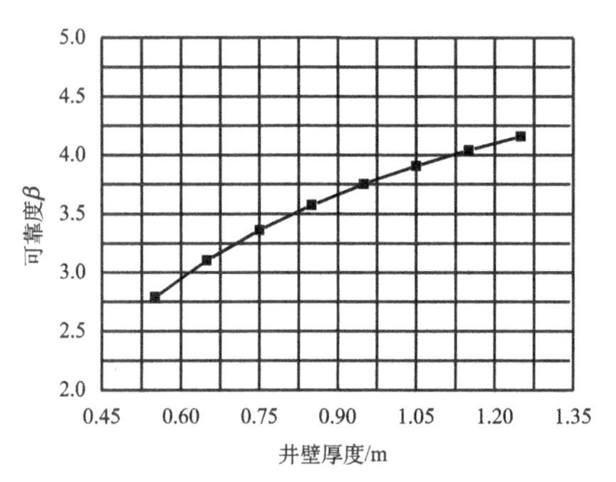

图 5-27　井壁可靠度与井壁厚度的关系

6）系数 b 对井壁可靠度的影响

功能函数式(5-75)是基于双剪统一强度理论下推导出的井壁塑性极限荷载而得出的，式中 b 反映的是中间主剪应力以及相应面上的正应力对材料破坏程度的影响系数，实际上也是一个选用不同强度准则的参数。当 $b=0$ 时，为 Mohr-Coulomb 强度准则；当 $b=1$ 时，为双剪应力强度理论。取在井筒垂深 150m 处，混凝土强度等级为 C40，地层疏排水 10 年时，b 分别取不同数值时，井壁可靠度指标计算结果列于表 5-14。

表 5-14　b 取不同数值时对应井壁可靠度

b	0	0.5	1.0
β	1.54	2.82	3.75

从上表可以看出，系数 b 的取值对可靠度计算结果有较大影响，即表明采用不同的强度准则时，井壁可靠度计算结果悬殊较大。当 $b=1$，为双剪强度理论时，可靠度指标最大。

双剪统一强度理论从一个统一的力学模型出发，考虑了应力状态的所有应力分量以及它们对材料屈服和破坏的不同影响，并可以灵活的考虑材料的拉压异性和同性问题。应用该理论计算井壁结构的可靠度指标可以考虑混凝土各个应力分量对材料破坏的影响，其计算结果更为合理。当 b 取不同值时，即选择其他强度理论时，计算结果偏小，不符合规范对建筑物可靠度指标的要求，但为了保证结构一定的安全度，势必会增加工程建设费用。因此应用本文在双剪统一强度理论基础上建立的功能函数计算井壁可靠度指标更为合理，能够最大限度的发挥材料性能，并能保证结构安全。

5.5 小　　结

以《普通混凝土力学性能试验方法标准 GB/T50081》、《回弹法检测混凝土强度技术规程 JGJ/T23-2011》为依据，考虑了应力状态对回弹测试结果的影响，严格按照规定要求，制定了回弹测强的试验的方案，对试件的制作、试验方法进行了详细的论述。

通过对试验结果的分析和拟合得到以下主要结论：

(1) 混凝土结构处于不同应力状态时，回弹测试结果不同。在弹性范围内，回弹值会随压力增大呈现出逐渐增大的趋势。

(2) 混凝土结构在处于不同应力状态时，回弹测试结果也不同。在弹性范围内，回弹值随压力增大呈逐渐增大的趋势。各强度等级的混凝土在单向受压时，其回弹值测试结果受应力状态的影响程度不同，低强度等级比高强度等级混凝土受应力状态影响更大。其中 C10 等级的混凝土回弹值在不同应力状态下的测试结果最大可相差 20%左右，而 C50 等级回弹值相差 9%左右。各强度等级混凝土由应力状态不同而导致强度推算值的测试误差最大约为 15%。

(3) 混凝土材料在两向应力状态下的回弹值较单向应力状态下的略小，但当竖向荷载不同时而引起的回弹值测试误差要比单向应力状态下的稍大。

(4) 通过统计分析试块在不同应力状态下的回弹值试验结果，建立了更符合现场工程实际受力工况的回弹测强曲线，尤其是得到了与立井井筒受力工况相似的测强曲线，为回弹法在立井井筒强度测试中的应用奠定了基础。

以姚桥煤矿 2# 主井井壁为例，在实测结果的基础上对该井井壁进行了可靠度计算分析，探讨了影响井壁可靠性的主要因素，得到了以下主要结论：

(1) 应用基于双剪统一强度理论推导出的井壁塑性极限荷载表达式，建立了适用于厚表土层中立井井壁可靠度分析的功能函数，结果表明该功能函数能够较合理的应用于井壁可靠性分析中。

(2) 在回弹法实测井壁混凝土强度的基础上，应用数据表法计算分析了大屯矿区姚桥煤矿 2# 主井井壁的可靠度指标 β。结果表明该井筒服务近二十年后，在厚表土段的井壁可靠度为 2.0，已不符合规范中对最低级建筑结构可靠度的要求，存在一定的安全隐患。

(3) 计算分析了影响井壁可靠度指标的几个主要参数，结果表明功能函数中系数 b 和 α 对井壁可靠度影响较大，当 b 值取 1 时更能合理反映井壁实际可靠度。

(4) 计算结果表明，井壁可靠度并不是一成不变的，而是随着时间、空间的变化而变化。通过对姚桥煤矿 2# 主井井壁进行计算表明，当井筒服务至第 15～20 年时，其失效概率便已超出允许范围，应在此期间对井壁采取一定措施，缓解竖直附加力作用，保证井壁安全。

主要参考文献

[1] Nieholas J. Carion. What is the biggest problem with concrete core testing[J]. Concrete Construction, Jul., 2001, 56-58.

[2] Popovics, John S. Nondestructive evaluation: past, present and future[J]. Journal of Materials in Civil Engineering, 2003, 15(3), 211.

[3] 李波. 超声回弹综合法检测混凝土强度试验研究[D]. 西安理工大学, 2010.

[4] 国家建筑工程质量监督检验中心主编. 混凝土无损检测技术[M]. 北京: 中国建材工业出版社, 1996.

[5] 侯宝隆, 蒋之峰编译. 混凝土的非破损检测[M]. 北京: 地震出版社, 1992.

[6] A. K. H. Kwan. Y. B. Cai, H. C. Chan. Development of Very High Strength Concrete for HongKong[J]. Hong Kong Transaction, vol. 1, No. 2.

[7] 罗兴盛. 混凝土无损检测技术开发及应用研究[D]. 重庆大学硕士学位论文, 2008.

[8] 中国建筑科学研究院. 超声回弹综合法检测混凝土强度技术规程(JGJ/T23-2011)[S]. 北京: 中国建筑工业出版社, 2011.

[9] 吴蓉. 商品混凝土回弹法测强曲线的研究[D]. 郑州大学, 2004.

[10] 王庆. 郑州地区公路工程超声回弹综合测强专用曲线试验研究[D]. 郑州大学, 2010.

[11] 孙林柱, 郭义奎, 邓欣. 立井井筒砼强度的超声回弹综合法测试[J]. 中州煤炭, 1996, (3): 32-34.

[12] 屠丽南, 王继光. 超声法检测矿井井壁混凝土总体质量的工程实践[J]. 建井技术, 1983, 1, 15-20.

[13] R. C. Vold, B. R. Hope. Ultrasonic etesting of onerete[J]. The British Joumal of Nonde Struetive Testing. 2001, 20(5)

[14] 任彦龙, 杨维好, 韩涛. 基于不同强度准则的井壁极限承载力研究[J]. 中国矿业大学学报, 2011, 40(4): 540-543.

[15] 孙林柱. 素混凝土井壁强度准则的模型试验研究[J]. 西安矿业学院学报, 1996, 16(2): 115-119.

[16] 孙林柱, 杨俊杰. 高强素混凝土井壁结构强度的试验研究[J]. 煤矿设计, 1997, (7): 10-12.

[17] 姚直书, 程桦, 黄小飞. 井壁混凝土强度准则的试验研究及其应用[J]. 山东科技大学学报, 2000, 19(1) 54-56.

[18] 李定龙, 周治安. 井壁混凝土渗水腐蚀破坏可能性分析[J]. 煤炭学报, 1996, 21(2): 158-162.

[19] 陈志敏, 宋少民. 井壁混凝土在早期荷载作用下的损伤劣化研究[J]. 北京建筑工程学院学报, 2012, 28(4): 14-18.

[20] 经来旺, 李华龙. 冻结法施工中温度变化对井壁强度的影响[J]. 煤炭学报, 2000, 25(1):40-44.

[21] 经来旺. 表土沉降对井壁强度的影响[J]. 山东科技大学学报, 2000, 19(2): 104-107.

[22] Freudenthal A M. The safety of structures[J]. Transaction of ASCE, 1947, 112: 125-159.
[23] Comell C A. A Probability based structural code[J]. Joumal of the Americasl Conerete Institute [J], 1969, 66(12): 974-985.
[24] Rosenblueth E, Esteva L. Reliability Basis for Some Mexicaan Codes[M]. Amerieau: Conerete Institute Publieation, 1972.
[25] Hasofer A M, Lind N C. Exact and invariant second-moment code format[J]. Joumal of the Engineering Mechanies, 1974, 100(1): 111-121.
[26] Lind N C. The design of struetural design norms[J]. Journal of Structural Mechanics, 1973, 1(3): 357-370.
[27] Rackwitz R, Fiessler B. Structural reliability under combined random load sequences[J], Computers and Structures, 1978, 9(5): 489-494.
[28] Ang A H, Tang W T. Probability concepts in engineering planning and design[J]. Tohn Wiley&Sons, Inc, NewYork, 1984, 12.
[29] Low K, Wilson. H. Tang. Efficient reliability evaluation using spreadsheet[J]. Joumal of Engieering Mechanics, 1997, 7.
[30] 孔娟. 深表土层井壁可靠性设计理论与方法体系研究[D]. 山东科技大学，2008.
[31] 冷伍明. 基础工程可靠度分析与设计理论[M]. 长沙：中南大学出版社，2000.
[32] 张新培. 建筑结构可靠度分析与设计[M]. 北京：科学出版社，2001.
[33] 金星等. 工程系统可靠性数值分析方法[M]. 北京：国防工业出版社，2002.
[34] 刘全林，孙文若，杨俊杰. 冻结井钢筋混凝土井壁结构的概率极限状态设计[J]. 煤矿设计，1995，9，6-9.
[35] 岳庆霞. 复杂荷载条件地下结构的可靠性评价[D]. 山东科技大学，2004.
[36] 唐志强. 可靠性分析在深厚基岩井筒冻结壁设计中的应用研究[D]. 西安科技大学，2011.
[37] 汪正云. 冻结井壁设计理论体系研究[D]. 安徽理工大学，2009.
[38] 刘全林. 应用 MonteCarlo 法计算分析冻结井井壁结构的可靠度[C]. 地层冻结工程技术和应用-中国地层冻结工程 40 年论文集. 1995，6.
[39] 孙林柱，杨俊杰. 双层钢筋混凝土冻结井井壁结构可靠度分析[J]. 建井技术，1997，(3)：19-23.
[40] 刘全林，孙文若，杨俊杰. 钻井井壁结构的可靠性分析[J]. 煤炭科学技术，1995，(6)：6-9.
[41] 郭力. 深厚表土中立井井壁水平侧压力不均匀性研究[D]. 中国矿业大学，2010.
[42] 佟晓君，马群，武春廷，等. 测定回弹法专用测强曲线的数据融合方法[J]. 中国安全科学学报，2003，13 (4)：42-43.
[43] 周鹍，陈海彬，李素娟，等. 建立混凝土强度回弹测强曲线的逆回归三参数方法[J]. 地震工程与工程振动，2006，26(4)：247-249.
[44] 杨波. 回弹值的不确定度[J]. 陕西工学院学报，2005，21(2)：50-51.

[45] 伦志强. 回弹法检测混凝土抗压强度的不确定度研究[D]. 华南理工大学，2011.
[46] 张璐璐，张洁，徐耀，等. 岩土工程可靠度理论[M]. 上海，同济大学出版社，2011.
[47] 中国建筑科学研究院. 普通混凝土力学性能试验方法标准(GB/T50081-2002)[S]. 北京：中国建筑工业出版社，2003.
[48] 杨俊杰，刘全林，孙文若. 钻井井壁结构的可靠性分析[J]. 煤炭科学技术，1995，(6)：6-9.
[49] 郭义奎，孙林柱. 双层钢筋混凝土冻结井井壁结构抗力的统计分析[J]. 煤矿设计，1995，(12)：15-21.
[50] 俞茂宏. 双剪理论及其应用[M]. 北京：科学出版社，1998.

第6章 井壁受力长时演变规律与安全预警研究

兖州、徐州、大屯、淮北、永夏等矿区的立井井筒均处于厚表土中，由于矿井设计时的认识水平所限，没考虑随时间逐渐增长的竖直附加力对井壁受力的影响，导致20年来华东地区100多个井筒井壁相继发生破裂灾害。矿井投产后，井壁受力监测系统、地表沉降变形观测和地下水位观测系统等没有及时建立，自20世纪90年代以来，随着对井壁破裂机理——竖直附加力理论认识的逐渐深入，许多矿井逐步建立了井壁受力监测系统，以掌握井壁受力演变的趋势和规律。2003年，大屯矿区在10个主副井筒全部建立了井壁受力自动监测系统，6年来，获得了大量的井壁附加应变实测数据。本章以大屯矿区孔庄煤矿副井、徐庄煤矿主副井为例，采用R/S分析法，以井壁附加应变为研究对象，研究地层疏水沉降条件下井壁受力的长时演变规律，以提高井壁破裂灾害预测预报的准确性。

6.1 R/S分析法概述

R/S分析法是英国著名的水文学家H. E. Hurst(1900～1975)提出的。在20世纪早期，H. E. Hurst参加埃及尼罗河阿斯旺高坝项目工作，他深入研究了尼罗河的水文数据，一些埃及人尊称他为“尼罗河之父”。在设计水坝时，水文学家要考虑水库的最终储水能力，有一系列的自然水源会流入水库，如降雨、河流泛滥等，还要放水灌溉，水库的容量必须考虑到流入和流出量，大部分的水文学家假定水的流入量遵循随机的过程，然而，Hurst研究了从公元622年到1469年共847年尼罗河的泛滥记录，发现它们并不像人们想象的那样没有规律，大于平均水平的泛滥很有可能跟随着更大的泛滥，突然之间，又会出现低于平均水平的泛滥，接着会出现更多的低于平均水平的泛滥，整个过程好像有一个循环，但不是周期性的，标准的统计分析也揭示了观测值之间显著的相关性，所以H. E. Hurst发展了自己的分析方法。

H. E. Hurst在大量实证研究的基础上，于1965年提出的一种处理时间序列的方法，后经过Mandelbrot(1972，1975)，Mandelbrot、Wallis(1969)，Lo(1991)等多人的努力逐步得以完善。Hurst是一位水文工作者，长期研究水库的控制问题。他曾利用此法对河流流量、泥浆沉积量、树木年轮、降水量等许多自然现象进行研究，在实际的工作中，他发现大多数的自然现象(如水库的来水、温度、降雨、太阳黑子等)都遵循一种“有偏随机游动”，即一个趋势加上噪声(快速变化、随机、不可预言的影响)。Hurst 在 20 世纪 40 年代对这种有偏随机游动进行了全面的研究，他引入了一个新的统计量：Hurst 指数，用以度量趋势的强度和噪声的水平随时间的变化情况，Hurst 指数对于所有的时间序列都有着广泛的用途，它对被研究的系统所要求的假定很少。该方法在其他领域(如物理、生物学等)也得到了广泛的应用。R/S 分析法的基本思想来自于 Mandelbrot 提出的分数布朗运动和 TH 法则，该法能将一个随机序列与一个非随机序列区分开来，而且通过 R/S 分析还能进行非线性系统长期记忆过程的探寻。

本书以大屯矿区孔庄副井、徐庄主副井为例，采用 R/S 分析法对井壁附加应变的动态过程进行分析。

6.2　R/S 分析法原理

R/S 分析法的基本思想是改变所研究对象时间尺度的大小，研究其统计特性变化规律，从而可以将小尺度的规律用于大的时间尺度范围，或者将大的时间尺度得到的规律用于小尺度。

设在时刻 t_1，t_2，t_3，…，t_N 处取得的相应时间序列为 ζ_1，ζ_2，ζ_3，…，ζ_N，该时间序列的时间跨度为

$$\tau = t_N - t_1 \tag{6-1}$$

在时间 τ 内，该时间序列的平均值：

$$\bar{\zeta}_N = \frac{1}{N}\sum_{i=1}^{N}\zeta_i \tag{6-2}$$

式中，N 为时间序列的长度。在 t_j 时刻，物理量 ζ 相对于其平均值 $\bar{\zeta}_N$ 的累积偏差

$$X(t_j, N) = \sum_{i=1}^{j}(\zeta_i - \bar{\zeta}_N) \tag{6-3}$$

其中 $X(t, N)$不仅与 t 有关，而且还与 N 的取值(即时间序列的范围)有关。每一个 N 值对应一个 $X(t, N)\sim t$ 序列，不同的 N 值有不同的 $X(t, N)\sim t$ 序列。把同一个 N 值所对应的最大 $X(t)$值和最小 $X(t)$值之差称为域，并记为 R，

$$R(t_N - t_1) = R(\tau) = \max X(t, N) - \min X(t, N) \quad t_1 \leqslant t \leqslant t_N \tag{6-4}$$

Hurst 利用标准偏差

$$S = \left[\frac{1}{\tau}\sum_{i=1}^{N}(\zeta_i - \bar{\zeta}_N)^2\right]^{\frac{1}{2}} \quad t_1 \leqslant t \leqslant t_N \tag{6-5}$$

引入无量纲的比值 R/S，对 R 进行重新标度，即

$$\frac{R}{S}=\frac{\max X(t,N)-\min X(t,N)}{\left[\frac{1}{\tau}\sum_{i=1}^{N}(\zeta_i-\bar{\zeta}_N)^2\right]^{\frac{1}{2}}} \tag{6-6}$$

Hurst利用上式对河流流量、泥浆沉积量、树木年轮、降雨量等许多自然现象进行研究后，发现大多数自然现象的记录结果满足以下公式：

$$R/S=a\tau^H \tag{6-7}$$

式(6-7)中的 H 称为Hurst指数，R/S 是序列 ζ_i 的重标极差值，a 是常数。按照局部(子序列)标准差和均值，重新标度局部极差 R，可以消除不同计量尺度的可能的影响，保证不同时期的极差具有可比性。Hurst指数可以通过下面的方程，采用普通最小二乘估计近似取得：

$$\lg(R/S)=\log a+H\lg\tau \tag{6-8}$$

Einstein(1908)在布朗运动研究方面的工作，使得布朗运动成为描述随机游走的主要模型，Einstein发现一个随机游走的粒子走过的轨迹或距离与间隔时间的平方根成比例，即：

$$R\propto T^{0.5} \tag{6-9}$$

式中，R 为粒子游走的距离，T 为时间参数。

这里假定研究对象的离散程度与测量时间跨度的平方根成比例的增长。

如果一个序列属于独立分布，那么 $H=0.5$。Hurst计算了尼罗河的指数值，结果 $H=0.91$，说明重标极差以比时间间隔的平方根更快的速率增长，意味着系统在特定时间内比随机游走跨越的距离更大，在这个例子中，说明尼罗河的水位变化差异的增长比一般的独立性假定来得更大，表明尼罗河每年的水位变化之间必然存在相互的影响。Hurst在一系列研究的基础之上，得出了对Hurst指数值的解释：

(1) 当 $H=0.5$ 时，序列属于布朗运动，变量之间是相互独立的，相应的相关系数是零，现在不会影响未来，因而，时间序列是随机的。

(2) 当 $0\leqslant H<0.5$ 时，变量之间是负相关的，具有反持续性。如果某一时刻，序列向上(下)，那么下一时刻，它很可能反转向下(上)，由于频繁的出现逆转，反持续性序列具有比随机序列更加激烈地波动性，它在特定的时间内所产生的变化跨度比随机序列来得小。有人称这样的序列为遍历性的、均值回复的时间序列，这种叫法隐含该序列具有稳定均值的假定，而实际上并不能做这样的假定。

(3) 当 $0.5\leqslant H<1$ 时，意味着序列是具有持续性，存在长期记忆性的特征，从理论上讲，现在的变化将对后续变化产生持续的影响，按照混沌动力学的观

点，就是对初始值有敏感性依赖，不管时间尺度如何，长期记忆都会发生，所有每日的变化会对将来每日变化有影响，同样每周的变化也会对将来任何一周的变化产生影响，具有分形时间序列的关键特性。

在 R/S 分析中，不要求序列是高斯过程，只要求独立，R/S 分析属于非参数分析，不对序列做潜在的分布假定，因而，作为统计量，它的稳定性好一些。

处于生产运营期间的立井井筒，在自重、地压、竖直附加力、温度应力、地震荷载等共同作用下，其应力与应变的时空演变规律非常复杂。井壁应力状态随时间的演变规律受围土及其与井壁相互作用变化的影响，包括厚表土的土体性质、含水层的分布、水位变化、疏排水大小、速率及水源补给情况等；温差变化及其在井壁径向形成的温度梯度也影响着井壁应力的变化。井壁应力状态的动态变化过程可通过一系列长期观测资料来反映。通过对井壁应力变化的分析、预测和控制，可以为井壁破裂灾害的预测、预报及治理服务。目前，处理这类长期观测资料的随机模型主要有回归分析法、频谱分析法、随机微分方程等。然而，这些方法都未能很好地揭示井壁应力状态动态变化过程的特征。对于非线性的具有统计特性的数据系列，采用域重新标度分析法(简称 R/S 分析法)，可以很好地揭示井壁应力状态随时间变化动态过程的内在规律性，从而有效地对其变化规律进行预报和控制。

6.3 地层疏排水期间井壁附加应变动态分析

6.3.1 井壁附加应变 R/S 结果及分析

以孔庄煤矿副井为例，在已获取大量井壁附加应变实测数据的基础上，将附加应变 $\varepsilon(t)$ 作为随机变量，即 $\varepsilon(t) \sim t$。用上述公式对其进行计算，并将计算结果表示在双对数坐标中，则其直线的斜率为 H，截距为 $\lg a$。

图 6-1 为孔庄副井井筒垂深 100、120、140 和 160m 位置井壁附加应变与时间的关系曲线，其长达 72 个月的连续监测记录显示了附加应变的动态变化。以 2003 年 1 月为起点，2008 年 12 月为终点，以每半个月测得的平均附加应变记录作一时间序列 ζ_1，ζ_2，ζ_3，…，ζ_N，共计得到 144 组数据。用 R/S 方法进行分析，数据采用 EXCEL 中 VBA 编程进行计算，为了验证程序的正确性，首先选取前 6 个月的测试资料($N=12$)，手工计算一组数据，并与所编程序计算结果进行比较，手工计算结果见表 6-1。结果表明，所编程序计算 $\lg(R/S)=0.67$，与手工计算结果一致，保证了下文分析中程序计算的正确性。

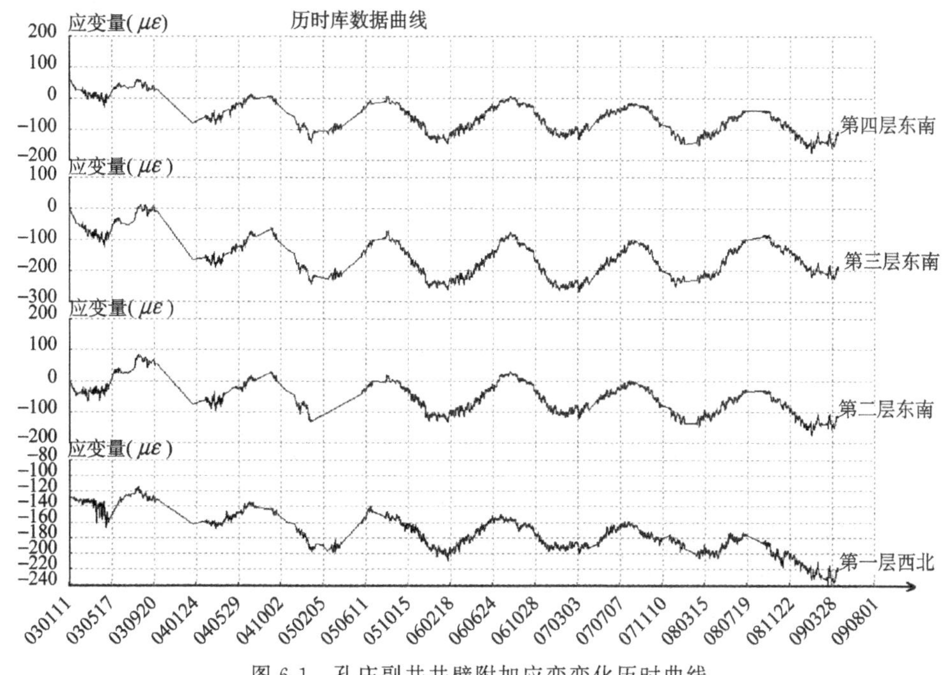

图 6-1　孔庄副井井壁附加应变变化历时曲线

表 6-1　前 6 个月的测试数据手工计算结果

i	ζ_i	$s_1=\sum\zeta_i$	$s_2=i\bar{\zeta}_N$	s_1-s_2	max	min	R	s_3	s_4	S	lg(R/S)	lg(12)
1	−124.045	−124.05	−131.51	7.46								
2	−126.7615	−250.81	−263.01	12.21								
3	−129.87	−380.68	−394.52	13.84								
4	−129.8481	−510.52	−526.03	15.50								
5	−129.2253	−639.75	−657.53	17.78								
6	−131.5334	−771.28	−789.04	17.76	17.78	−18.76	36.54	17354.47	17293.96	7.78	0.67	1.08
7	−137.8945	−909.18	−920.55	11.37								
8	−143.3715	−1052.55	−1052.05	−0.50								
9	−149.7663	−1202.32	−1183.56	−18.76								
10	−126.17	−1328.49	−1315.07	−13.42								
11	−126.17	−1454.66	−1446.57	−8.08								
12	−123.4225	−1578.08	−1578.08	0.00								

运用 EXCEL 中 VBA 编程，对井筒垂深 100m 位置前 12 个月的附加应变测试数据进行 R/S 分析，即 $N=24$，将所得的一系列 $\lg(R/S)$，$\lg N$ 值在双对数

坐标中进行拟合，从而可得到直线的斜率和截距。改变时间尺度，N 分别取 48、72、96、120、144，绘制 $\lg(R/S)$，$\lg N$ 曲线，计算结果见图 6-2。

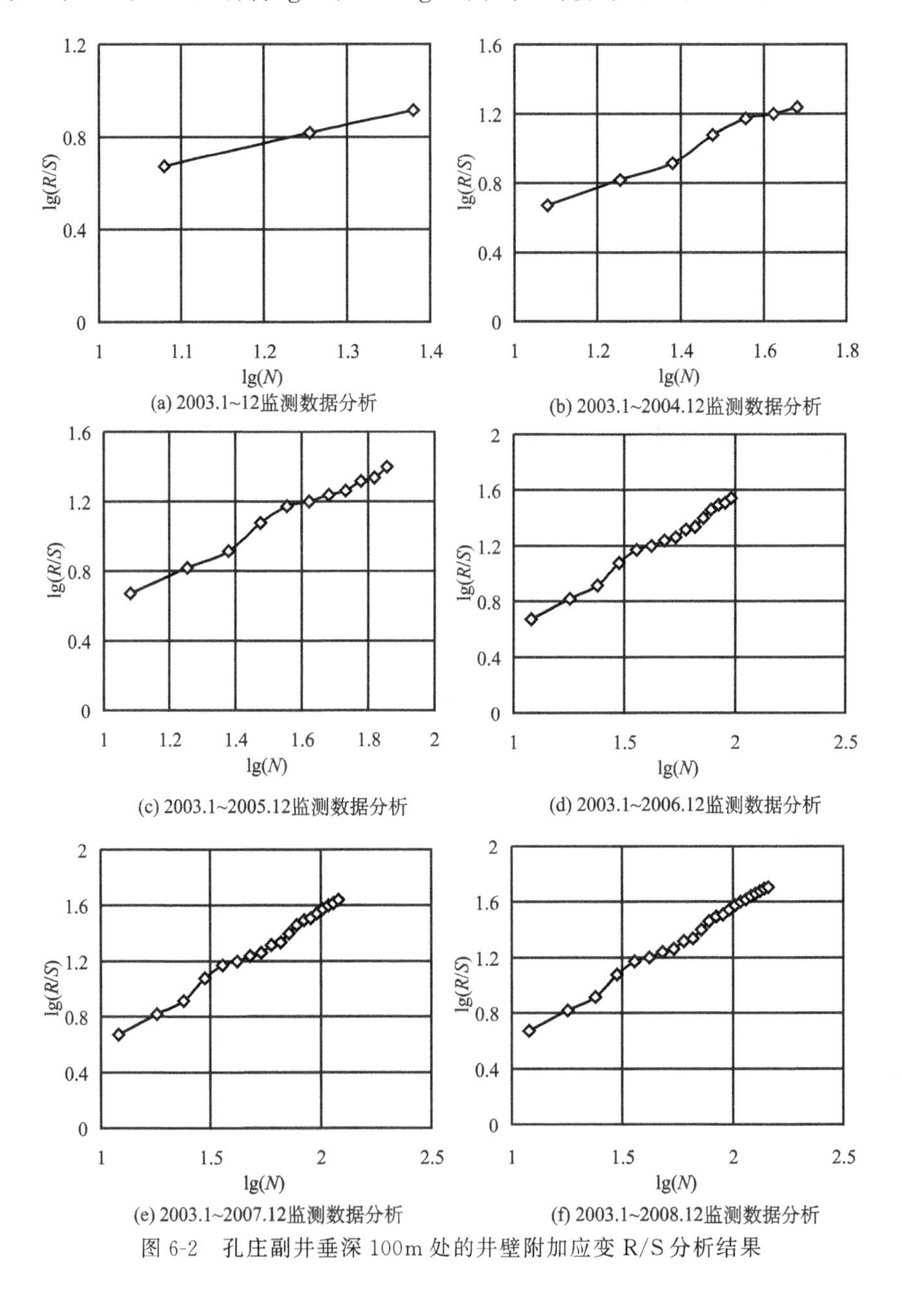

图 6-2 孔庄副井垂深 100m 处的井壁附加应变 R/S 分析结果

随着时间尺度的增加，直线的斜率 H 基本不变，说明 R/S 分析法能很好地用于井壁附加应变的动态分析。同时，将上述情形的有关参数作一比较，其结果见表 6-2。其中比例因子 b 的物理意义表示以月限 N 等于 24 为基准，其他月限(包括 $N=24$)与之相比的值。lg$a$ 值反映了井壁附加应变变化的固有特性，随 N 的增加而略有变化，对这类具有统计特性的研究对象，无法在小样本条件下得到确定值。

表 6-2　孔庄副井垂深 100m 处时间尺度不同时的 Hurst 指数及其变化

时间尺度 N /月	Hurst 指数	截距 lg$a$	比例因子 b
24	0.808	−0.1991	1
48	1.0002	−0.4231	2
72	0.9323	−0.3333	3
96	0.9607	−0.3735	4
120	0.9736	−0.3926	5
144	0.9744	−0.3938	6
平均	0.9415	−0.3526	

按照相同方法，分别对井筒垂深 120m、140m 和 160m 位置井壁附加应变测试数据进行 R/S 分析，将所得的一系列 lg(R/S)，lg$N$ 值在双对数坐标中进行拟合，从而可得到直线的斜率和截距，分析结果见图 6-3～图 6-5。

随着时间尺度的改变，井壁不同垂深位置附加应变的 R/S 分析及有关参数如表 6-3～表 6-5 所示。

对图 6-2～图 6-5(最大时间尺度)的 R/S 分析结果表明：

(1) 由于计算所得 Hurst 指数不等于 0.5，所以，附加应变时间序列不是一个纯粹的随机过程，沿井深不同位置处井壁附加应变在不同时刻的实测记录值之间并不是独立的。孔庄副井井壁垂深 100m、120m、140m、160m 位置的附加应变动态变化均属于正偏随机游动，具有较明显的时间记忆性。

(2) 井筒垂深 100m 处(第一测试层位)井壁附加应变的 Hurst 指数 0.9744，远大于 0.5 而接近于 1，表明该层附近井壁的附加应变的长期记忆性很强，可以预测今后的演变趋势与过去 6 年有很强的自相似性，压应变继续增大，井壁受力将继续积累。

(3) 垂深 120m、140m、160m 处井壁附加应变的 Hurst 指数分别为 0.6504、0.8799 和 0.8159，均大于 0.5，表明孔庄副井整个表土段井壁的附加应变具有长期记忆性，其中，垂深 120m 处井壁附加应变的长期记忆性稍弱，其他位置的 Hurst 指数均远大于 0.5。今后一段时间井壁附加应变将沿着原来的趋势发展，相对于垂深 100m 位置的井壁受力，垂深 120m 处的井壁受力继续积累的趋势减弱。

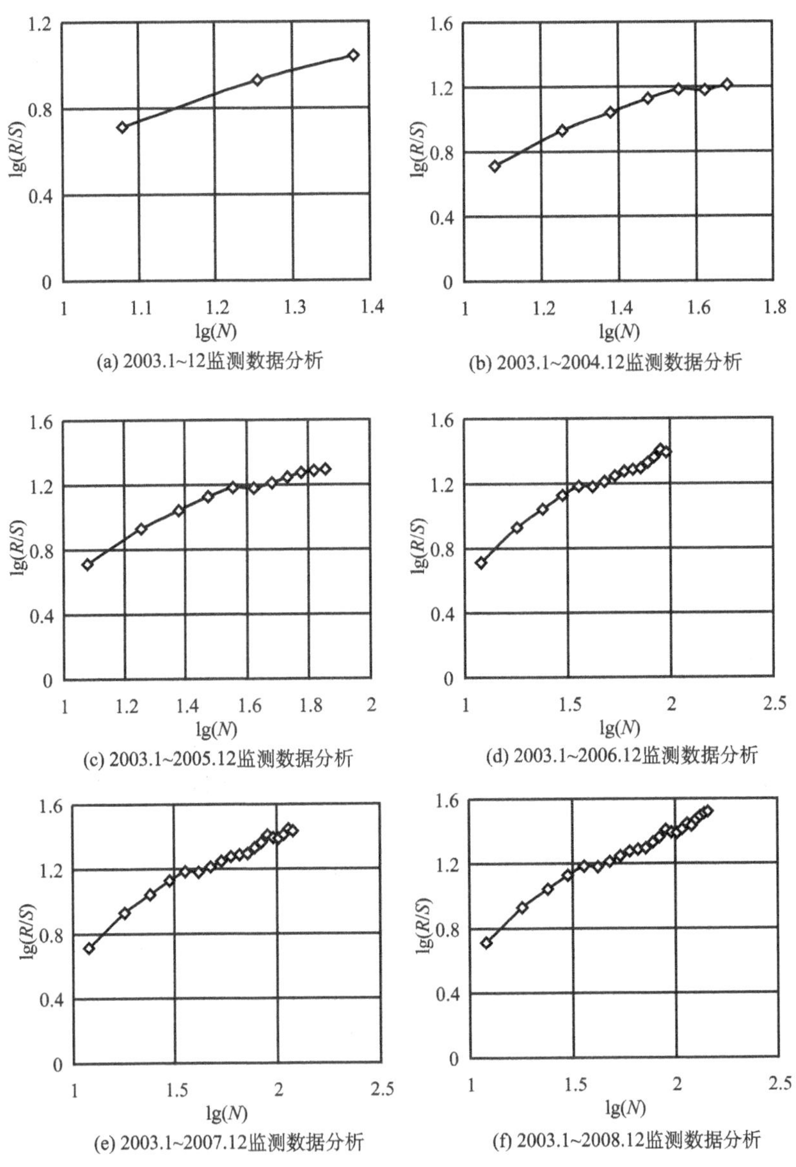

图 6-3　孔庄副井垂深 120m 处的井壁附加应变 R/S 分析结果

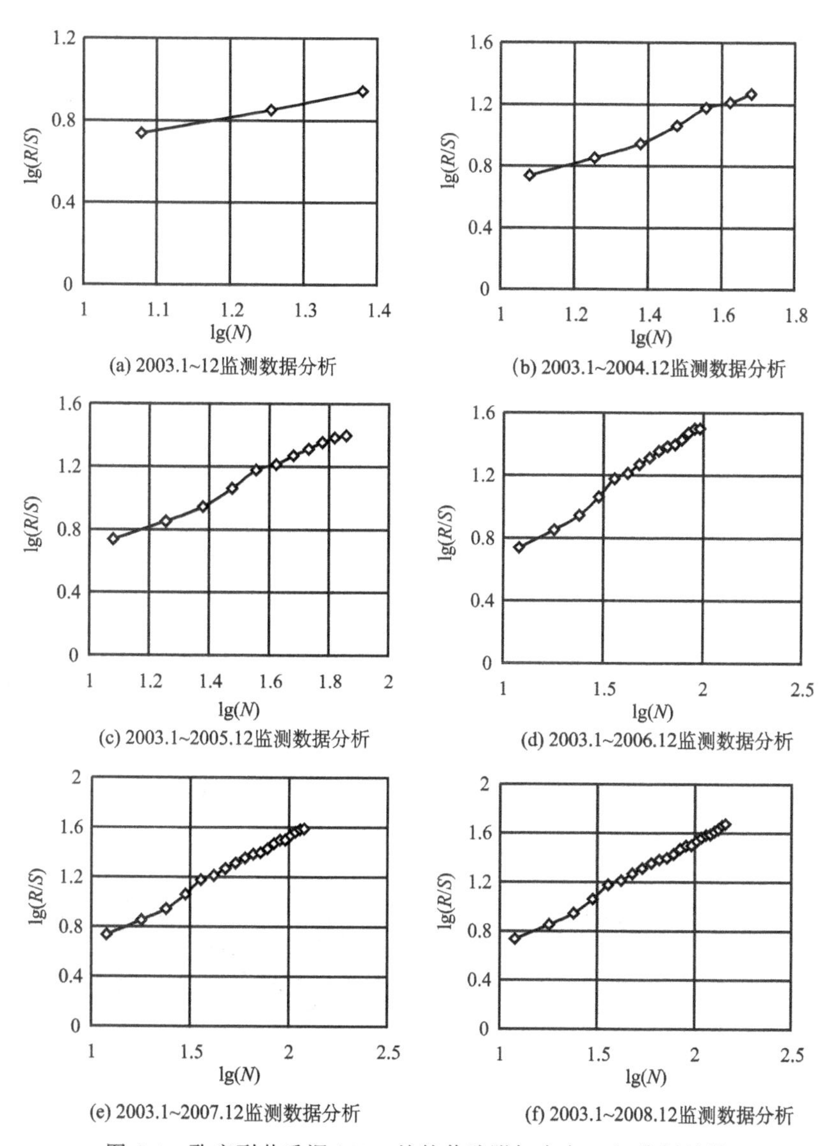

(a) 2003.1~12监测数据分析

(b) 2003.1~2004.12监测数据分析

(c) 2003.1~2005.12监测数据分析

(d) 2003.1~2006.12监测数据分析

(e) 2003.1~2007.12监测数据分析

(f) 2003.1~2008.12监测数据分析

图 6-4　孔庄副井垂深 140m 处的井壁附加应变 R/S 分析结果

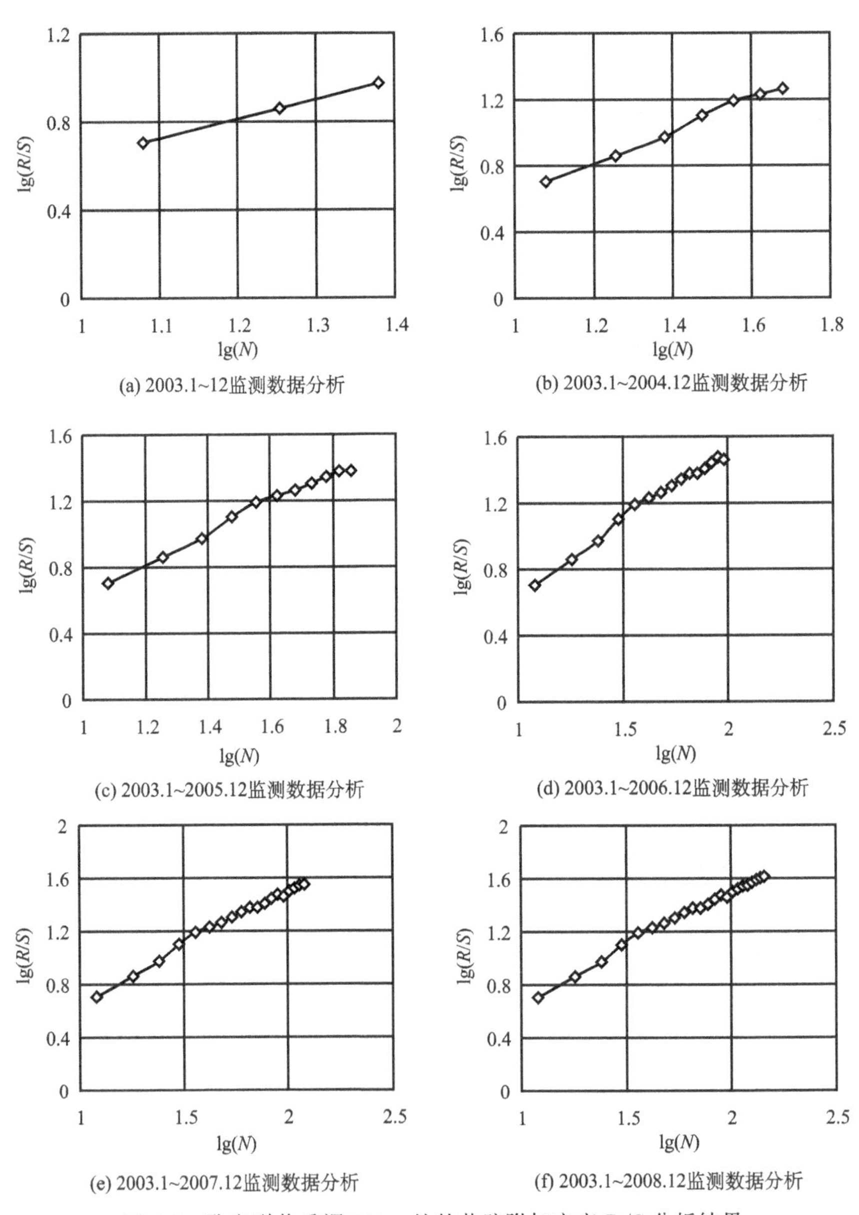

(a) 2003.1~12监测数据分析　(b) 2003.1~2004.12监测数据分析

(c) 2003.1~2005.12监测数据分析　(d) 2003.1~2006.12监测数据分析

(e) 2003.1~2007.12监测数据分析　(f) 2003.1~2008.12监测数据分析

图 6-5　孔庄副井垂深 160m 处的井壁附加应变 R/S 分析结果

表 6-3　孔庄副井垂深 120m 处时间尺度不同时的 Hurst 指数及其变化

时间尺度 N/月	Hurst 指数	截距 lg*a*	比例因子 *b*
24	1.1034	−0.471	1
48	0.8207	−0.1233	2
72	0.701	0.0367	3
96	0.6479	0.0709	4
120	0.6768	0.1138	5
144	0.6504	0.1098	6
平均	0.7667	−0.04385	

表 6-4　孔庄副井垂深 140m 处时间尺度不同时的 Hurst 指数及其变化

时间尺度 N/月	Hurst 指数	截距 lg*a*	比例因子 *b*
24	0.6826	−0.0004	1
48	0.9228	−0.2884	2
72	0.9079	−0.2679	3
96	0.888	−0.2397	4
120	0.8804	−0.2284	5
144	0.8799	−0.2277	6
平均	0.8602667	−0.20875	

表 6-5　孔庄副井垂深 160m 处时间尺度不同时的 Hurst 指数及其变化

时间尺度 N/月	Hurst 指数	截距 lg*a*	比例因子 *b*
24	0.8893	−0.2554	1
48	0.9746	−0.3528	2
72	0.8991	−0.2516	3
96	0.8509	−0.1832	4
120	0.8278	−0.1487	5
144	0.8159	−0.1303	6
平均	0.8762667	−0.220333	

(4) 通过对不同时间尺度 Hurst 指数的比较表明，随着时间尺度的增大，除第一层外，其余三层井壁附加应变的随机程度均有所提高，尤以第二层的随机程度提高较为显著。

(5) 通过 6 年测试数据分析，截至目前，孔庄副井井壁附加应变的 Hurst 指数 $0.5<H<1$，所以，该序列是一个正偏的随机游动，具有较强的正相关趋势。相对而言，垂深 120m(第二层)井壁受力的正偏趋势较弱。

6.3.2 井壁附加应变的 Hurst 指数累加试验

为了研究不同时间孔庄副井附加应变 Hurst 指数的时间变化特征，分析时间依序、逐年累加的 Hurst 指数试验，采用以下方法：

(1) 以 2003 年 1 月～2004 年 12 月的数据为初始窗口数据($N=48$)，按照 R/S 计算方法计算 Hurst 指数；

(2) 以该初始窗口为基础，增加 2005 年 1 月～2005 年 6 月的数据($N=12$)，此时窗口的数据长度为 60($N=60$)，再次计算其 Hurst 指数。若此时 Hurst 指数数值出现变化，由于初始窗口数据不变，故可以认为主要由于计算窗口中加入的新数据所致；

(3) 以此类推，这样的滑动计算可以得到 2003 年 1 月～2009 年 6 月的 Hurst 指数随时间的变化图。

通过改变时间尺度可以得到一系列的 Hurst 指数，对比分析可以发现孔庄副井井壁附加应变从 2003～2009 年长期持续变化的特征。

为了考察应变长期持续的特征意义，首先需要了解初始窗口(2003 年 1 月～2004 年 12 月)中井壁附加应变的变化趋势。图 6-6 对初始窗口的变化趋势进行一

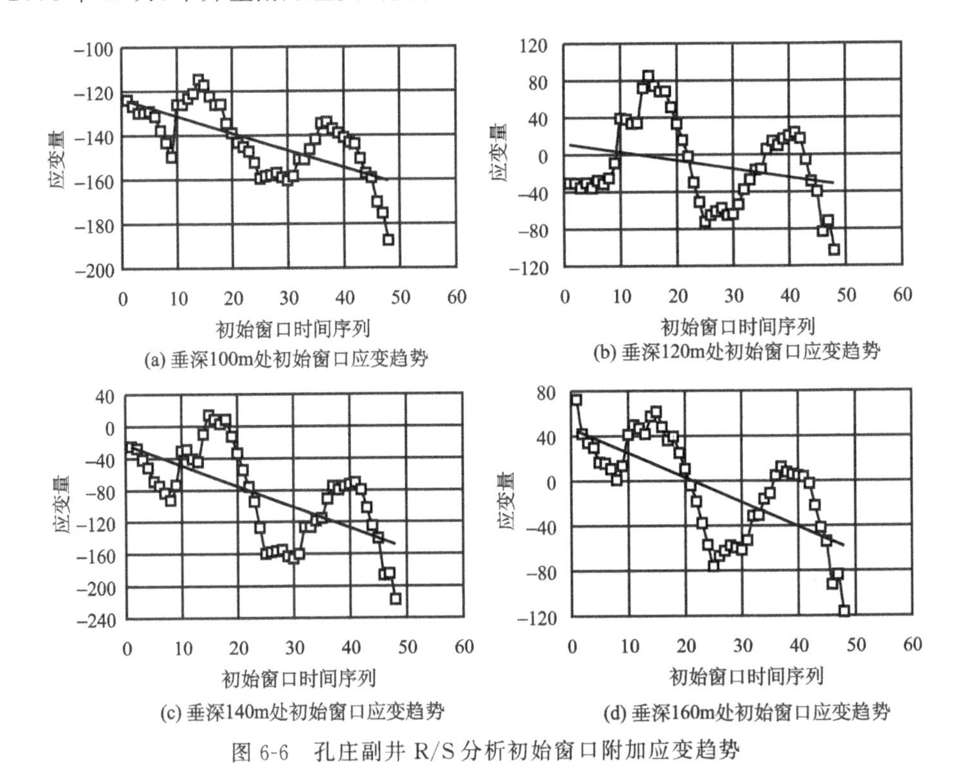

图 6-6 孔庄副井 R/S 分析初始窗口附加应变趋势

阶线性拟合，发现从 2003 年 1 月～2004 年 12 月孔庄副井井壁附加应变具有微弱的减缓趋势。

因此，在 2003 年 1 月-2004 年 12 月期间的 Hurst 指数＞0.5，则表明未来的应变数值应维持初始窗口的这种趋势；而如果某个区间的滑动窗口 Hurst 指数＜0.5，表明未来的附加应变趋势与现有的数据趋势相反。

图 6-7 是从 2003～2009 年孔庄副井的井壁附加力 Hurst 指数的变化。

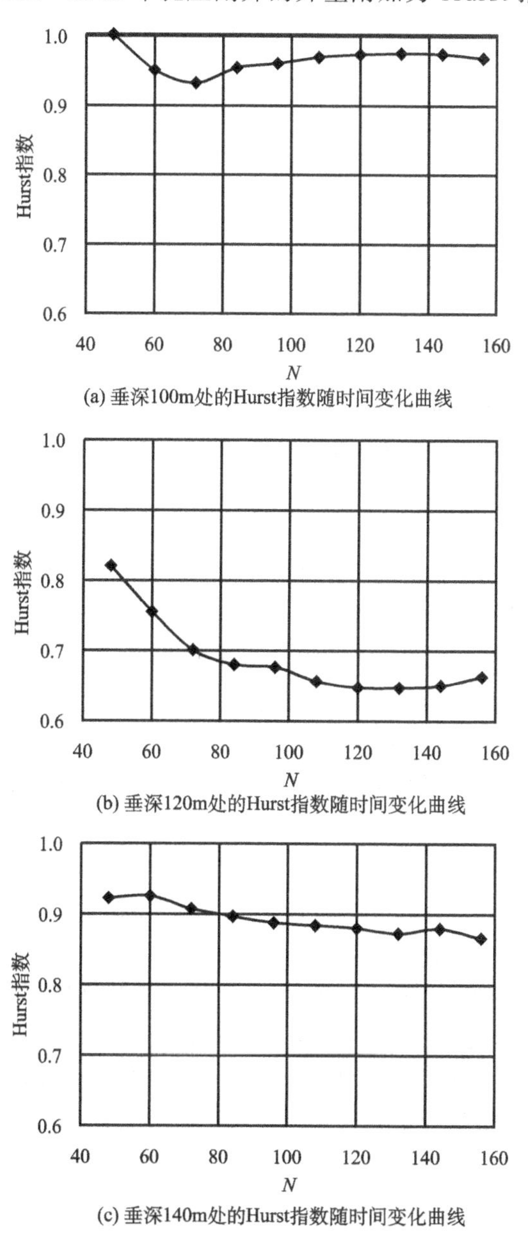

(a) 垂深100m处的Hurst指数随时间变化曲线

(b) 垂深120m处的Hurst指数随时间变化曲线

(c) 垂深140m处的Hurst指数随时间变化曲线

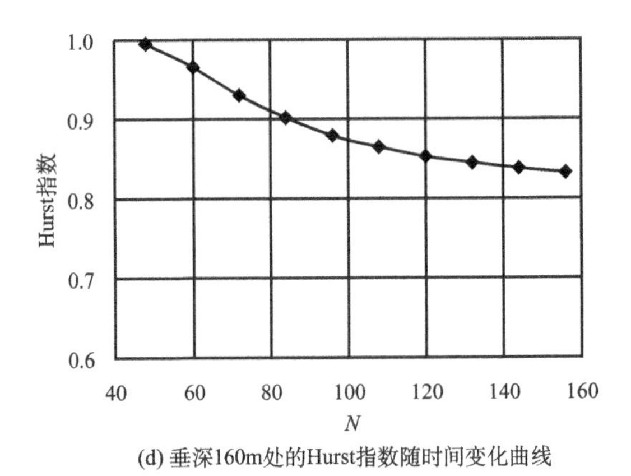

(d) 垂深160m处的Hurst指数随时间变化曲线

图 6-7　孔庄副井 Hurst 指数随时间的变化曲线

分析图 6-7 可得：

(1) 孔庄副井四个层位的井壁 Hurst 指数均大于 0.5，有较强的可持续性。垂深 100m 处的 Hurst 指数在 0.92～1 范围内；垂深 120m 处的 Hurst 指数在 0.65～0.85 范围内；垂深 140m 处的 Hurst 指数在 0.86～0.94 范围内；垂深 160m 处的 Hurst 指数在 0.84—1 范围内。再次印证 R/S 分析结果，第二层的随机程度要高于其他三层。

(2) 第二层、第三层和第四层的 Hurst 指数均随时间尺度的增大而减小，说明从 2004～2008 年，滑动窗口的 Hurst 指数显著的逐年下升，孔庄副井的附加应变持续减少趋势得到了抑制，较强的长期持续特征减弱。

(3) 第一层滑移窗口的 Hurst 指数呈现出先波动性下降，后又逐步增大的"V"型结构，其中最低谷在 2005 年 12 月。自 2004 年 1 月～2005 年 12 月，滑移窗口的 Hurst 指数整体呈现波动性下降的趋势，这表明从 2004 年 1 月～2005 年 12 月年孔庄副井附加应力在动力学上增加趋势持续减弱。但从 2006 年 1 月～2008 年 12 月，滑移窗口的 Hurst 指数显著的逐年上升，减少趋势得到了抑制，逐步又从较弱的正持续特征转变为较强的长期持续特征。

将上述不同尺度下的有关参数作一比较，井深 100m、120m、140m 和 160m 位置的分析结果见表 6-6～表 6-9。其中比例因子 b 的物理意义表示以月限 $N=48$ 为基准，其他月限(包括 $N=48$)与之相比的值。lg$a$ 值反映了井壁附加应变变化的固有特性，随 N 的增加而略有变化，对这类具有统计特性的研究对象，无法在小样本条件下得到确定值。

表 6-6　垂深 100m 处 N 取不同值时有关参数的变化情况

时间尺度 N/月	Hurst 指数	截距 $\lg a$	标准均方差	比例因子 b
48	1.002	−0.4231	0.9829	1
60	0.951	−0.3587	0.9832	1.25
72	0.9323	−0.3133	0.9858	1.5
84	0.9542	−0.3641	0.9881	1.75
96	0.9607	−0.3735	0.9905	2
108	0.9698	−0.387	0.9919	2.25
120	0.9736	−0.3926	0.9932	2.5
132	0.9754	−0.3954	0.9941	2.75
144	0.9744	−0.3938	0.9948	3
156	0.9682	−0.384	0.995	3.25
平均	0.9659	−0.3779	0.9894	

表 6-7　垂深 120m 处 N 取不同值时有关参数的变化情况

时间尺度 N/月	Hurst 指数	截距 $\lg a$	标准均方差	比例因子 b
48	0.8207	−0.1233	0.9516	1
60	0.7553	−0.0374	0.9516	1.25
72	0.701	0.0367	0.9466	1.5
84	0.6804	0.0656	0.9538	1.75
96	0.6768	0.0709	0.9613	2
108	0.6567	0.1004	0.962	2.25
120	0.6479	0.1138	0.9655	2.5
132	0.6475	0.1144	0.9701	2.75
144	0.6504	0.1098	0.9739	3
156	0.6632	0.895	0.9748	3.25
平均	0.6930	0.0501	0.9596	

表 6-8　垂深 140m 处 N 取不同值时有关参数的变化情况

时间尺度 N/月	Hurst 指数	截距 $\lg a$	标准均方差	比例因子 b
48	0.9228	−0.4231	0.9829	1
60	0.9256	−0.3587	0.9832	1.25
72	0.9079	−0.3133	0.9858	1.5

续表

时间尺度 N/月	Hurst 指数	截距 lg$a$	标准均方差	比例因子 b
84	0.897	−0.3641	0.9881	1.75
96	0.888	−0.3735	0.9905	2
108	0.8844	−0.387	0.9919	2.25
120	0.8804	−0.3926	0.9932	2.5
132	0.773	−0.3954	0.9941	2.75
144	0.8799	−0.3938	0.9948	3
156	0.8665	−0.2063	0.9944	3.25
平均	0.8843	−0.3779	0.9894	

表 6-9 垂深 160m 处 N 取不同值时有关参数的变化情况

时间尺度 N/月	Hurst 指数	截距 lg$a$	标准均方差	比例因子 b
48	0.995	−0.3964	0.9493	1
60	0.9655	−0.3576	0.9639	1.25
72	0.9296	−0.3084	0.968	1.5
84	0.9015	−0.2691	0.9711	1.75
96	0.8789	−0.2364	0.9725	2
108	0.8642	−0.2147	0.9753	2.25
120	0.8525	−0.1971	0.9775	2.5
132	0.8446	−0.185	0.9797	2.75
144	0.8379	−0.1745	0.9815	3
156	0.8322	−0.1656	0.983	3.25
平均	0.8966	−0.2599	0.9710	

6.3.3 孔庄副井附加应变滑动窗口趋势持续强度分析

孔庄副井附加应变 Hurst 指数滑动窗口趋势持续强度试验如下：

(1) 记 2003 年 1 月～2009 年 6 月的监测数据为样本数据库，共计 156 个数据，以 2003 年 1 月上半月为起始值。初始窗口数据取 $N=48$，时间尺度为 1～48，按照 R/S 计算方法计算 Hurst 指数。

(2) 以该初始窗口为基础，时间尺度滑移 6，所得时间区间为 7～54，此时计算其 Hurst 指数。若此时 Hurst 指数数值出现变化，由于初始窗口数据和当前窗口的数据有7～48的公共时间区间，可以认为其变化是由于剩余区间数据的不同所致。

(3) 以此类推，这样的滑动计算可以得到时间区间109～156的Hurst指数。这样，得到一组Hurst指数时间序列，即H随时间的变化。

Hurst指数滑动窗口试验序号与时间对照情况见表6-10。

表6-10　孔庄副井Hurst指数滑动窗口试验序号与时间对照表

1	2003.1-2004.12	10	2005.4-2007.3
2	2003.4-2005.3	11	2005.7-2007.6
3	2003.7-2005.6	12	2005.10-2007.9
4	2003.10-2005.9	13	2006.1-2007.12
5	2004.1-2005.12	14	2006.4-2008.3
6	2004.4-2006.3	15	2006.7-2008.6
7	2004.7-2006.6	16	2006.10-2008.9
8	2004.10-2006.9	17	2007.1-2008.12
9	2005.1-2006.12	18	2007.4-2009.3
		19	2007.7-2009.6

通过孔庄副井附加应变24个月的Hurst指数滑动窗口试验结果(图6-8)与其变化趋势(图6-1)的对比分析，可以看出：

(1) 孔庄副井井筒垂深160m范围表土段井壁附加应变没有出现Hurst指数小于或等于0.5的变化转折点，均大于0.7，表现出很强的持续性特征。

(2) 井筒垂深四个不同层位的附加应变趋势持续强度均是随时间波动的，不同层位表现出不同的特征。垂深100m和120m位置波动程度较大，在24个月的Hurst指数试验中，在2005年7月～2007年6月获得最小值0.725，表明此时虽然井壁附加应变仍是保持着持续性特征，沿着前期积累的趋势继续积累，但是持续性强度已经显著减弱(与$H=0.95$相比)。Hurst指数越接近于1，表明井壁附加应变持续性积累趋势越强，即井壁竖直附加力将继续积累。

(3) 井筒垂深140m位置Hurst指数持续性强度主体始终保持在较高的范围，这与该处位于井筒加固段上沿有关。孔庄副井垂深143～155m曾经进行架设槽钢井圈、喷射混凝土加固，增强了该段井壁的承载能力。

(4) 孔庄副井各层传感器趋势图可知其趋势减弱后逐渐增强，从图中看出现在处于趋势增强阶段，预计未来2～3年内一直处于趋势增强阶段。

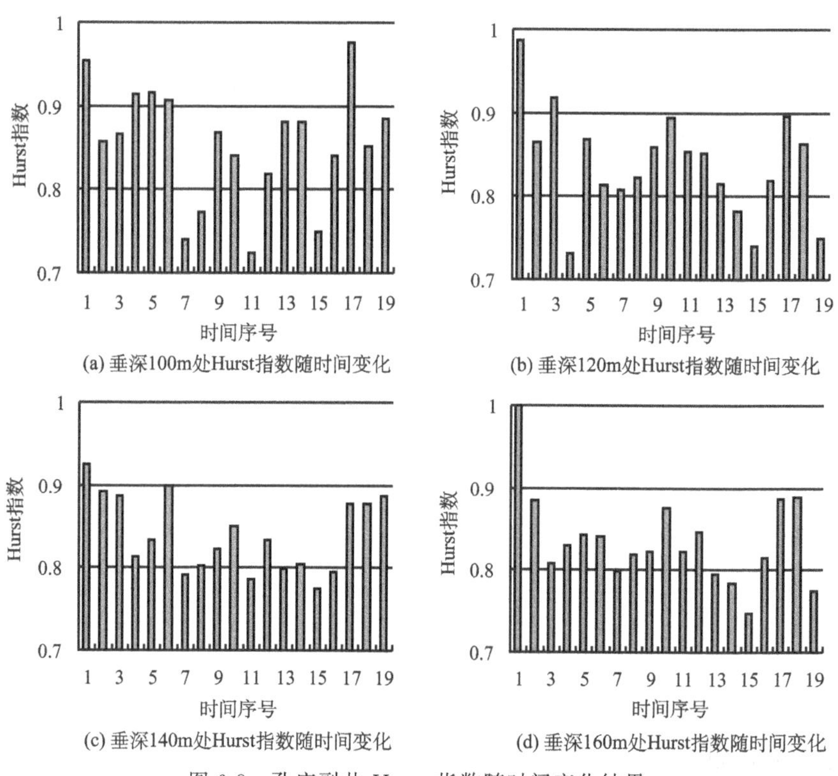

图 6-8　孔庄副井 Hurst 指数随时间变化结果

6.3.4　井壁附加应变 R/S 分析稳定性的 Vn 检验

1951 年，Hurst 提出了用于检验 R/S 分析稳定性的统计量 V_n，

$$V_n = \frac{(R/S)_n}{\sqrt{n}} \tag{6-10}$$

如果某一时间序列是由一个独立的随机过程产生的，则 $V_n \sim \lg(N)$ 图线是一条水平线；如果时间序列具有状态持续特征，则其是一条向上倾斜的直线；如果时间序列具有反持续特征，则其图线是一条向下倾斜的直线。

孔庄副井垂深 100～160m 位置井壁附加应变的 V_n 检验见图 6-9。

从图 6-9(a)～(d)V_n 检验结果可得，根据连续 72 个月的监测记录数据的分析，孔庄副井井壁 1 至 4 层的附加应变 $V_n \sim \lg(N)$ 曲线均为一条向上倾斜的直线，表明井壁竖向附加应变时间序列具有状态持续特征，即随着时间的推移，井壁附加应变的趋势与原来一致，井壁竖向附加应变还将持续增长。

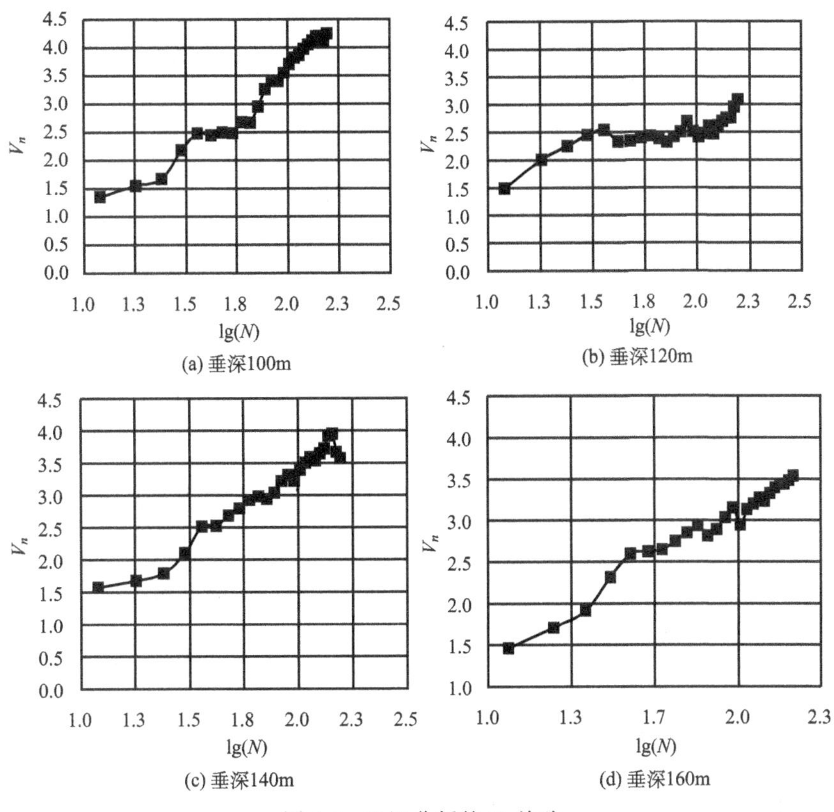

图 6-9　R/S 分析的 V_n 检验

6.4　井壁破裂前的附加应变动态分析

井壁破裂使得其内部的应力状态发生改变，因此，研究井壁应变的变化对预报井壁破裂至关重要。以徐庄煤矿副井为例，采用分形理论中的 R/S 分析法，开展地层正常疏排水期间，井壁破裂前的附加应变动态变化趋势研究，为井壁破裂灾害预报提供科学依据。

徐庄煤矿副井表土层厚 153.22m，表土段为钢筋混凝土井壁，采用大钻头施工法，壁厚 400mm，井筒净直径 6.0m。1977 年 7 月竣工，2004 年 12 月 16 日～18 日井壁破裂，2005 年 7 月 20 日～11 月 29 日，2006 年 3 月 23 日～6 月 26 日分两个阶段实施了地面注浆加固层治理井壁破裂工程。图 6-10 给出了 2004 年 01 月 01 日～2007 年 11 月 01 日井筒垂深 140m 处的井壁附加应变历时曲线。

着重分析井壁破裂前的 Hurst 指数变化情况，数据区间选用 2004 年 2 月 16 日～12 月 16 日共计 10 个月，100 组数据作为样本。

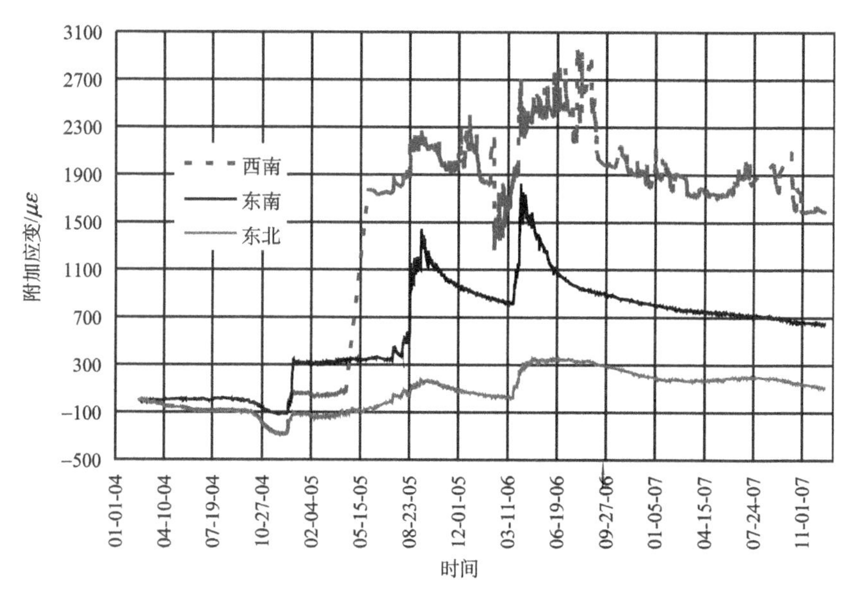

图 6-10　徐庄副井垂深 145m 井壁附加应变实测结果

6.4.1　井壁破裂前附加应变 R/S 结果及分析

图 6-11 为徐庄副井井筒垂深 100m、125m、145m 和 165m 位置井壁附加应变与时间的关系曲线，其长达 10 个月的连续监测记录显示了附加应变的动态变化。以 2004 年 2 月 16 日为起点，2004 年 12 月 15 日为终点，以每三天测得的平均附加应变记录作一时间序列 ζ_1，ζ_2，ζ_3，…，ζ_N，共计得到 100 组数据。

对井筒垂深 100、125、145 和 165m 位置的附加应变测试数据进行 R/S 分析，$N=100$，将所得的一系列 $\lg(R/S)$，$\lg N$ 值在双对数坐标中进行拟合，从而可得到直线的斜率和截距，如图 6-12 所示。

从图 6-12 可以看出，随着时间尺度的增加，直线的斜率 H 整体上基本一致，均大于 0.5，初步分析可知：

(1) 由计算所得 Hurst 指数不等于 0.5 可知，井壁破裂前的附加应变时间序列不是一个纯粹的随机过程，沿井深各个不同位置的井壁附加应变随时间的实测记录值之间并不是独立的。徐庄副井井筒垂深 100m、125m、145m 和 165m 位置的附加应变动态变化均属于正偏随机游动，都具有较明显的时间记忆性。

(2) 垂深 100m、125m、145m 和 165m 位置井壁附加应变的 Hurst 指数分别为 0.9961、0.9933、0.8922、0.9795，远大于 0.5 而接近于 1，表明表土段井壁当前的附加应变变化趋势对下一时间段影响很大，长期记忆性很强，从而可以

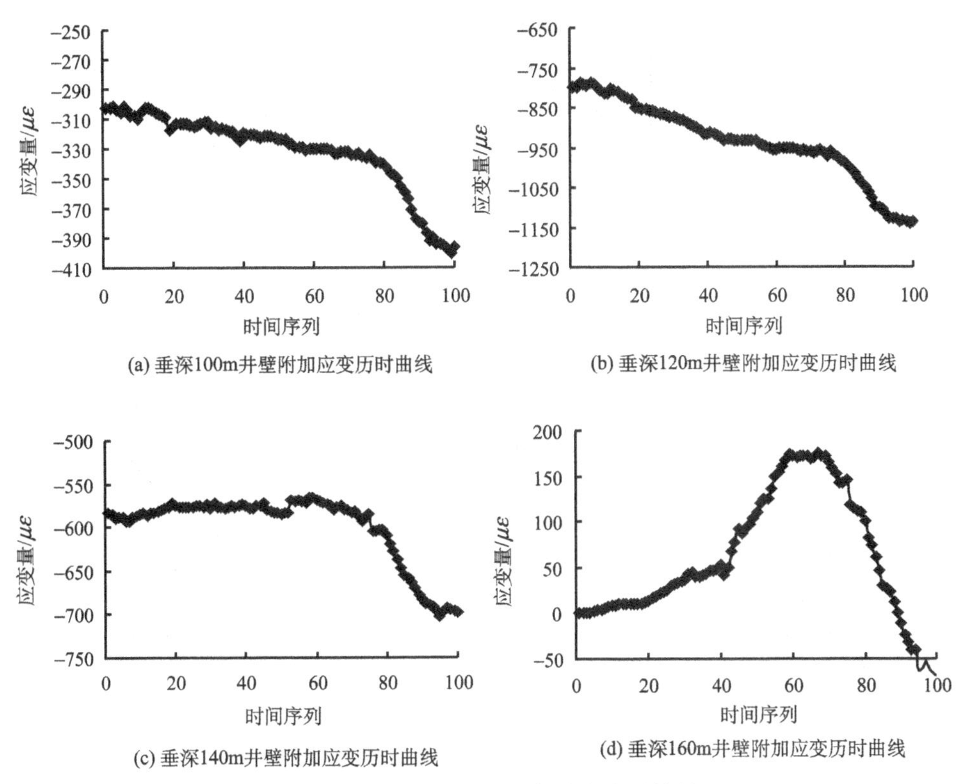

(a) 垂深100m井壁附加应变历时曲线

(b) 垂深120m井壁附加应变历时曲线

(c) 垂深140m井壁附加应变历时曲线

(d) 垂深160m井壁附加应变历时曲线

图 6-11　徐庄副井井壁附加应变实测结果

推断井壁受力将继续积累，压应变继续增大。

(3) 通过对不同时间尺度 Hurst 指数的比较分析，结果表明，随着时间尺度的增大，不同垂深位置井壁附加应变 Hurst 指数有所变化，尤以第三层，即井筒垂深 145m 处井壁附加应变 Hurst 指数变化明显。

详细分析图 6-12(c)可得，Hurst 指数在 $N=50$ 时，出现一较为明显的拐点，图(a)和(b)中，当 $N=90\sim90$ 附近时，也出现了不同程度的拐点。因此，有必要对拐点附近序列进行深入分析。这将在下一节“井壁破裂前附加应变的 Hurst 指数累加试验”中完成。

6.4.2　井壁破裂前附加应变的 Hurst 指数试验及分析

从井壁附加应变长期的监测结果看，有着几乎完全一致的积累趋势。通过前述 R/S 分析及 Hurst 指数的时间变化特征分析，可知井壁附加应变时间序列有很强的持续性，并且这种积累趋势的持续性有着十分强劲的势头。但是这种积累

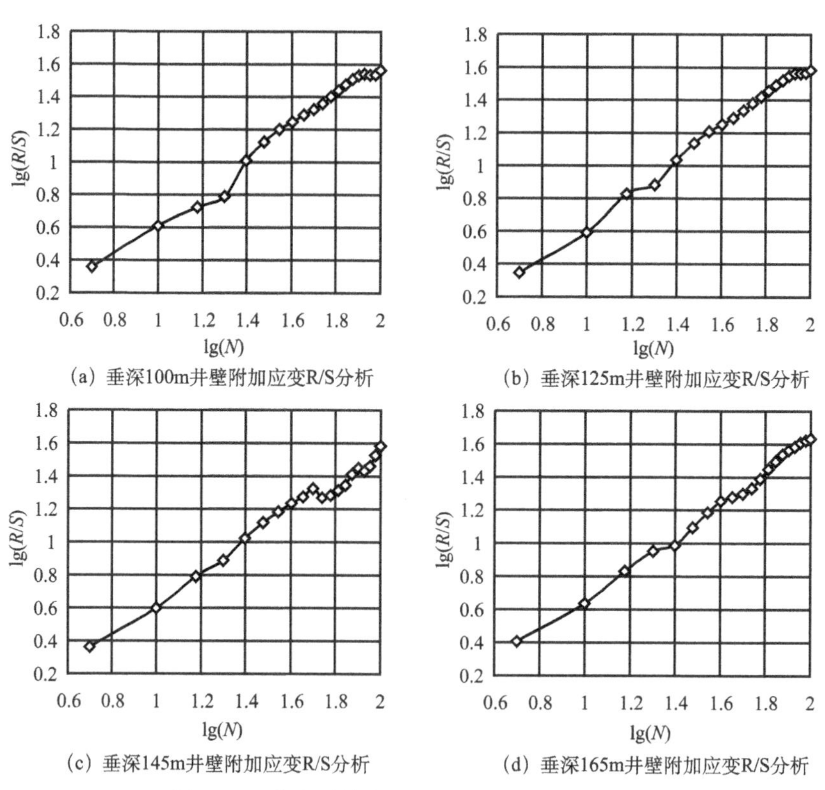

图 6-12　徐庄副井井壁附加应变 R/S 分析结果

趋势能持续多久？是 1 年，3 年，5 年，还是更久？持续性强度会怎样变化，是继续增强还是会减弱？上述分析不能给出。以上分析是用 Hurst 指数对井壁附加应变时间序列的未来变化从总体趋势上做出预测和推断，这种总体变化趋势一般有两种表现形态，一是长期相关性特征表现为持续性，即未来变化与过去相似，是正趋势；二是长期相关性特征表现为反持续性，即未来变化与过去变化相反，是反趋势。我们不但需要对井壁受力与变形的复杂性进行预测、推断未来的变化趋势，而且还要找出应变变化的转折点，并进一步分析、判断引起这种转折的原因是否与井壁破裂有关，仅仅依靠 Hurst 指数来完成比较困难。

针对上述问题，根据徐庄煤矿副井井壁破裂前的井壁附加应变长期监测数据，进行其 Hurst 指数的累加试验分析。

为了讨论不同时间区间徐庄副井井壁附加应变的 Hurst 指数的时间变化特征，分析时间依序、逐月累加的 Hurst 指数试验，采用以下方法：

(1) 以 2004 年 5 月 30 日～2004 年 7 月 15 日的数据为初始窗口数据($N=35\sim50$)，按照 R/S 方法计算 Hurst 指数。

(2) 以该初始窗口为基础，增加 2004 年 7 月 16 日～2005 年 7 月 30 日的数据(N=5)，此时窗口的数据长度为 35(N=35～55)，再次计算其 Hurst 指数。若此时 Hurst 指数数值出现变化，由于初始窗口数据不变，故可以认为主要由于计算窗口中加入的新数据所致。

(3) 以此类推，通过这样的累加计算寻求 Hurst 指数的变化拐点。

选取垂深 145m 位置的附加应变，计算结果如图 6-13 所示。

分析图 6-13，可得一系列 Hurst 指数，见表 6-11。对比发现徐庄副井井壁附加应变 Hurst 指数从 2004 年 5 月 30 日～2004 年 9 月 30 日变化的特征。结果显示，自 2004 年 7 月 15 起，井壁附加应变 Hurst 指数随样本数据的增加而显著减小，经过一个月左右的稳定期后开始缓慢增大，增大的速度小于减小的速度。每隔半个月追加样本数据至井壁破裂时的 Hurst 指数变化趋势如图 6-14 所示。Hurst 值的时间进程显示，井壁破裂前 2～5 个月附加应变 Hurst 指数出现异常变化，其异常特征为“下降—低值—回升”，井壁破裂发生在 Hurst 指数回升的过程中，具有一定的中、短期前兆意义。Hurst 指数的异常变化揭示了在井壁破裂从无序向有序的时间演化过程。

表 6-11 中 $H<0.5$ 时，表明井壁附加应变未来的演变趋势很可能出现逆转，即从原来的积累趋势转向应变绝对值减小，预示着在没有外界荷载影响的情况下，很可能出现井壁破裂，造成井壁应力释放。事实表明，2004 年 12 月 16～18 日徐庄副井发生了井壁破裂，此时的井壁附加应变实测曲线如图 6-16 所示。

表 6-11　徐庄副井 145m 处井壁附加应变 Hurst 指数变化情况

样本区间 N	样本对应的时间	Hurst 指数	截距 lg$a$	备注
35～50	2004.5.30～7.15	0.9072	−0.2198	
35～55	2004.5.30～7.30	0.5628	0.3297	
35～60	2004.5.30～8.15	0.4293	0.5448	H<0.5
35～65	2004.5.30～8.30	0.409	0.5778	H<0.5
35～70	2004.5.30～9.15	0.4336	0.5374	H<0.5
35～75	2004.5.30～9.30	0.5244	0.3874	

从图 6-16、图 6-17 可知，井壁附加应变的演变趋势因井壁破裂引起应力释放于 2004 年 12 月 16 日出现逆转，由原来的压应变逐渐增大转为开始减小。

图 6-18 给出了徐庄副井井壁破裂前后附加应变历时 2.5 月的 R/S 分析结果，图 6-19 给出了井壁破裂后附加应变历时 6.5 月的 R/S 分析结果，比较分析可得，井壁破裂以后，随着地层疏排水的继续，在各种外界荷载共同作用下，井壁的附加应变又在新的状态下继续积累。Hurst 指数基本不变。

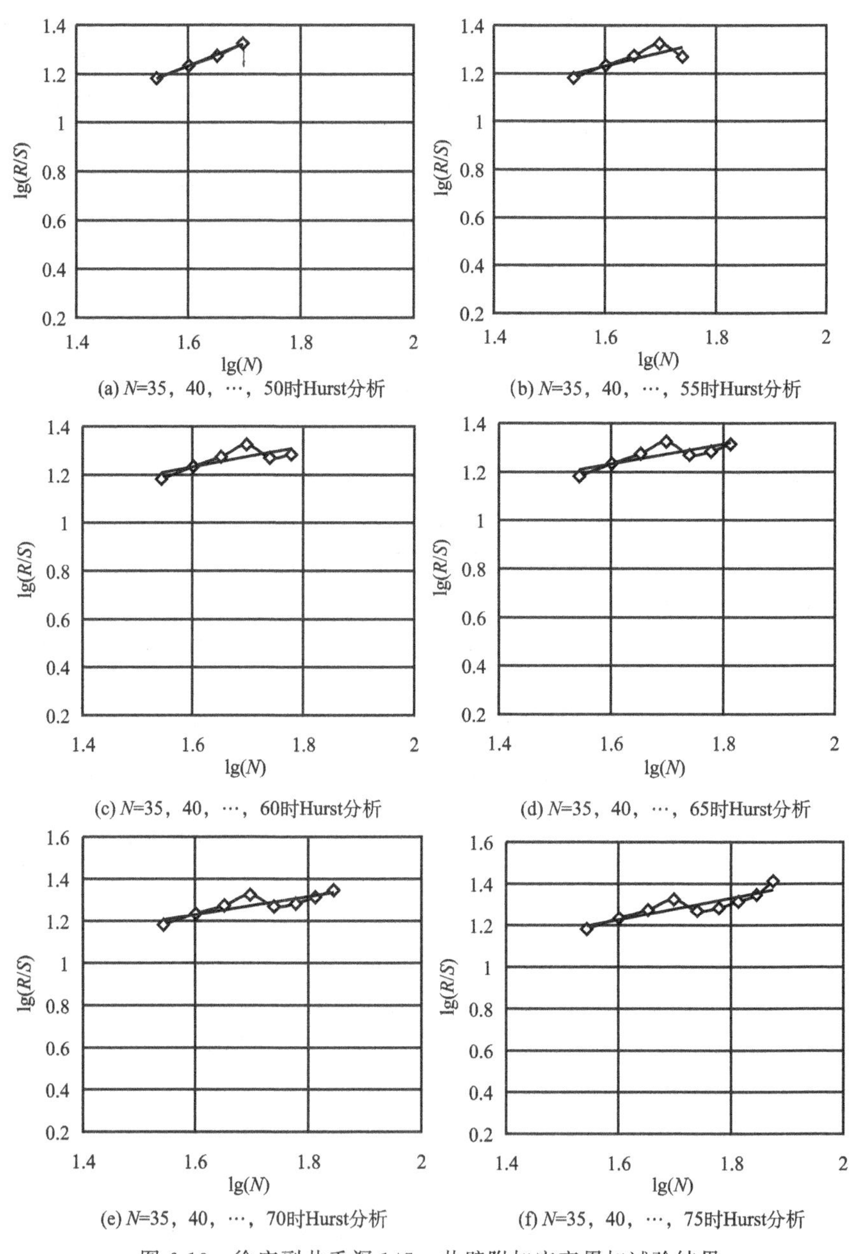

图 6-13　徐庄副井垂深 145m 井壁附加应变累加试验结果

需要说明的是，在进行附加应变的 R/S 分析时，为了能够捕捉到 Hurst 指数随时间变化的拐点，需要把累加试验和滑动窗口试验结合起来。另外，还需要多次改变初始窗口，综合分析 Hurst 指数的变化周期性规律。

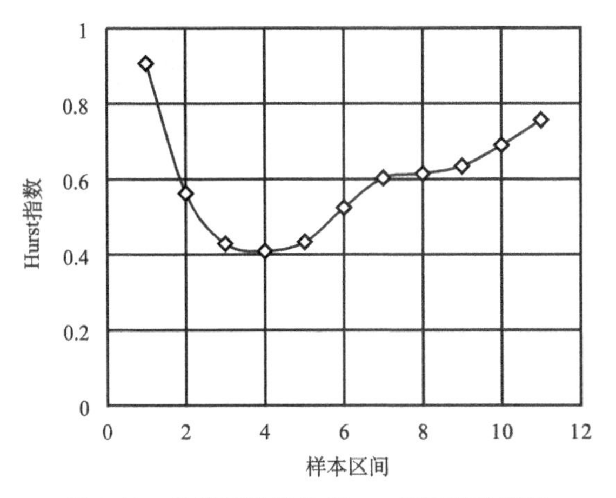

图 6-14　井壁破裂前的 Hurst 指数变化情况

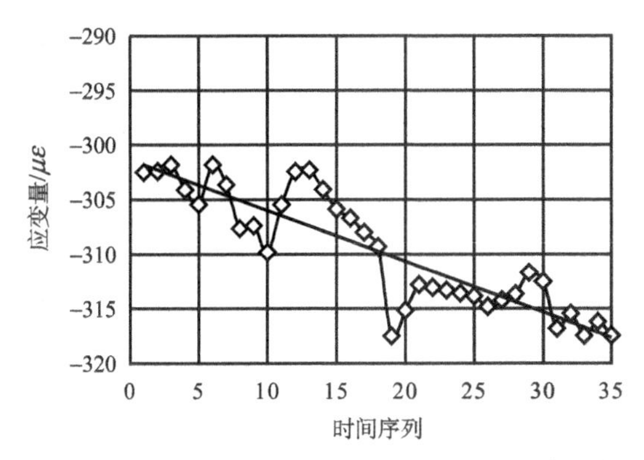

图 6-15　破裂前 Hurst 指数分析初始窗口数据趋势

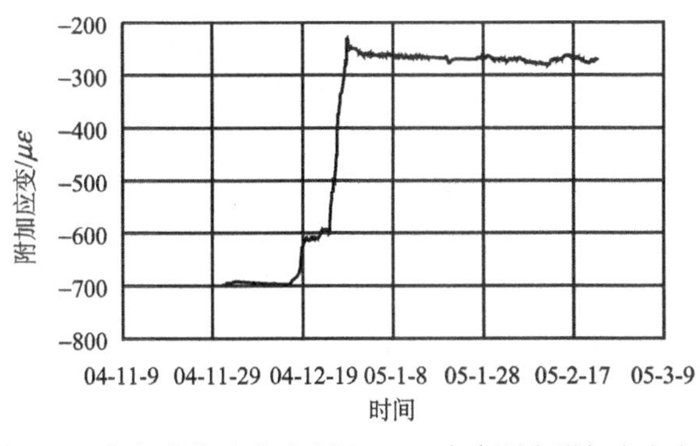

图 6-16　徐庄副井破裂后垂深 145m 东南测点附加应变变化

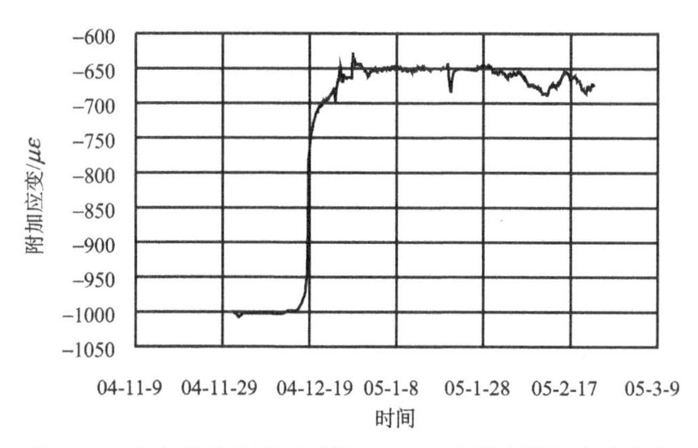

图 6-17　徐庄副井破裂后垂深 145m 东北测点附加应变变化

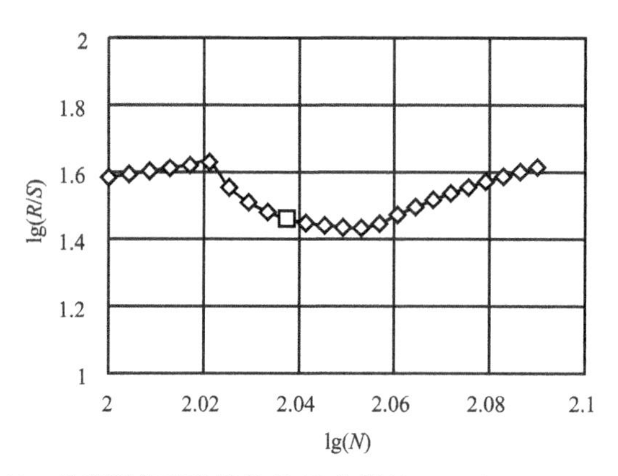

图 6-18　徐庄副井破裂前的 R/S 分析(2004.12.1～2005.2.15)

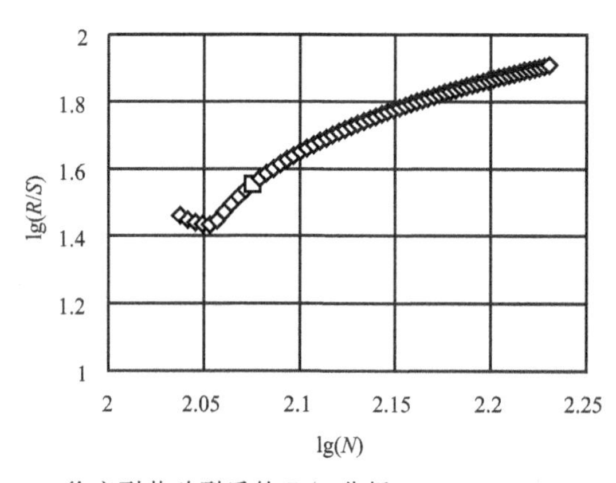

图 6-19　徐庄副井破裂后的 R/S 分析(2005.1.1～2005.7.15)

图6-20给出了初始窗口为2004年2月16日～2004年4月30日时，井壁附加应变Hurst指数随时间的的变化趋势。其对应时间区间见表6-12。

表6-12　徐庄副井Hurst指数滑动窗口试验的区间选取

序号	数据区间	序号	数据区间
1	2004.2.16-2004.4.30	6	2004.2.16-2004.9.30
2	2004.2.16-2004.5.30	7	2004.2.16-2004.10.30
3	2004.2.16-2004.6.30	8	2004.2.16-2004.11.30
4	2004.2.16-2004.7.30	9	2004.2.16-2004.12.15
5	2004.2.16-2004.8.30		

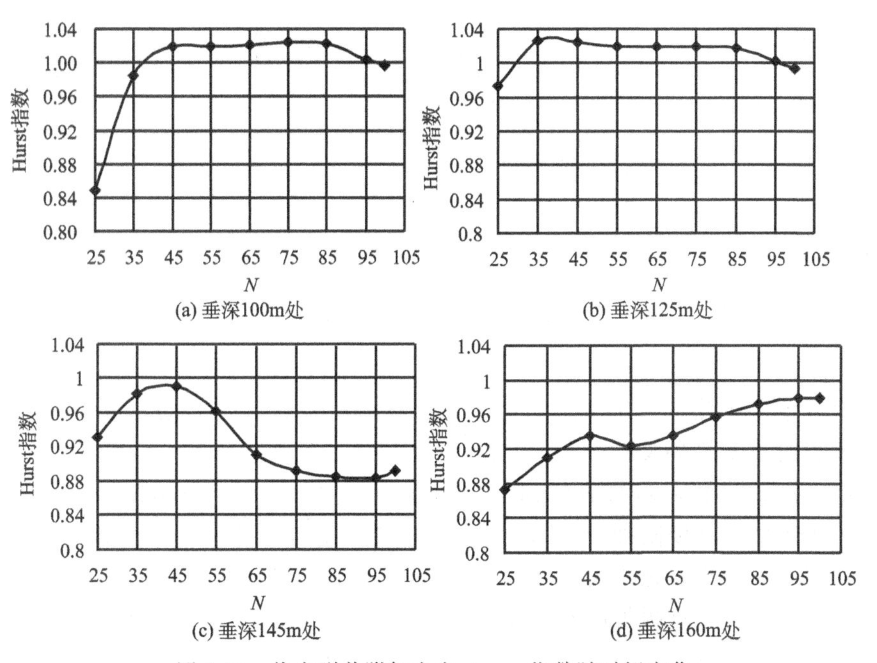

图6-20　徐庄副井附加应变Hurst指数随时间变化

图6-21为徐庄煤矿主井井筒垂深100、125、145和165m位置井壁附加应变与时间的关系曲线，对其井壁破裂前的数据分析结果如图6-22所示，分析方法同前。

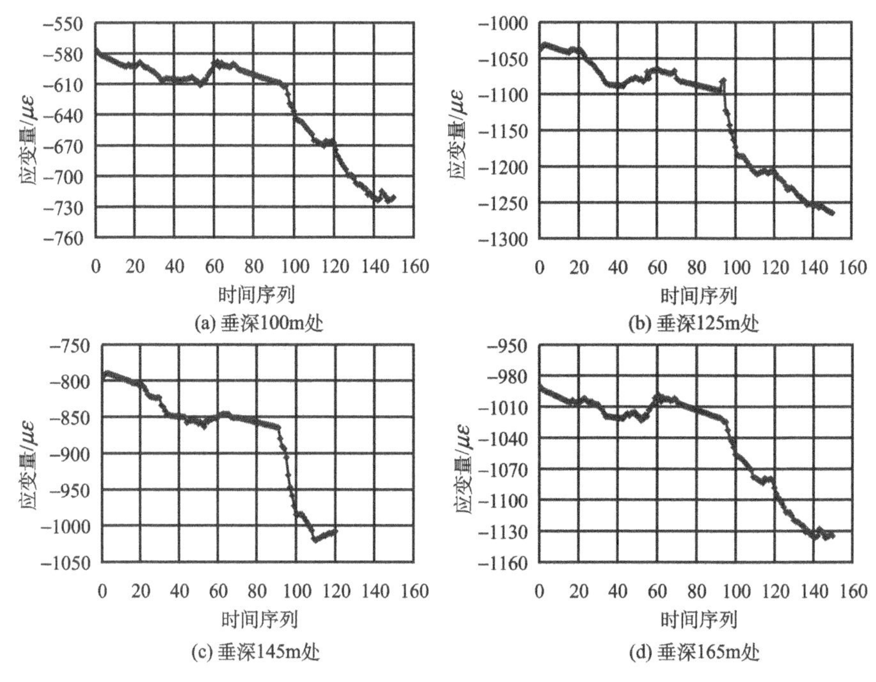

图 6-21　徐庄主井附加应变变化历时曲线

6.5　小　　结

以大屯矿区孔庄副井、徐庄主副井为例，采用 R/S 分析法研究了井壁附加应变的长时演变趋势及其对未来变化趋势的影响。

(1) 井壁附加应变时间序列既不同于确定性时间序列，也相异于随机性时间序列。为了探索井壁附加应变的变化规律，更可靠地预测未来，了解其变化特性及影响因素，选用合适的分析方法是非常重要的。研究结果表明，R/S 分析法能够很好的预测井壁附加应变的演变趋势。

(2) 以孔庄副井为例，分析了地层正常疏排水期间井壁附加应变的演变趋势及其对未来演变趋势的影响。结果表明，该方法能够很好的预测井壁附加应变未来的演变趋势。计算 Hurst 指数均远大于 0.5，而接近于 1，表明其未来的趋势与过去相似。

(3) 以徐庄副井为例，分析了井壁破裂前、后的附加应变演变趋势。Hurst 指数值的时间进程显示，井壁破裂前的第 2～5 月时间段中的 Hurst 指数呈现异常变化，其异常特征为“下降—低值—回升”，表明井壁附加应变未来的演变趋势很可能出现逆转，即从原来的积累趋势转向应变绝对值减小，预示着在没有外界

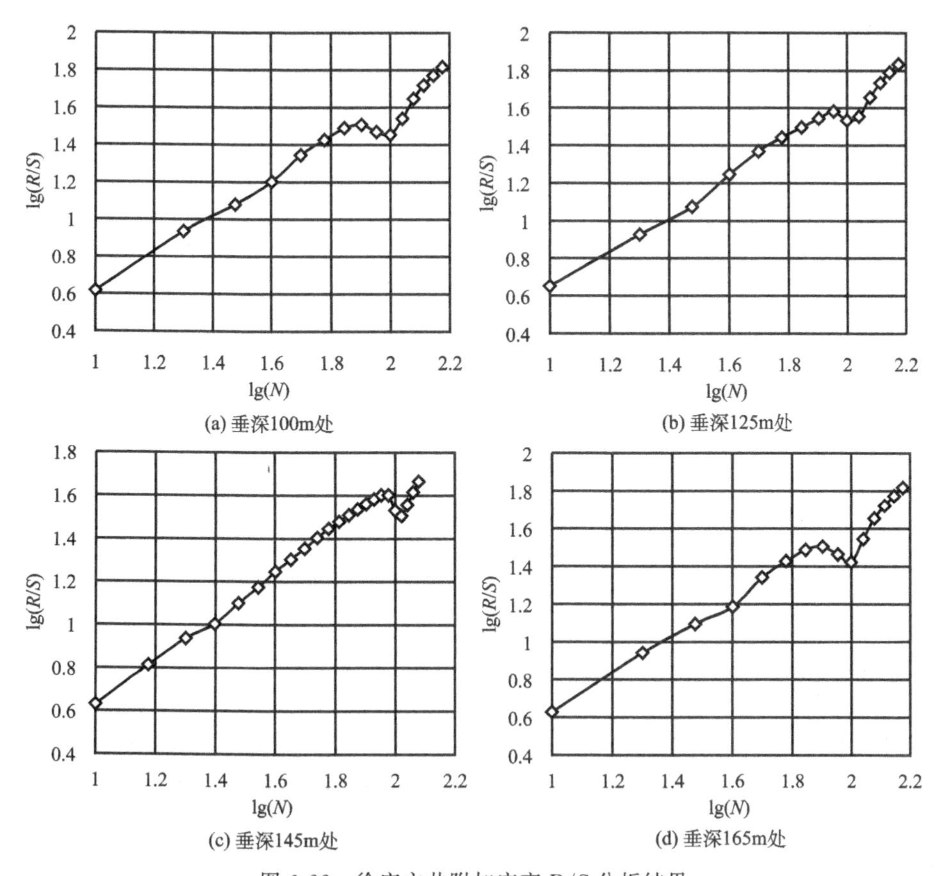

图 6-22　徐庄主井附加应变 R/S 分析结果

荷载影响的情况下，很可能出现井壁破裂，造成井壁应力释放。实践表明，井壁破裂发生在 Hurst 指数回升的过程中，具有较明显的中、短期前兆意义，其异常变化揭示了在井壁破裂从无序向有序的时间演化过程。

(4) Hurst 指数作为研究井壁附加应变演变行为趋势的新工具，具有许多优越性，除了指数本身能提供随机程度的参考之外，由于它对不同长度的持续性记忆都会作出反应，因而，Hurst 指数计算过程中表现出的不同特征，对于更进一步研究造成随机性程度不同的原因会有很好的借鉴作用。

主要参考文献

[1] 汤龙坤. 太阳黑子数时间序列的 R/S 分析[J]. 华侨大学学报，2008，29(4)：627-629.

[2] 吴鸿亮，唐德善. 基于 R/S 分析法的黑河调水及近期治理效果分析[J]. 干旱区资源与环境，2007，21(8)：27-30.

[3] 杨桂芳，李长安，殷鸿福. 兰州气候代用指标的 R/S 分析及其意义[Z]. 2002，36(3)：394-396.

[4] 徐宗学，米艳娇，李占玲，陈亚宁. 和田河流域气温与降水量长期变化趋势及其持续性分析[J]. 资源科学，2008，30(12)：1833-1838.

[5] 黄勇，周志芳，王锦国等. R/S 分析法在地下水动态分析中的应用[J]. 河海大学学报，2002，30(1)：83-87.

[6] 樊毅，李靖，仲远见等. 基于 R/S 分析法的云南干热河谷降水变化趋势分析[J]. 水电能源科学，2008，26(2)：130-134

[7] J. Mielniczuk，P. Wojdyllo. Estimation of Hurst exponent revisited. Computational Statistics & Data Analysis 51 (2007) 4510 - 4525

[8] Michael J. Cannon，Donald B. Percival，David C. Caccia. Evaluating scaled windowed variance methods for estimating the Hurst coefficient of time series. Physica A 241 (1997)：606-626

[9] FENG Shaotong，HAN Dianrong & DING Heping. Experimental determination of Hurst exponent of the self-affine fractal patterns with optical fractional Fourier transform. Science in China Ser. G Physics，Mechanics & Astronomy 2004 Vol. 47 No. 4：485-491

[10] SANG Hong-wei，MA Tian，WANG Shuo-zhong. Hurst Exponent Analysis of Financial Time Series. Journal of Shanghai University (English Edition)，2001Vol. 5，No. 4：269～272

[11] ZHOU Ya-ming，SHEN Xiang-lin. Hurst's Analysis to Detect Fluctuation of the Jet in A Two-Dimensional Fluidized Bed. Wuhan University Journal of Natural Sciences. 1999Vol. 4 No. 2：233～236

[12] John Moody，Lizhong Wu. IMPROVED ESTIMATES FOR THE RESCALED RANGE AND HURST EXPONENTS. Proceedings of the Third International Conference(London，October 1995)